TURING

图灵教育

站在巨人的肩上

Standing on the Shoulders of Giants

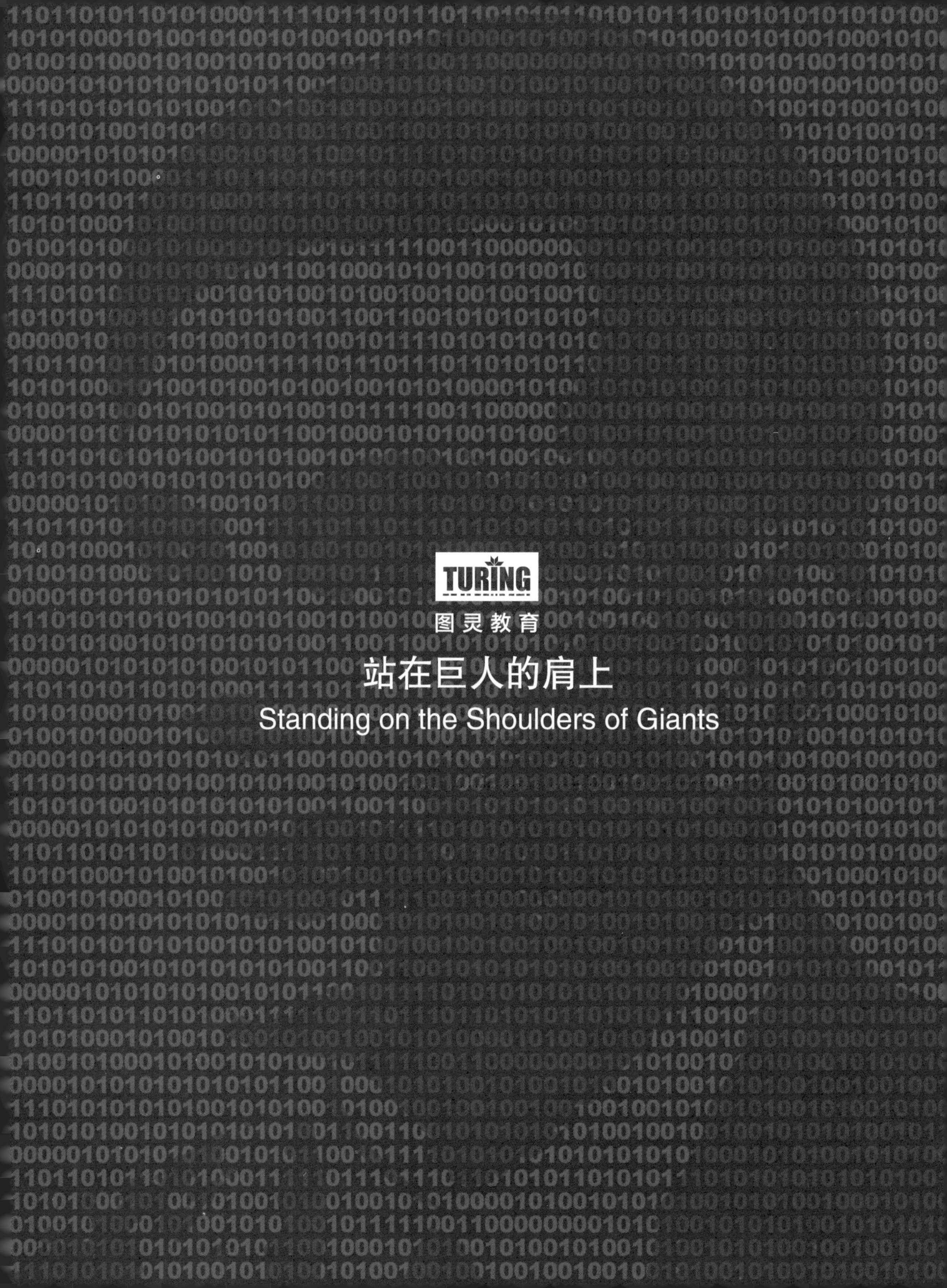
TURING
图灵教育
站在巨人的肩上
Standing on the Shoulders of Giants

TURING 图灵原创

百度 KFive ◎著

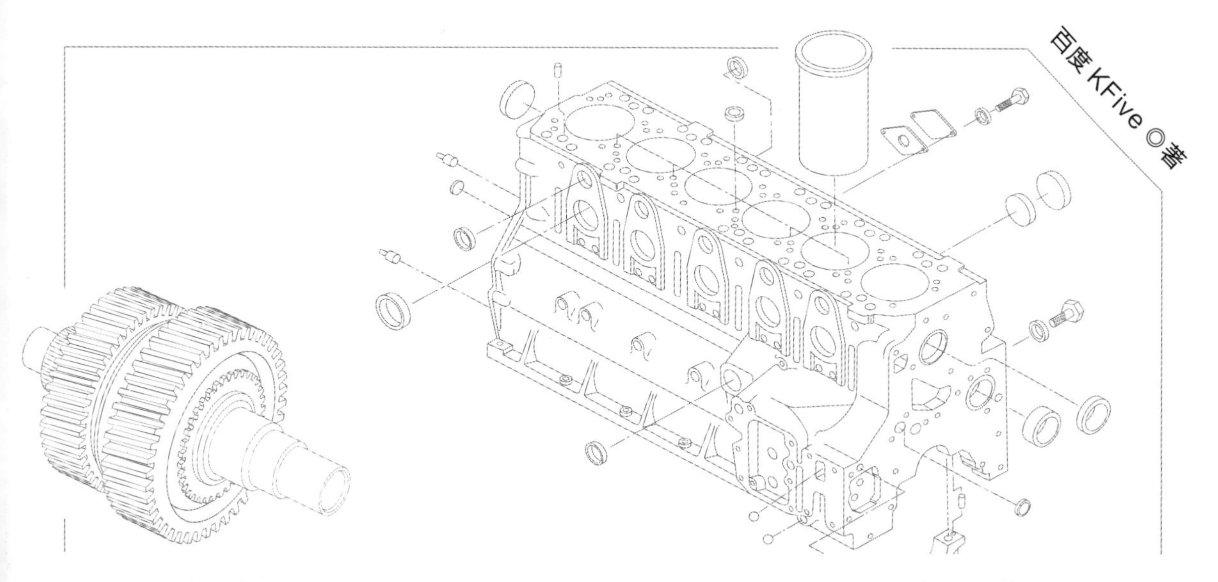

高性能 MVVM 框架的设计与实现——San

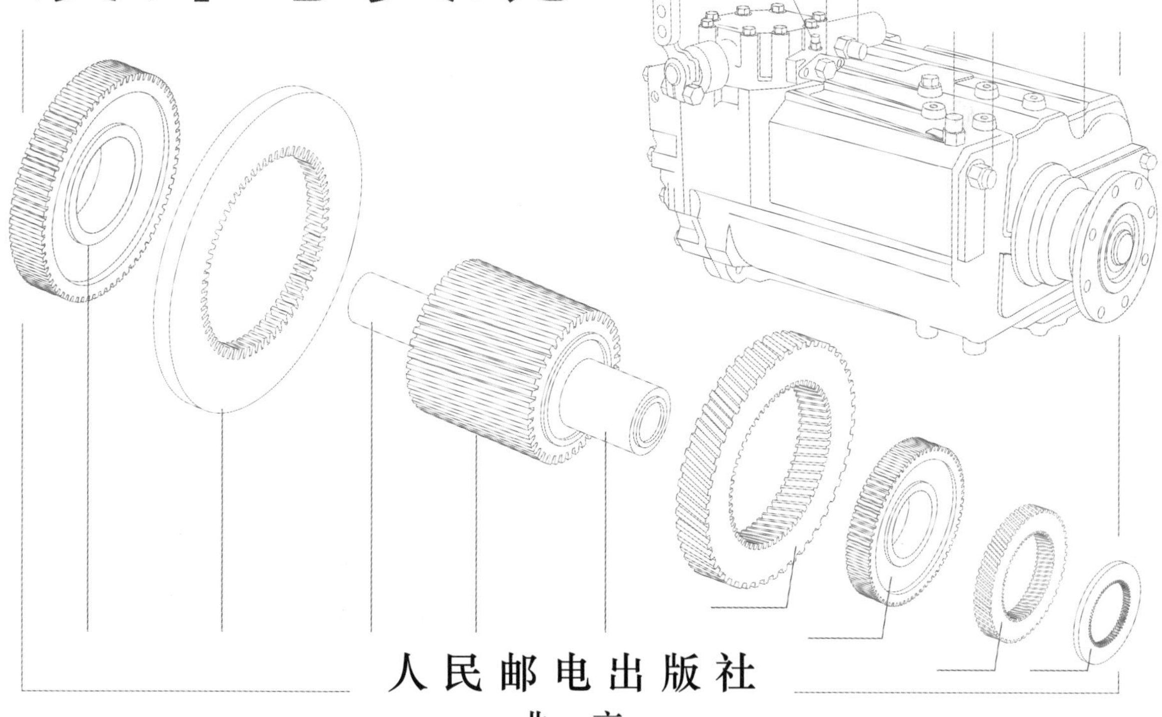

人民邮电出版社
北京

图书在版编目（CIP）数据

高性能MVVM框架的设计与实现 : San / 百度KFive著.
-- 北京 : 人民邮电出版社, 2022.5
（图灵原创）
ISBN 978-7-115-59094-7

Ⅰ. ①高… Ⅱ. ①百… Ⅲ. ①程序设计 Ⅳ.
①TP311.1

中国版本图书馆CIP数据核字(2022)第059790号

内 容 提 要

本书以 San 为例，结合具体的实现，从框架设计、工程链路、跨端开发和全栈实现等方面说明了如何优化前端框架的性能。主要内容包括：San 的组件化设计、响应式的数据设计，以及数据流管理等知识；San SSR 的设计及其在业务中的具体运用；在“开发 - 调试 - 编译 - 部署”工作流中用于提升效率的工具，专门为 San 开发的命令行工具 San CLI，以及对应的可视化界面实现；San 的跨端融合支持；San 的发展规划。

本书适合所有前端开发人员阅读。

◆ 著　　　百度KFive
　责任编辑　杨　琳
　责任印制　彭志环
◆ 人民邮电出版社出版发行　　北京市丰台区成寿寺路11号
　邮编　100164　　电子邮件　315@ptpress.com.cn
　网址　https://www.ptpress.com.cn
　北京天宇星印刷厂印刷
◆ 开本：800×1000　1/16
　印张：24　　　　2022年5月第1版
　字数：536千字　　2022年5月北京第1次印刷

定价：99.80元

读者服务热线：(010)84084456-6009　印装质量热线：(010)81055316
反盗版热线：(010)81055315
广告经营许可证：京东市监广登字 20170147 号

序

对于前端开发者而言，无论是初入职场的新兵还是久经沙场的老将，在面对纷繁复杂的业务需求和层出不穷的技术选型时，都会经常对自己发起“灵魂三问”。

- 我在哪儿？
- 我该怎么办？
- 我为什么要做这个？

不管你的焦虑来自无法确定的方案、开发遇到的阻碍，还是听说隔壁桌的同事又掌握了一门新技术，你一般会把驱散焦虑的美好期待寄托在某一本书或者某一个技术博客上。

但是你会发现，在看完书和博客之后，自己更焦虑了：刚了解了代码层面的最佳实践，又发现还要处理不同运行时的场景；好不容易趟过了兼容性的“坑”，还要面对一堆关于开发工具、模拟调试和持续集成的问题。

你无法参透框架或者研发流程设计者究竟在想什么，只能从框架背后的技术栈中选取一个自认为最重要的环节去研究，但仍然对技术全局一头雾水。

这就是为什么前端开发者在面对不断更新的前端技术时总是会望洋兴叹，原因跟前面提到的“灵魂三问”直接相关。

- 你不知道自己在哪儿！
- 你不知道该怎么办！
- 你不知道为什么要做这个！

想知道这些问题的答案吗？那么就来阅读本书吧！

本书通过 San 这个轻巧的前端框架，展示了前端框架设计和开发实践的全景图，包括：

- 业务框架的架构和使用；
- 研发工具和构建工具的最佳实践；

- ❑ 前后端协同开发的核心方法；
- ❑ 跨端渲染流程的设计心得。

如果你是团队的前端技术负责人，本书会让你充分了解如何设计一个满足业务需求且具备兼容性和可扩展性的高性能 MVVM 框架，并指导你围绕这一框架构建稳健的工具链和研发流程。

如果你是一个参加工作不久的前端新人，可以通过阅读本书对前端框架的设计以及主流研发模式获得全面的认识，以便在自己负责的领域中正确发力，为整个团队创造更大的价值。

这里要感谢参与本书创作的工程师们（按照所著章节顺序排列）：钱思成、樊中恺、王凯、梅旭光、杨珺、金展、廖焕宇、朱国玺、王永青。

他们来自百度 KFive，这是一个人数众多、负责手机百度等移动端产品开发的大前端技术团队。在开发面向数亿用户的移动端和 PC 端产品的过程中，他们亲身实践了本书中提及的技术方案和研发框架，并且因此大幅提升了研发效率、产品性能和用户体验。本书的内容全部源于这些经过亲身实践、在日复一日的需求迭代中汲取出来的真知灼见。

还要感谢 San 框架的作者董睿（Erik）在浩浩荡荡的前端框架浪潮中提出了一个轻量级的解决方案，好让本书能以该框架作为案例，构建在架构设计、开发流程和研发工具等方面具有优势的决策框架。

百度 KFive

前　　言

如果你是一名前端工程师，那么一定接触过组件化框架，比如 Angular、React 或 Vue。相信你也一定阅读过相关的技术图书和文章。许多公司一直在持续使用和研究这 3 种框架，并基于各框架的优势衍生出了很多解决方案，而这些解决方案也成了这些公司和团队技术基建的一部分。传统行业中的一些开发团队有稳定的协作模式和可持续的技术要求，往往选择较为成熟的 Angular；而 Vue，则是绝大多数想要快速构建用户交互界面的前端程序员的首选；也有一些有能力的团队更看重 React 社区提供的数量庞大的第三方库和优秀解决方案，如跨端融合，从而选择 React 作为技术栈。

本书则介绍一个你可能还未听说过的框架：San！

正忙于开发产品、着急上线的你可能会问：为什么还要分出精力了解一个新的框架？在大家因技术快速迭代而不停追赶前端新技术的时代，San 有什么理由成为我们新的关注点？

所以，在你开始阅读本书之前，让我来解答也许会困扰你的两个问题。

- 第一，本书能给你带来什么？
- 第二，如何阅读本书？

本书能给你带来什么

通常，在选定一个前端框架并开启项目之旅后，我们会遇到各种问题。比较高效的解决方式是实时查阅 API 文档，并且在必要的时候查看源码来深挖其背后的实现原理。我们选择阅读相关图书则是因为希望系统、深入地了解该框架，而大多数此类图书的内容是基于源码和 API 分析或基于项目实践的。

本书的重点不在于介绍热门的前端框架，而是关注一些本质性的问题：我们为什么需要框架？如何设计框架？如何建设框架的生态？

如果读完本书并且能回答上述问题，那么我相信你对框架的理解将会超出一般使用的范畴。如果这时候再尝试问一句“为什么要选择这种技术”，我想你给出的理由将不再只是“维持团队的技术栈统一”或“开发者社区生态良好”这些常见的答案了。

具体而言，本书将讨论以下几点。

设计一款匹配需求的框架

提到框架设计，这似乎并不是绝大多数前端开发者需要关注的事情。虽然必须承认这一点，但是请不要忽视本节标题里的“匹配需求”4个字。

San出自百度移动研发部门，该部门开发的业务覆盖了你能感知到的几乎所有的百度产品。因为这些产品有用户量大、功能简明、响应速度要求高的特性，所以我们在设计框架的时候不得不把一件事情放在考量的首位，那就是高性能。

因此，在本书的各个章节中，你会看到San是如何把高性能这一设计理念贯彻始终的，以及如何在框架本身与周边设施的打造上让其落地。

打造一个技术矩阵

“全栈开发”的概念流行已久，无论对于以横向划分（客户端、手机浏览器、PC浏览器和PC客户端）还是以纵向划分（客户端和服务端）的维度，前端开发都已经由技术型覆盖演化为框架型覆盖。换言之，框架本身的运行时场景已经跨越了终端，从跨端融合到服务端渲染都能胜任。围绕开发本身的其他相关支持技术也在蓬勃发展：编码辅助工具、编译部署工具、调试工具、文档生成工具……它们都能让你事半功倍。

本书以San框架为基础，循序渐进地从不同的角度来讲解如何打造技术矩阵。

- 组件化与数据：第2章～第4章，主要讲解San的组件化设计、响应式的数据设计及数据流管理等知识，并说明为什么San是一款高性能的MVVM（Model-View-ViewModel，模型–视图–视图模型）框架。
- 服务端渲染：第5章，主要讲解San SSR的设计及其在业务中的具体运用。我们会对比不同框架的服务端渲染方案，并且会介绍为了提高性能，San SSR在数据传输和资源组织上的一些优化方案。
- San工具链：第6章～第8章，主要讲解我们在“开发–调试–编译–部署”工作流中开发了哪些工具来提升研发效率，还会介绍专门为San开发的命令行工具San CLI，以及对应的可视化界面实现。使用San CLI，可以对San工程进行编译依赖管理和性能优化，还能让用户扩展满足特殊需求的自定义插件。

- 跨端融合：第 9 章，主要讲解 San 的跨端融合支持，介绍如何深入结合前端框架与客户端技术栈，通过 Native 侧赋予的端能力来为前端开发插上翅膀，打造极致的用户体验。
- San 的未来：第 10 章。我们会在这一章介绍 San 的发展规划，并且会和你一起探讨前端框架的未来。

如何设计

设计两个字后面可以跟的东西有很多，不限于 San 框架本身。在本书中，你会看到我们为了优化 San 工作流程，如何设计 San CLI 的各个模块，以及它们之间是如何配合的；你会看到我们如何设计协议、封装端能力，使得跨端融合框架 San Native 达到媲美客户端的运行效果和效率；你还会看到我们如何设计抽象开发者工具库，使得辅助开发工具能够满足各个端的研发需求。

我们会在介绍具体技术前，尝试把自己的思考一并展示给你，甚至包括我们在实践过程中辗转碰壁的过程。事实上，在把一门新的技术推广到公司级别的过程中，必须权衡很多不那么“纯粹”的技术问题。我们既不会游走在业务之外闭门造车，也不会一味盲从、接纳其他技术框架社区抛出的标准。这里面蕴含的“技术哲学”是在核心开发者不断打磨以及与一线开发人员不停沟通的基础上积累而来的，我们希望通过本书把它分享给你。

如何阅读本书

本书由百度多位技术专家和架构师联合写作完成，虽然我们会在核心开发群中充分沟通，却各有侧重。如前文所述，本书大体分为三大部分：San 框架（组件和服务端渲染）、工具链，以及跨端融合技术。你可以选择任意一个话题作为切入点进行阅读，但我们还是建议你按顺序阅读每个章节，以达到最佳的阅读体验和知识吸收效果。

众所周知，“绝知此事要躬行”，本书会围绕一个具体的工程展开介绍：RealWorld。

相信你对 RealWorld 系列工程并不陌生，它大概是除了 TodoMVC 之外你最耳熟能详的演示项目，有很多技术框架以其为蓝本进行工程构建，而本书也会选用 RealWorld 作为基础来讲解各个知识点。在我们看来，RealWorld 因对 CRUD 操作、鉴权和用户同异步交互的封装，特别适合用来介绍组件化封装、服务端渲染、跨端融合等知识点。在开始阅读本书之前，请将我们的开源项目复制到本地：https://github.com/kfiveteam/high-perf-mvvm。

请关注该项目的以下几个目录。

- san-realworld-app 和 san-realworld-app-with-store：对应第 2 章 ~ 第 4 章的内容，运行在浏览器内的 RealWorld 实现完全通过异步接口和服务端进行交互，所有业务逻辑均运行在 Web 端。

- san-realworld-app-ssr：对应第 5 章的内容，有 San SSR 支持的 RealWorld 实现对重点页面实现了服务端直接输出，前后端配合以优化应用实现。

最后，有必要强调的是：这里和后面提到的 San，既是一个框架，也代表一种对前端框架（及周边开发）的思考方式。希望它能作为一种崭新却不偏离主流设计模式的心智模型，带给你关于前端框架的新视野。

小结

本书能让你以全局视野了解前端框架 San。除了该框架本身，本书还会介绍如何围绕一个框架打造技术矩阵，并且会辅以详尽的代码进行说明。

上面已经粗略地介绍了本书的大致内容，就让我们于此开始 San 之旅吧！

目　录

第1章　San，一个新的起点……1

1.1　San的诞生……3

1.2　San的特性……3

1.3　框架对比……6

1.3.1　抽象程度……6

1.3.2　运行时和预编译……7

1.3.3　同构与跨端……8

1.3.4　生态……8

1.4　为什么选择San……9

1.5　小结……10

第2章　组件，一切的起点……11

2.1　从实际项目出发，实现一个简单的San……11

2.1.1　实现一篇文章……11

2.1.2　实现文章列表……13

2.1.3　抽象出文章类……16

2.1.4　数据驱动视图的逻辑……18

2.2　编写第一个San组件……21

2.2.1　安装San……21

2.2.2　Hello San……23

2.3　使用San实现文章项……24

2.3.1　使用HTML语法描述结构……25

2.3.2　使用CSS控制样式……25

2.4　声明式的视图模板……26

2.4.1　插值语法……27

2.4.2　属性绑定……30

2.4.3　表达式……32

2.4.4　方法……33

2.4.5　过滤器……34

2.5　事件……35

2.5.1　事件修饰符……38

2.5.2　自定义事件……39

2.6　指令……41

2.6.1　条件……41

2.6.2　循环……44

2.6.3　源码解析……47

2.7　San组件……49

2.7.1　组件定义……50

2.7.2　生命周期……51

2.7.3　视图模板……53

2.7.4　数据……54

2.7.5　组件引用……56

2.8　双向绑定……58

2.9　工程搭建……61

2.10　小结……66

第3章　数据，组件的基石……68

3.1　响应式原理……69

3.1.1　如何追踪数据变化……69

3.1.2　主动式数据变化追踪……72

3.1.3　如何收集依赖……81

3.1.4 如何触发视图更新 …… 86
3.2 视图更新 …… 87
3.2.1 视图更新过程 …… 87
3.2.2 ANode …… 91
3.2.3 基于 ANode 的预处理 …… 92
3.2.4 节点遍历中断 …… 99
3.3 数据及其更新 …… 100
3.3.1 数据定义 …… 101
3.3.2 数据校验 …… 106
3.4 状态管理 …… 111
3.4.1 为什么要进行状态管理 …… 111
3.4.2 基础使用 …… 113
3.4.3 san-store 的实现原理 …… 117
3.4.4 san-update 库 …… 128
3.4.5 实例 …… 135
3.5 小结 …… 138

第 4 章 组件进阶，构造复杂的前端应用 …… 139

4.1 组件间通信 …… 141
4.1.1 父子组件通信 …… 142
4.1.2 更多组件通信方式 …… 149
4.2 插槽 …… 151
4.2.1 数据环境 …… 152
4.2.2 命名 …… 153
4.2.3 作用域插槽 …… 155
4.3 路由 …… 157
4.4 动画和过渡 …… 160
4.4.1 s-transition …… 161
4.4.2 动画控制器 …… 161
4.5 APack …… 163
4.6 小结 …… 164

第 5 章 服务端渲染 …… 166

5.1 服务端渲染的用途 …… 166
5.1.1 单页应用的问题 …… 166
5.1.2 引入服务端渲染 …… 167
5.1.3 应用场景评估 …… 168
5.2 如何做服务端渲染 …… 169
5.2.1 立即使用 San SSR …… 170
5.2.2 开发支持 SSR 的组件 …… 172
5.2.3 编译到其他语言和平台 …… 174
5.3 San SSR 的工作原理 …… 176
5.3.1 San 服务端渲染过程 …… 176
5.3.2 组件信息解析 …… 177
5.3.3 编译到 render AST …… 178
5.3.4 render 的代码生成 …… 180
5.4 客户端反解 …… 182
5.4.1 组件反解的概念 …… 182
5.4.2 数据注释 …… 183
5.4.3 复合插值文本 …… 184
5.4.4 调用组件反解 …… 184
5.5 服务端渲染优化 …… 185
5.5.1 预渲染优化 …… 186
5.5.2 正确使用 render …… 187
5.5.3 编译到源码 …… 188
5.5.4 复用运行时工具库 …… 189
5.6 小结 …… 190

第 6 章 San 命令行工具 …… 192

6.1 为什么需要 San CLI …… 192
6.2 命令行工具的实现 …… 193
6.2.1 解析命令行参数 …… 193
6.2.2 命令行工具的发布和调试 …… 194
6.2.3 基于 yargs 的命令行模块 …… 195
6.2.4 命令行插件化的实现 …… 197
6.3 打造 San 项目脚手架 …… 198
6.3.1 实现简单的项目脚手架 …… 199
6.3.2 实现可交互的项目脚手架 …… 200

6.3.3 脚手架的完整实现逻辑 ········209
6.3.4 更好地组织代码 ········210
6.4 San CLI的构建方案 ········213
6.4.1 编译与构建 ········214
6.4.2 构建方案的技术选型 ········217
6.4.3 San CLI的构建方案 ········218
6.5 San CLI的整体架构 ········231
6.6 开箱即用的最佳实践 ········233
6.6.1 语言层面的支持 ········233
6.6.2 开发调试 ········235
6.6.3 面向项目部署 ········239
6.6.4 性能优化 ········242
6.7 小结 ········248

第7章 组件编译和HMR ········249
7.1 San单文件组件 ········249
7.1.1 一个简单的San单文件组件 ········249
7.1.2 单文件组件的特性 ········250
7.2 单文件组件编译的配置 ········251
7.2.1 加载器和插件 ········251
7.2.2 San加载器简介 ········254
7.3 单文件组件编译的原理 ········254
7.3.1 提取San文件中的模板、脚本和样式 ········255
7.3.2 从单文件组件到San组件 ········259
7.3.3 San加载器的构建流程 ········261
7.3.4 San加载器的整体运行流程 ········270
7.4 实现组件的HMR ········271
7.4.1 webpack HMR简介 ········271
7.4.2 HMR的工作原理 ········271
7.4.3 san-hot-loader简介 ········275
7.4.4 San组件的HMR的实现 ········276
7.5 利用APack实现组件的传输优化 ········284
7.5.1 从模板到ANode ········284
7.5.2 从ANode到APack ········286
7.5.3 APack的实现原理 ········287
7.6 小结 ········296

第8章 测试与调试 ········297
8.1 San DevTools简介 ········297
8.1.1 San DevTools的设计初衷 ········297
8.1.2 技术选型 ········298
8.2 San DevTools中的通信 ········299
8.2.1 工作原理 ········299
8.2.2 构建WebSocket服务 ········300
8.2.3 构建Bridge与协议解耦 ········301
8.2.4 构建调试页面与被调试页面之间的通信信道 ········303
8.3 San DevTools中的数据收集和处理 ········307
8.3.1 收集页面中的San数据 ········307
8.3.2 构建Agent ········309
8.3.3 构建页面组件树 ········311
8.3.4 实时修改组件数据 ········315
8.3.5 组件性能数据的处理 ········317
8.3.6 事件与消息 ········324
8.3.7 san-store中的时间旅行 ········326
8.4 单元测试 ········332
8.4.1 DOM测试 ········332
8.4.2 快照测试 ········335
8.5 小结 ········336

第9章 San Native跨端融合 ········337
9.1 跨平台开发 ········337
9.1.1 JavaScript驱动的NA原生渲染 ········338

9.1.2 跨端渲染方案的优缺点 ········ 338
9.2 渲染引擎 ········ 342
9.2.1 供 JavaScript 调用的渲染 API ········ 342
9.2.2 宿主所使用的渲染引擎 ········ 342
9.2.3 实现 JavaScript 代码 ········ 343
9.3 高性能的跨端技术方案 ········ 343
9.3.1 响应式驱动 NA 渲染 ········ 344
9.3.2 适配跨端渲染 ········ 345
9.3.3 视图设计 ········ 346
9.3.4 事件系统 ········ 348
9.3.5 样式选择器 ········ 351
9.4 San Native 的 Web 化 ········ 362
9.4.1 Web 化的背后原理 ········ 362
9.4.2 Native 渲染与 Web 渲染的差异 ········ 364
9.5 共享机制和多 bundle ········ 365
9.6 小结 ········ 368
第 10 章　San 的未来 ········ 369

第1章

San，一个新的起点

在过去的 10 ~ 15 年中，JavaScript 无疑是发展最快的编程语言之一。最直观的体现是，前端程序员不再使用丑陋、非结构化的代码来编写复杂的界面和交互方式，而是选择更优雅的框架来构建功能更加完备的跨平台应用。

在最初的多页面应用时代，jQuery 和模板引擎就足够解决前端和服务端的大部分问题了。即使在出现局部更新的需求时，也可以通过并不高的成本，结合已有的能力（如 Ajax）来实现这一效果。

随着对交互体验要求的提高和业务的不断发展，前端项目变得越来越复杂，要考虑将前端应用部分拆分出来，使之成为可独立开发、运行，而非依赖后端渲染的 HTML 多页面应用。我们不得不采用更适合客户端、UI 层开发的 MVC（Model-View-Controller，模型–视图–控制器）架构，以便更快速地开发前端应用。彼时，一些 MVC 前端框架逐步出现，单页应用逐步流行，前后端也开始分离。

随着单页应用的盛行，一些先驱开始反思并设计出了更好的模式和架构，去实现更多特性和非功能性需求。这一阶段延续至今，出现了众多无法互相取代的框架（见表 1-1）。

表 1-1　主流前端框架/库诞生的时间

名　称	诞生时间
jQuery	2006 年
Backbone	2010 年
AngularJS	2010 年
React	2013 年
Vue	2014 年
Svelte	2016 年
San	2016 年

于是从业者在面对日益复杂的 Web 需求时有了更多的技术选型空间，减轻了不少压力。这些框架的出现让开发人员关注的焦点离开了“如何编写代码”，之前老生常谈的 MV*架构问题也随着 Angular、React、Vue 等框架和库的兴起烟消云散。

设计模式没有优劣之分，但是通过 DataBinding 机制实现了视图和数据绑定的 MVVM 模式逐渐成为主流。虽然有的框架并不完全和 MVVM 的标准范式契合，可几乎所有的框架都选择把 Model（模型）和 View（视图）打包处理（见图 1-1）。

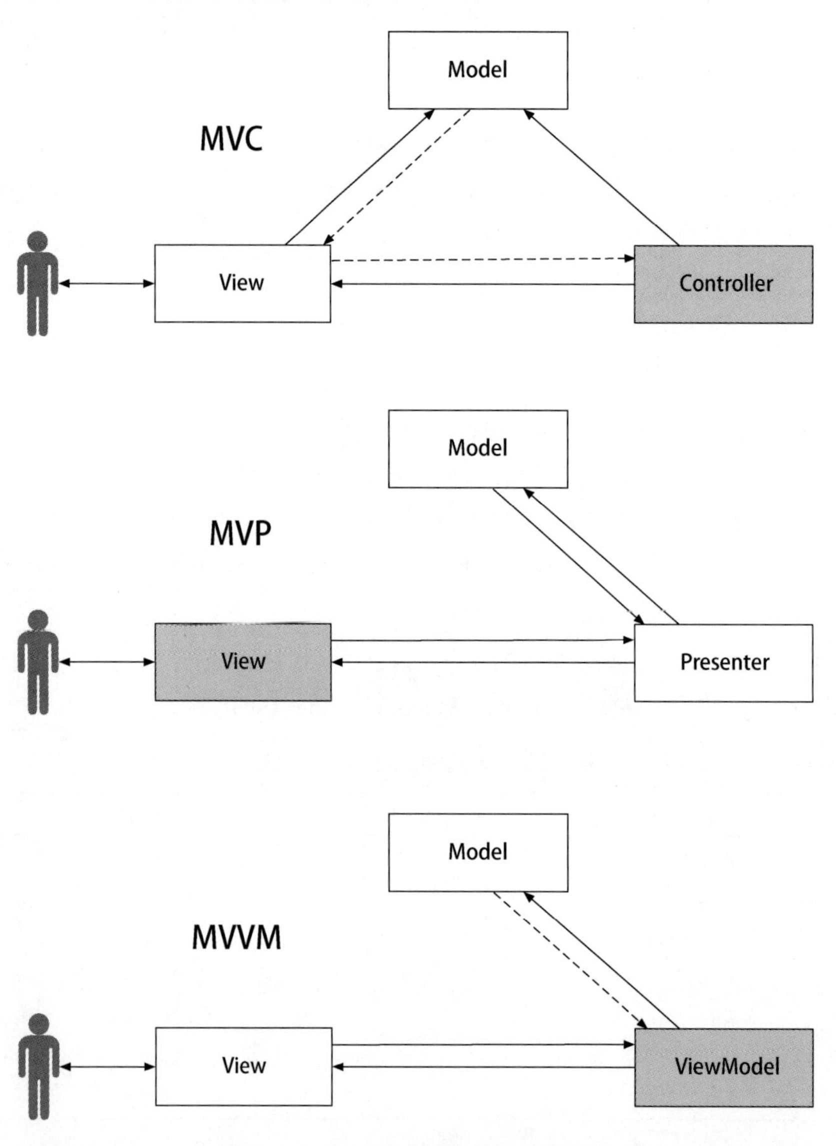

图 1-1 MVC、MVP 和 MVVM 的对比

当然，开发者青睐 MVVM 的重要原因还是来自需求侧。例如，我们早期做一个信息管理系统，可能一个页面就是一个表格，内容提交也基本上是同步操作，所以前端所承载的视图层工作非常简单。然而，随着前端富客户端应用的逐渐出现，用户可以在前端页面中进行图片编辑、文本操作等复杂交互。为了方便开发者处理数据变更和界面响应，需要把一些在 MVC 模式中必须放到 Controller（控制器）中处理的业务逻辑放在 ViewModel 中，因为在复杂业务场景中，View 和 Model 的关系会变得非常密切。

于是，能够充分治理视图和数据的关系并能分层提供业务支撑的技术方案——**组件**，应运而生。

基于不同的前端框架，会有不同的组件化方案，这将在后面的章节展开叙述。而围绕框架本身所形成的跨端技术栈，同样受框架本身设计风格的影响。所以，在对这些技术点一窥究竟之前，我们来看看本书的主角 San 是如何诞生的，以及它具备哪些特性。

1.1 San 的诞生

在 2016 年之前，我们虽然对 React、Vue、Angular 等主流框架有所尝试，但受浏览器兼容性等原因的影响，最终核心业务里用的仍然是 jQuery。

如果把 Vue、React 这些 MVVM 框架比作飞机大炮，那 jQuery 只能算是大刀长矛。面对飞机大炮，低版本浏览器的兼容性问题让做 2C 业务的人们只能望洋兴叹。虽然兼容性的问题未来终将不再是问题，但是我们已经等不及要解决它了。于是，我们开始着手 San 的研发，并于 2016 年正式推出了 San。

> 如果拿车来做类比，我们想造的是一台陆巡[1]。相比轿车和多数 SUV，它没有那么好开，甚至在驾驶它时看不到很多 2.0T 车的尾灯；相比牧马人和 Benz G，它的越野能力和通过性也没那么强。但是它很可靠，能稳稳当当、舒适地带你到任何想去的地方。
>
> ——Erik，百度前端架构师

1.2 San 的特性

San 是在做了无数减法后诞生的。我们专注于一个轻快、注重性能和兼容性、以数据为驱动的 UI 框架，并配合相应的状态管理库来形成生态。

通过声明式的类 HTML 视图模板，San 在支持所有原生 HTML 的语法特性之外，还支持数据到视图的绑定指令，以及业务开发中常常使用的分支、循环指令等。它在保持易用性的基础上，

① 即陆地巡洋舰，与后面的牧马人和 Benz G（奔驰 G 级）都是有名的越野车。——编者注

由框架完成基于字符串的模板解析，并构建出视图层的节点关系树，通过高性能的视图引擎快速生成 UI。San 会封装自定义的数据，因此，当数据发生有效变更时会通知 San 组件，San 组件会依赖模板编译阶段生成的节点关系树，确定需要变更的最小视图，进而完成视图的异步更新，保证视图更新的高效性。

和大多数现代前端框架一样，组件是 San 的基本单位，是独立的数据、逻辑、视图封装单元。从页面角度看，组件是 HTML 元素的扩展；从功能模式角度看，组件就是前面提到的 ViewModel。

San 组件提供了完整的生命周期，与 WebComponent 的生命周期相符合。组件间是可嵌套的树形关系，完整地支持了组件层级间、组件间的通信，方便组件间的数据流转。San 的组件机制可以有效支撑业务开发上的组件化需求。

关于组件的具体内容以及数据管理的相关知识，我们将在第 2 章和第 3 章重点介绍。

此外，San 支持组件反解，以此提供服务端的渲染能力，从而可以解决纯前端渲染导致的用户交互响应时间长、SEO（搜索引擎优化）效果差等问题。除此之外，San 还提供了一些周边开源产品，与 San 配合使用，可以帮助开发者快速搭建可维护的大型单页应用。

关于组件反解以及服务端渲染的内容，我们将会在第 5 章具体介绍。

可以看到，San 在功能方面并没有出奇的地方，其设计目的是提高应用的天花板，减少应用开发者的后顾之忧。San 致力于解决以下 3 个方面的问题。

1. 体积大小

作为一个 MVVM 的组件框架，San 体积小巧、兼容性好（IE 6.0）、性能卓越，是实现响应式用户界面的一个可靠、可依赖的解决方案。对于用过 Vue 或者 React 的开发者来说，San 框架非常容易上手，学习成本很低。虽然随着 HTTP2 等技术的普及，现在对于基础库大小的讨论没有以前那么激烈了，但是大小可控又足够好用的前端框架一直是开发者所追求的方向。在这一点上，San 的表现可圈可点（见表 1-2）。

表 1-2　San、Vue 和 React 的体积对比

San（3.10.0）	Vue（3.2.21）	React（17.0.1）
64 KB	124 KB	128 KB

2. 性能高低

提及性能，因为其“克制”且“足够”的设计思想，San 在众多框架之中表现不俗（见图 1-2）。

Name Duration for...	san-v3.10.1	svelte-v3.29.4	preact-v10.5.5	vue-v3.0.2	angular-noopzone-v8.0.1	react-rxjs-v17.0.1 + 0.6.0	angular-v8.2.14	react-easy-state-v17.0.1 + 6.3.0	react-v17.0.1	react-redux-v17.0.1 + 7.2.1	ractive-v1.3.6
Implementation notes	800										
create rows creating 1,000 rows	115.3 ± 1.6 (1.00)	125.7 ± 1.3 (1.09)	138.3 ± 3.9 (1.20)	131.5 ± 1.6 (1.14)	130.6 ± 1.3 (1.13)	153.0 ± 0.9 (1.33)	146.3 ± 4.9 (1.27)	195.2 ± 3.0 (1.69)	173.9 ± 2.1 (1.51)	204.8 ± 1.9 (1.78)	211.8 ± 1.1 (1.84)
replace all rows updating all 1,000 rows (5 warmup runs).	111.2 ± 1.3 (1.00)	127.3 ± 0.4 (1.15)	133.6 ± 1.8 (1.20)	115.7 ± 0.7 (1.04)	124.1 ± 1.2 (1.12)	122.6 ± 1.2 (1.10)	129.5 ± 1.2 (1.16)	151.4 ± 2.1 (1.36)	137.3 ± 0.8 (1.23)	152.9 ± 0.9 (1.37)	159.5 ± 0.7 (1.43)
partial update updating every 10th row for 1,000 rows (3 warmup runs). 16x CPU slowdown.	163.7 ± 2.1 (1.17)	164.3 ± 3.4 (1.18)	148.1 ± 2.3 (1.06)	177.6 ± 7.1 (1.28)	139.3 ± 2.7 (1.00)	177.2 ± 1.0 (1.27)	142.3 ± 3.8 (1.02)	209.2 ± 1.5 (1.50)	240.5 ± 1.3 (1.73)	263.2 ± 7.5 (1.89)	145.5 ± 1.5 (1.04)
select row highlighting a selected row. (no warmup runs). 16x CPU slowdown.	34.4 ± 1.8 (1.00)	34.8 ± 1.4 (1.01)	56.0 ± 3.5 (1.63)	160.7 ± 4.1 (4.68)	73.2 ± 2.1 (2.13)	66.7 ± 2.4 (1.94)	73.0 ± 1.0 (2.13)	49.7 ± 1.9 (1.45)	131.5 ± 3.8 (3.83)	63.7 ± 1.5 (1.86)	120.9 ± 1.7 (3.52)
swap rows swap 2 rows for table with 1,000 rows. (5 warmup runs). 4x CPU slowdown.	47.2 ± 0.6 (1.00)	49.5 ± 0.4 (1.05)	49.7 ± 0.9 (1.05)	55.1 ± 1.2 (1.17)	418.6 ± 2.1 (8.87)	414.9 ± 2.9 (8.79)	414.5 ± 1.8 (8.78)	429.4 ± 2.8 (9.09)	423.2 ± 2.9 (8.96)	416.5 ± 2.7 (8.82)	415.7 ± 2.2 (8.81)
remove row removing one row. (5 warmup runs).	21.5 ± 0.4 (1.00)	22.0 ± 0.2 (1.02)	22.6 ± 0.2 (1.05)	23.4 ± 0.4 (1.09)	26.5 ± 1.1 (1.23)	22.2 ± 0.2 (1.03)	25.5 ± 0.4 (1.19)	27.1 ± 0.3 (1.26)	25.1 ± 0.5 (1.17)	34.2 ± 0.2 (1.59)	26.8 ± 0.7 (1.25)
create many rows creating 10,000 rows	1,016.2 ± 2.9 (1.00)	1,196.9 ± 25.4 (1.18)	1,231.2 ± 14.1 (1.21)	1,103.2 ± 3.9 (1.09)	1,188.8 ± 5.0 (1.17)	1,526.5 ± 51.1 (1.50)	1,230.1 ± 17.7 (1.21)	1,659.5 ± 17.1 (1.63)	1,640.3 ± 53.7 (1.61)	1,776.8 ± 16.1 (1.75)	1,524.7 ± 10.2 (1.50)
append rows to large table appending 1,000 to a table of 10,000 rows. 2x CPU slowdown	223.8 ± 1.7 (1.00)	259.9 ± 2.0 (1.16)	306.3 ± 9.7 (1.37)	257.2 ± 4.0 (1.15)	266.4 ± 2.8 (1.19)	263.9 ± 4.0 (1.18)	271.7 ± 4.1 (1.21)	360.0 ± 2.4 (1.61)	317.6 ± 2.5 (1.42)	373.8 ± 1.9 (1.67)	358.3 ± 2.5 (1.60)
clear rows clearing a table with 1,000 rows. 8x CPU slowdown	123.1 ± 0.8 (1.00)	139.5 ± 0.8 (1.13)	131.8 ± 0.7 (1.07)	128.0 ± 0.9 (1.04)	179.3 ± 2.6 (1.46)	141.9 ± 1.5 (1.15)	233.4 ± 1.7 (1.90)	171.9 ± 1.8 (1.40)	146.1 ± 0.7 (1.19)	154.8 ± 2.8 (1.26)	281.6 ± 1.1 (2.29)
geometric mean of all factors in the table	1.02	1.11	1.19	1.31	1.58	1.60	1.66	1.81	1.92	1.97	2.03

图 1-2　krausest-js-framework-benchmark 上主流前端框架的性能对比

3. 兼容性

诚然，PC 端浏览器的兼容性是个绕不开的话题，San 为这类业务需求提供了技术选型方案。基于我们调研的用户数据，在 2016 年，也就是 San 诞生那年，IE 8.0 仍占据着一定的市场份额，详见 Statcounter 网站发布的“Browser Market Share China”。

综上所述，我们姑且把对新框架的“成见”放在一边，可以肯定的是，San 在体积、性能和兼容性这 3 个方面都在尝试做到最好，也在不断迭代和优化（见图 1-3）。

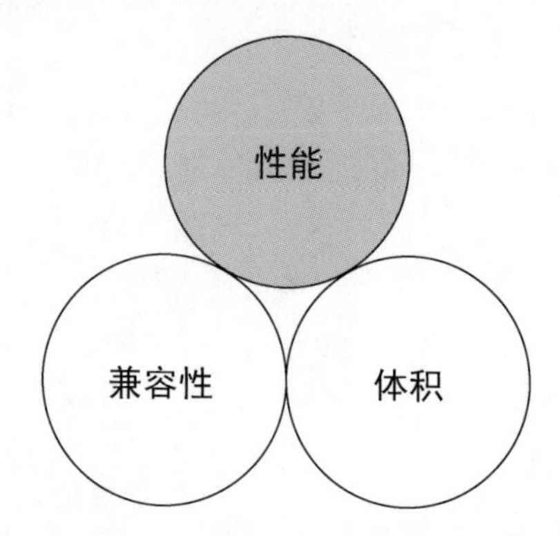

图 1-3　体积、性能和兼容性是框架设计绕不开的 3 个方面

1.3　框架对比

San 尤其适合前端业务逻辑相对简单的业务。在百度，已有多个产品线把 San 定为业务首选前端开发框架，相关的业务已服务上亿用户。这足以证明 San 是可靠、可依赖的前端框架。

San 与上文所述的框架之间显然存在一些差异。从本质上说，虽然框架的核心目标都是做出性能更好的 Web 应用，但每个框架不同的设计思路和理念导致了这样的差异。通常，我们可以从以下几个宏观维度来比较。

1.3.1　抽象程度

如果我们认为原生的 JavaScript 是最低的抽象程度，那么 jQuery 这样的老牌框架的抽象程度基本上与其相差无几。只需要了解 JavaScript 就能上手 jQuery 是后者在早期具备一定统治力的重要原因。

在随后兴起的组件化框架中，React 的抽象程度较低，只需要理解组件（component）、状态（state）、钩子（hook）和 JSX 就可以上手了。

Angular 的抽象概念较多，光上手就需要了解十几个概念，这些概念大部分从一些知名的后端框架演变而来，对于应对一定规模和延续性的产品架构来说是必要的，而对于轻量级的需求实现就显得冗余了。

San、Vue 和 Svelte 基本上处在前两者之间，模板（template）与 HTML 差异较小，了解完数据（data）、方法（method）和单文件组件就可以上手了。

1.3.2 运行时和预编译

从这个维度，可以综合看待并比较框架在浏览器内存里执行的任务和在编译阶段做的预处理工作（具体效果如图 1-4 所示）。

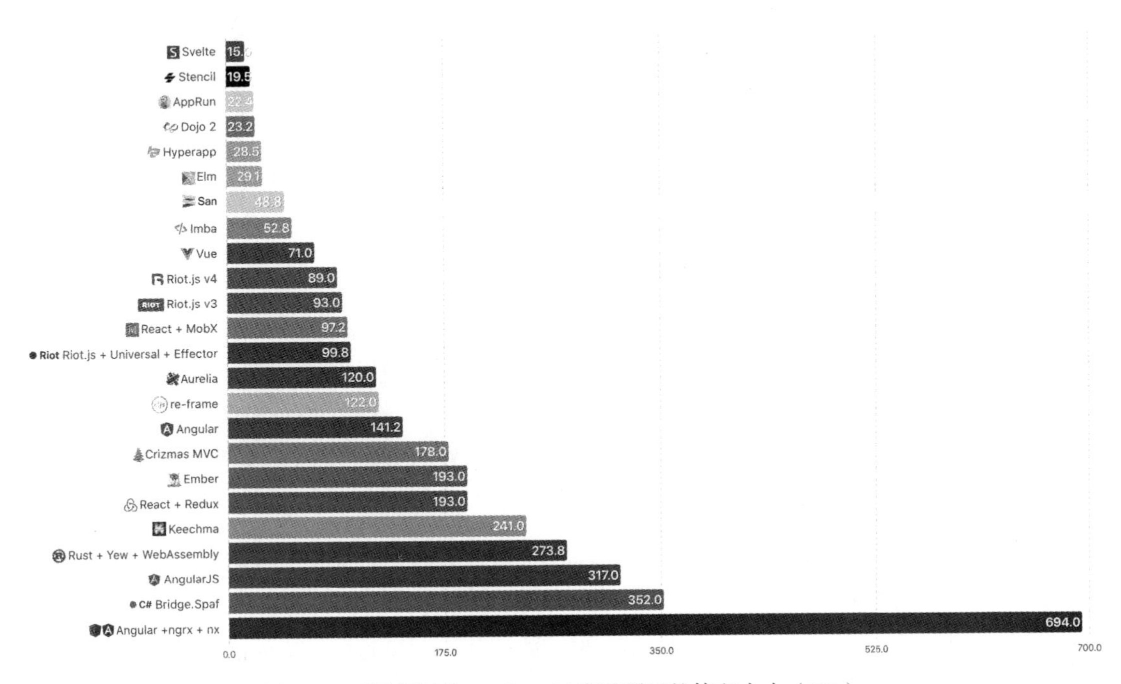

图 1-4 不同框架的 RealWorld 演示项目的体积大小（KB）

一个极端是重运行时的 React，数据变化需要生成新的虚拟 DOM，再通过 diff 算法得出最小操作行为。

另一个极端是重编译、轻运行时的框架，典型代表就是 Svelte。它在编译和构建阶段将应用转换为理想的 JavaScript 应用，而不是在运行阶段解释应用代码。这就意味着不需要为框架消耗额外的性能，同时保证了首屏加载没有额外的消耗。

San 和 Vue 处于中间地位，在运行时和预编译之间做了平衡。它们保留了虚拟 DOM，通过响应式控制虚拟 DOM 的粒度，并结合编译期生成的节点树和其他优化控制变更范围。

此外，San 在运行时还具备组件反解的能力。配合服务端渲染，在初始化组件时不使用预设模板渲染视图及创建根元素，就能直接到达 compiled（已编译）、created（已创建）和 attached（已附加）生命周期阶段，节约了大量客户端渲染时间。

1.3.3　同构与跨端

如上所述，Svelte 可以做到直接编译成 JavaScript，性能接近原生，同时在抽象程度上也接近于 San 和 Vue。为什么 San 和 Vue 还要保留虚拟 DOM 这个额外的运行时损耗呢？比较重要的答案就是跨端支持，这里的“端”除了客户端，也包含服务端。

虚拟 DOM 除了可以参与 diff 的计算，也描述了视图本身是怎样的，在跨端领域意义重大。视图层返回了这个对象，渲染层就可以调用不同平台的渲染 API 去绘制。

San 提供了 San SSR 和 San Native 两大解决方案，实现了服务端同构与跨平台渲染。这两个方案的基础都是虚拟 DOM。

1.3.4　生态

React 是经过实践检验的领导者，得到了企业和庞大的开源社区支持。从虚拟 DOM 到 JSX，从不可变性（immutability）到 React 钩子，React 社区提出了很多伟大的革命性想法。React 作为一个库而不是框架，其中的许多依赖源于由社区构建和支持的第三方库，无论对于技术选型还是应用开发，都有着极大的灵活性。

Vue 在文档和生态运营方面堪称业界典范，作者倾注了相当多的精力去主导和维护生态的建设，官方也给出了很多优秀的解决方案。

围绕 San 生态的建设一直在进行，目前已经有了 San CLI、San DevTools、San SSR 和 San Native 等，周边生态已基本和 Vue 等业内主流框架对齐，足以满足当前的业务需求（见图 1-5）。

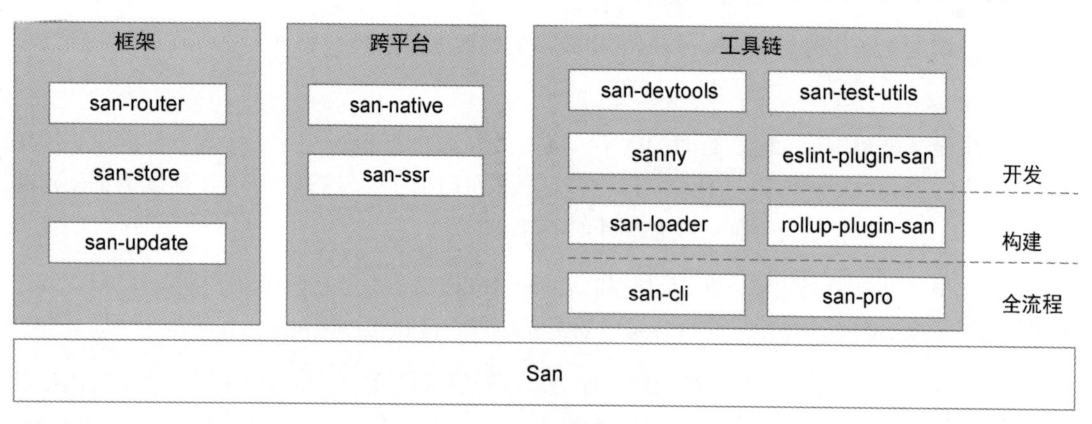

图 1-5　San 的技术矩阵

目前 San 与 Vue、React 等主流框架的生态对比如表 1-3 所示。

表 1-3 San 与 Vue、React 等主流框架的生态对比

类 型	San	Vue	React	备 注
基础库	san	vue	react	基础库框架
	san-store	vuex 等	redux 等	数据流/状态管理
	san-router	vue-router	react-router	路由管理
跨端融合与服务端渲染	san-native	nativescript-vue/weex	react-native	跨端融合方案
	NA	mpvue 等	tarojs 等	小程序开发工具
	san-ssr	vue-server-renderer	react-dom/server	组件反解/服务端渲染
工具库	san-cli	vue-cli	create-react-app	命令行工具
	san-loader	vue-loader	NA	webpack 加载器
	san-devtools	vue-devtools	react-devtools	调试工具
	san-test-utils	@vue/test-utils	react-dom/test-utils	单元测试工具库
	docit	vuepress	bit/gatsby/nextjs	文档建站工具
	sanny	vetur/volar	NA	针对单文件组件的 VSCode 插件

一个成熟框架的外围生态必然包括开发、构建、调试、部署相关的工具链。不管是工具链还是跨端开发方案，都和框架本身的设计密切相关，第 6 章 ~ 第 9 章会具体介绍，并且说明 San 作为基础是如何支撑这些上层建筑的。

1.4 为什么选择 San

如何选择一个框架作为团队的主技术栈是一门学问，教条式地建议应该使用哪种框架对开发者并无裨益。所以我们把自己所在的百度 App 前端团队的“心路历程”作为出发点来进行介绍，想来会更具参考意义。

我们选择 San 作为统一技术栈的前端框架主要基于以下几个原因。

- 首先是业务特点。百度 App 的业务主要以展现为主，核心业务的前端页面都是多 Webview 隔开的多页面，交互相对比较简单，所以轻量、灵活的框架是首选。在业务上，我们不仅有移动端，还有功能相同的 PC 页面。San 出色的兼容性能轻松实现 PC 端和移动端的组件复用，可以做到一套组件在 PC 和移动设备上都可用。
- 其次，移动端也可以考虑采用开源方案（Vue 和 React）。外部库的好处在于发展得非常快，经常有些新的 feature（功能点），但它们毕竟是“别人家的孩子”，我们需要根据实际使用场景来取舍。一切都要回归设计 San 的初衷——小体积、高性能和良好的兼容性。

- 最后，San 是一个普适性的前端框架。我们的小程序、San Native（类似于 React Native）和 San SSR 都基于 San 实现了底层架构框架统一，真正做到了从“一次学习，多处编写”（learn once, write anywhere）到“一次编写，多处运行”（write once, run anywhere）。

目前，San 作为主流的前端框架，广泛应用于百度 App 下包括百度 App Feed 落地页（包括 PC 版）、移动端搜索结果页（百度搜索结果页，包括 PC 版）、个人动态落地页、用户个人主页（包括 PC 版）、话题和搜索频道（san-native）在内的多个产品业务方向中。

如果你所在的业务团队有和我们同样的技术诉求，抑或你希望做一次新的尝试，那么欢迎你学习并使用 San 作为主力研发技术栈。

1.5　小结

框架的出现让开发人员的关注焦点离开了“如何编写代码”，转到“如何进行框架选择”，所以众多前端框架如雨后春笋一般出现在前端开发者的视野中。

诞生于百度的前端开发框架 San，秉承“体积小、性能高、兼容性好”三原则，服务了百度内外数以千计的开发者，落地了若干高流量、对性能要求高的项目。

San 有着完备的周边服务，无论对开发、构建、调试还是部署环节，都有充分的工具支持。在跨端开发领域，San SSR 和 San Native 也能助开发者一臂之力。

San 特别适合业务相对简洁、重视性能且要求一定兼容性的场景。当然，这并不意味着 San 无法胜任复杂的复交互应用，因为在百度内外有大量重前端的场景使用了 San 作为技术框架。

第 2 章

组件，一切的起点

从直接使用原生 HTML、CSS 和 JavaScript 到现在三大框架鼎立的时代，前端开发经历了很多变化。第 1 章提到，San 与其他的框架在功能上类似，主要的优势在于性能高、体积小和兼容性强。

如果你有其他框架的基础，那很好，框架的原理在大方向上是互通的，学习 San 也有助于理解其他框架；如果你没有其他框架的基础，也没关系，在学习了 San 之后，上手其他框架会变得非常容易。

2.1 从实际项目出发，实现一个简单的 San

在本章，我们会以实现一个实际的**博客网站**为目标，从小功能开始，一步一步地完成项目的编写，自己动手实现一个简化版本的 San。

让我们从项目过程中实际遇到的问题出发，不断优化代码的实现，感受引入框架带来的便利和框架的实现原理吧。

2.1.1 实现一篇文章

博客由一篇篇文章构成，所以我们先从单篇文章开始，实现展示文章的需求。

要在页面上展示一篇文章，界面元素从上到下、从左到右依次是：作者头像、作者昵称、发表日期、作者收到的点赞数、文章标题、文章简介、“查看更多”按钮等，如图 2-1 所示。

图 2-1　文章的界面元素示意图

从图 2-1 可见，附加的交互功能是：如果点击右侧带有心形图标的按钮，文章的点赞数量就会加 1。

可以看到，这个功能比较简单，只是展示一些信息，交互也不太复杂。为了大家更快地理解，我们先来处理交互部分。如果不用框架，直接使用纯 HTML 和 JavaScript 实现，则代码如下：

```
<div class="article">
    我是一篇文章
    <span class="like">
        ❤
        <span class="like-count">
            0
        </span>
    </span>
</div>
```

然后编写 DOM 结构。这里为了方便理解，暂时忽略 CSS 样式的部分。

DOM 结构很简单，外层有一个 `div` 容器，其中包含图标和点赞数。因为点赞数会变化，所以这里单独使用一个 DOM，以便在 JavaScript 里获取：

```
// 新建变量存储计数
let likeCount = 0;

// 获取 DOM
const domLike = document.querySelector('.like');
const domLikeCount = document.querySelector('.like-count');

// 监听事件
domLike.addEventListener('click', function (e) {
    // 计数
    likeCount++;

    // 更新视图
    domLikeCount.innerText = likeCount;
}, false);
```

在 JavaScript 的部分里，需要新建一个变量 `likeCount` 来存储点赞数。这里的 `likeCount` 是一个全局变量。不过可以停下来想想，这里直接将其设置为全局变量会有什么问题。

接下来的工作是获取 DOM。之所以要获取容器的 DOM，是因为点击整个容器会触发事件；而获取点赞数 DOM 的原因是方便直接增加计数而不影响其他元素。

使用 `addEventListener` 为容器 DOM 添加点击事件。在点击事件里，对存储点赞数的全局变量 `likeCount` 加 1，并直接操作 DOM 修改页面显示的值。这里需要思考：事件已经被监听了，但是没有取消监听的操作，只要页面一直存在（不刷新），事件也会一直存在；如果想要提高页面的性能，理应有一个取消事件监听的操作。但在原生 HTML 中，应该在哪里取消监听呢？是否有一种机制可以帮助我们进行管理？

至此，不使用框架编写 HTML 代码，可以发现有以下几个问题。

- 缺少作用域的概念，状态暴露在全局。
- 需要获取 DOM，而且更新页面视图时需要手动操作 DOM，而获取 DOM 和操作 DOM 的性能开销较大。
- 需要开发者手动绑定事件监听器，并且没有取消监听的时机。

我们不用着急解决上面总结出来的问题，可以先思考，想想这些问题给开发过程带来了哪些困难。

接下来继续升级项目的功能。

2.1.2 实现文章列表

本节示例代码参见 chapter2/2.1/2.1.2.html。

一个博客里会有很多篇文章，所以我们需要复用上面的文章项的 DOM 结构，通过循环实现一个文章列表。

那么问题来了：如果想复用一个 DOM 结构，用什么方式实现最好？

直接复制粘贴？这也是一种方案，但是当文章数量多的时候，工作量就会很大。而且如果文章的结构发生变化，那么需要修改所有 DOM 结构，不仅工作量非常大，还容易出现遗漏。

我们可以实现一个函数，在函数里返回文章项的 DOM 结构。因为文章标题、点赞数、作者等不确定的变量可以作为参数传入，所以在函数体里为它们留个空位，并根据参数动态返回：

```
/**
 * 得到文章
 * @param {string} title  文章标题
 * @param {string} likeCount  初始点赞数
 * @return {string} articleHtml  文章的 HTML 字符串
 */
function getArticle(title, likeCount) {
    return `
        <div class="article">
            ${title}
            <span class="like">
                ❤
                <span class="like-count">
                    ${likeCount}
                </span>
            </span>
        </div>
    `;
}
```

注意

这里使用了 ES2015 模板字符串（也叫模板字面量）语法`${ }`，可以方便地拼接字符串常量和变量，详情可参考 MDN 的官方文档“模板字符串”。

我们实现了一个 `getArticle` 函数，它接收文章的详细信息（标题、点赞数）作为参数，返回 HTML 字符串，然后直接插入 DOM 中，就可以被浏览器解析渲染成页面。这种描述页面结构的 HTML 字符串称为**模板**（template）。

注意

HTML 也自带 `template` 标签，San 在设计 API 时，会尽量向 HTML 规范靠齐，详情可参考 MDN 的官方文档“`<template>`：内容模板元素”。

模板在大部分前端框架中承担描述页面结构的重要作用，后面会详细讲述。

我们可以通过循环文章列表数据，调用该方法返回 HTML 字符串，从而生成文章列表：

HTML

```
<div id="wrapper"></div>
```

JavaScript

```
// 最终要放入容器里的 HTML 字符串
let html = '';

// 假设列表长度为 10
for (let i = 0; i < 10; i++) {
    // 得到每一个文章项的 HTML 字符串
    const articleHtml = getArticle(`测试标题${i + 1}`, 0);
    // 字符串拼接
    html += articleHtml;
}

// 直接把 HTML 字符串放入包装器（wrapper）中
const domWrapper = document.querySelector('#wrapper');
domWrapper.innerHTML = html;
```

至此，文章列表的展现功能已经实现。但文章项还有一个交互功能，即点击心形图标增加点赞数。上面的实现方案只涉及页面展现，页面的交互逻辑还没有实现。

在原生 HTML 中，实现页面的交互逻辑需要绑定 DOM 事件，直接返回 HTML 字符串是不行的，需要生成可访问的 DOM 元素。升级 getArticle 函数，给 DOM 绑定交互事件，并返回 DOM：

```
/**
 * 得到文章
 * @param {string} title  文章标题
 * @param {string} likeCount  初始点赞数
 * @return {DOM} domArticle  文章的 DOM 对象
 */
function getArticle(title, likeCount) {
    const template = `
        <div class="article">
            ${title}
            <span class="like">
                ❤
                <span class="like-count">
                    ${likeCount}
                </span>
            </span>
        </div>
    `;

    // 使用模板生成 DOM
    const domArticle = document.createElement('div');
    domArticle.innerHTML = template;

    // 内部维护计数器
    let mLikeCount = likeCount;

    // 获得内部的点赞计数 DOM
    const domLikeCount = domDiv.querySelector('.like-count');

    // 注册点击事件
    domArticle.addEventListener('click', function (e) {
        mLikeCount++;
        // 更新视图
        domLikeCount.innerText = mLikeCount;
    }, false);

    return domArticle;
}
```

在对 getArticle 函数升级后，文章的交互逻辑也可以复用了。接下来，我们在 JavaScript 代码中获取容器节点，循环调用 getArticle 方法，创建文章 DOM，并依次添加到容器 DOM 中。这样便得到了可交互的文章列表页：

```
// 获得容器的 DOM 节点
const domWrapper = document.querySelector('#wrapper');

// 假设列表长度为 10
for (let i = 0; i < 10; i++) {
```

```
    // 得到每一项的 DOM
    const domItem = getArticle(`测试文章${i}`, 0);
    // 依次添加到容器 DOM 中
    domWrapper.appendChild(domItem);
}
```

2.1.3 抽象出文章类

本节示例代码参见 chapter2/2.1/2.1.3.html。

类（class）是一种语法糖，是对函数（function）的语法封装，能让 JavaScript 更加符合其他面向对象类语言的书写方式。它能够更清晰地表示数据和结构，方便维护和复用。

下面用 ES6 的 `class` 语法重构 `getArticle` 方法，用面向对象的思想新建一个 `Article` 类：

```
class Article {

    // 整个文章项的 DOM
    el = null;
    // 点赞计数的 DOM
    elLikeCount = null;

    // 数据
    data = {};

    // 构造函数
    constructor(title, starCount) {
        this.data = this.initData(arguments);
    }

    // 初始化数据
    initData(args) {
        return {
            // 标题
            title: args[0] || '',
            // 点赞计数
            likeCount: args[1] || 0
        }
    }

    getTemplate() {
        return `
            <div class="article">
                ${this.data.title}
                <span class="like">
                    ❤
                    <span class="like-count">
                        ${this.data.likeCount}
                    </span>
```

```
            </span>
        </div>
        `;
    }

    // 渲染
    render() {
        const template = this.getTemplate();
        this.el = document.createElement('div');
        this.el.innerHTML = template;
        this.el.addEventListener('click', this.handleClick.bind(this), false);
        // 获取子 DOM，方便计数
        this.elLikeCount = this.el.querySelector('.like-count');
        return this.el;
    }

    // 点击事件
    handleClick(e) {
        this.data.likeCount++;
        this.elLikeCount.innerText = this.data.likeCount;
    }
}
```

类的结构主要包含两部分：一部分是数据（`el`、`elLikeCount` 和 `data`），另一部分是处理数据的函数（`initData`、`getTemplate` 和 `render` 等），我们需要用后者来渲染页面。

类中会大量使用 `this`，`this` 的指向和当前的执行上下文环境有很大的关系。如果对此不熟悉，可参考 MDN 的官方文档“`this`”。

`class` 语法和 `this` 目前在业界是存在争议的。例如，React 钩子出现的目的之一就是解决类中 `this` 混乱的问题。一个新技术的出现，必然是伴随着应用场景的，不同技术在不同场景下各有优劣。类和 React 钩子在本质上是对**面向对象编程**和**函数式编程**这两种编程思想的讨论，本书不深入探讨。

接下来，在一个循环体里执行 `new Article` 生成实例对象，并通过 `render` 方法生成 DOM 节点：

```
// 获得容器的 DOM 节点
const domWrapper = document.querySelector('#wrapper');

// 假设列表长度为 10
for (let i = 0; i < 10; i++) {
    // 得到每一项的 DOM
    const domItem = new Article(`测试标题${i}`).render();
    // 依次添加到容器 DOM 中
    domWrapper.appendChild(domItem);
}
```

通过 `class` 语法，我们将文章的相关变量和方法都放入类中，这非常有利于以后的代码维护和复用。它避免了直接复制粘贴代码块带来的混乱和维护困难。`Article` 类这样的实现一般称为**组件**（component）。

组件概念的引入，主要是为了解决复用的问题。作为开发者，我们都知道需要尽可能复用代码，以减小代码体积，减少维护成本。不过这实现起来却不太容易，复杂的 HTML（以及相关联的样式 CSS 和脚本 JavaScript）可能会让代码一团糟。

注意

为了解决这个问题，W3C 提出了 Web Component 的概念。它旨在解决前端复用代码困难的问题，详情可参考 MDN 的官方文档"Web Components"。不同于框架级别的组件化方案，Web Component 依赖浏览器原生暴露的接口（自定义元素、影子 DOM 和 HTML 模板）。

组件化的支持是前端框架首先要考虑的问题，San 也不例外。

我们已经通过自定义组件的方式，实现了页面的展现和交互功能。但在上述例子中，为了实现页面交互，需要操作 DOM。操作 DOM 是件很麻烦的事，交互越多，复杂度越高，代码逻辑也越复杂。那么有没有办法避免直接操作 DOM 呢？答案是肯定的。

2.1.4　数据驱动视图的逻辑

如果在处理交互逻辑的时候只改变数据，视图根据数据的变化自动更新，就会减少很多获取 DOM、操作 DOM 的重复逻辑，让代码逻辑变得简单，让代码更好维护。那么怎样实现这个功能呢？

首先介绍一下**数据**和**视图**。这里的数据一般指的是变量。常量是不变的，不会引起视图变化。所以在刚才完成的 `Article` 类里，数据部分就是指 `initData` 方法里定义的 `title` 和 `likeCount`：

```
// 初始化数据
initData(args) {
    return {
        // 标题
        title: args[0] || '',
        // 点赞计数
        likeCount: args[1] || 0
    }
}
```

视图则是 Article 类中 getTemplate 方法返回（return）的部分，也就是模板部分。getTemplate 方法返回一个 HTML 格式的字符串，它描述了文章项的页面结构，会被拼接成 HTML，通过浏览器 API document.createElement 生成 DOM：

```
getTemplate() {
    return `
        <div class="article">
            ${this.data.title}
            <span class="like">
                ❤
                <span class="like-count">
                    ${this.data.likeCount}
                </span>
            </span>
        </div>
    `;
}
```

数据和视图部分已经有了，下一步需要把它们关联起来。

1. 解析模板字符串

数据要和视图关联起来，就需要一些匹配、判断的逻辑，但模板是一个字符串，字符串类型不是很好操作。为了方便处理，能不能把它转换成一个对象（object）类型呢？

HTML 由节点嵌套而成，它们都会有一个根节点，根节点又会有很多子节点。这个结构非常像数据结构中的树，如图 2-2 所示。上面 getTemplate 方法里描述的 HTML 结构，其实是可以用树型结构来表示的。

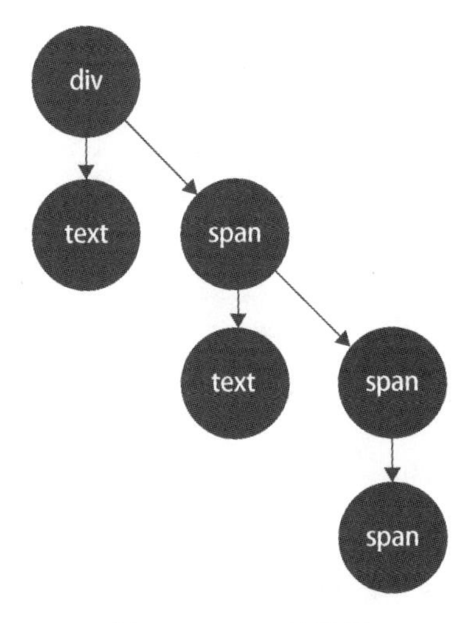

图 2-2 DOM 结构树

用 JSON 对象来描述它：

```
{
    tag: 'div',
    innerText: '${this.data.title}',
    children: [
        {
            tag: 'span',
            class: 'like',
            innerText: '❤',
            children: [
                {
                    tag: 'span',
                    class: 'like-count',
                    innerText: '${this.data.likeCount}'
                }
            ]
        }
    ]
}
```

在每个节点里，会记录以下几个关键属性。

- `tag`：HTML 标签名。
- `innerText`：内容（包括常量和变量，其中变量可以用自定义符号来区分。比如，这里我们就用了 ES6 的`${ }`语法，在 San 和 Vue 里可以用`{{ }}`语法）。
- `children`：子节点数组。
- `class`：类名。

如果以后需要更多的属性，还可以一起添加进去，比如 DOM 上的自定义事件，等等。这个树形结构一般称为**抽象节点树**，可以很清晰地描述页面结构，而且比模板字符串更容易操作。在 San 中，描述每个节点的数据结构称为**抽象节点**（ANode），后面会对这个概念进行详细讲解。

我们需要一个函数，来将模板字符串解析为 JSON 对象。它接收模板字符串作为参数，并输出一个 JSON 对象。这个函数一般称为**模板解析器**。

```
function parseTemplate(template) {
    const aNode = {};
    // 通过正则匹配，解析字符串
    ...
    return aNode;
}
```

模板解析器内部有较多正则表达式，不方便理解，直接编写也较为困难。另外，内部还有多种解析器，如 HTML 解析器、文本解析器、表达式解析器、指令解析器等。上述代码中的`${this.data.title}`还会在表达式解析器中进一步解析。后续章节会参照 San 源码来进行讲解。因此在本节中，我们只需要大致理解概念就好。

2. 追踪数据变化

在上一步中，我们通过模板解析器将视图部分从模板字符串解析为了 JavaScript 对象。通过树形结构，可以清晰地描述页面中的每个节点及其对应的属性。接下来需要对数据进行处理。我们希望在数据变化时，能够通知视图，所以需要追踪数据的变化。也就是说，需要在数据变化时触发一个事件，在被使用的节点上监听事件并做出处理。

目前业界有三种主流的方式。

(1) 使用 `defineProperty` 或 `Proxy`（代理）方法来被动监听数据的修改操作。

(2) 使用一系列预定义的数据修改 API 来进行数据修改，并通过调用这些 API 来感知数据的修改。

(3) 进行脏数据检查（Dirty Checking）。

针对前两种数据变化追踪方式，下一章会有详细的介绍。

在完成上述两个步骤后，视图层和数据层的准备工作就做好了，接下来需要编写**依赖收集**和**触发视图更新**的逻辑。

依赖收集是为了找到哪些视图用了哪些数据，以便在每次数据变化时，只更新引用了变更数据的视图，从而减少性能开销。

触发视图更新则在依赖收集的基础上，监听视图节点上引用数据变化的事件。在每次数据变化时，视图能够及时获取变化后的数据，并进行页面的更新。

上述步骤一环套一环，完成了数据变更驱动视图更新的闭环逻辑。由于篇幅有限，本节仅作为引子，抛出问题并提供解决思路，第 3 章会给出详细解决方案。

2.2 编写第一个 San 组件

在完成 2.1 节的 `Article` 后，我们已经简单了解了这种组件式开发、数据驱动视图变化的框架的基本原理。MVVM 框架较为复杂，一开始就完整搭建一个功能齐全的框架比较困难。因此我们直接使用 San 框架，从项目入手，一点点地了解框架的特性，以及为什么要有这些特性，从而感受 San 带来的高性能。

2.2.1 安装 San

首先需要从网站上下载 San 的最新版本。安装方法可以参考 San 的官方文档，比如可以通过 CDN、npm 或者 San 的官方 CLI 工具来安装。

本节直接使用 CDN 的方式，引入开发版本（开发版本提供了错误提示和警告，方便调试）。

新建一个 HTML 文件，在 head 标签中新增一个 script 标签，引入 San 源码。

这里是全局引入的。在 JavaScript 代码中，可以通过 san 直接获取全局变量。

在 body 标签下方新增 script 标签，使用 console.log 打印 san 全局变量。打开浏览器控制台，可以看到输出就代表引用成功：

```
<html>
  <head>
      <meta charset="utf-8">
      <title>Hello San</title>
      <script src="https://unpkg.com/san@latest/dist/san.dev.js"></script>
  </head>

  <body>
  </body>

  <script>
      console.log('san', san);
  </script>
</html>
```

控制台日志如图 2-3 所示。

```
Elements  Console  Sources  Network  Performance  Memory  Application  Security  Lighthouse
top ▾   Filter   Default levels ▾   No Issues
san ▾{version: "3.10.3", debug: true, Component: f, defineComponent: f, createComponentLoader: f, …}
      ▸Component: f Component(options)
      ▸Data: f Data(data, parent)
      ▸DataTypes: {any: f, array: f, object: f, func: f, string: f, …}
      ▸ExprType: {STRING: 1, NUMBER: 2, BOOL: 3, ACCESSOR: 4, INTERP: 5, …}
      ▸LifeCycle: {start: {…}, compiled: {…}, inited: {…}, created: {…}, attached: {…}, …}
      ▸NodeType: {TEXT: 1, IF: 2, FOR: 3, ELEM: 4, CMPT: 5, …}
      ▸createComponentLoader: f createComponentLoader(options)
       debug: true
      ▸defineComponent: f defineComponent(proto, SuperComponent)
      ▸evalExpr: f evalExpr(expr, data, owner)
      ▸inherits: f inherits(subClass, superClass)
      ▸nextTick: f nextTick(fn, thisArg)
      ▸parseComponentTemplate: f parseComponentTemplate(ComponentClass)
      ▸parseExpr: f parseExpr(source)
      ▸parseTemplate: f parseTemplate(source, options)
      ▸unpackANode: f unpackANode(packed)
       version: "3.10.3"
      ▸__proto__: Object
>
```

图 2-3　San 全局变量控制台输出日志

从页面控制台打印的信息中可以看到，引用成功。san 全局变量是一个 Object，里面挂载了很多方法。这些方法会在接下来用到。

2.2.2　Hello San

在 body 标签下方的 script 标签里，通过 san.defineComponent 方法定义一个 San 组件。

san.defineComponent 方法接收一个参数（参数类型为 Object），返回一个 San 组件实例（类型也是 Object）。

参数对象中的 template 字段类型为字符串，描述了组件的视图结构，其语法类似于 HTML，称为**视图模板**。

我们可以通过 console.log 打印的方式，打印 san.defineComponent 方法和 San 组件实例。先来初步看一下它们的结构：

```
let MyComponent = san.defineComponent({
    template: '<div>Hello San</div>'
});
console.log('san.defineComponent', san.defineComponent);
console.log('MyComponent', MyComponent);
```

控制台日志如图 2-4 所示。

图 2-4　san.defineComponent 和 MyComponent 控制台输出日志

从日志信息中我们看到 san.defineComponent 和 San 组件实例一样，都是函数。使用函数定义好了组件后，怎样应用这个组件呢？或者说怎样才能在页面中看到效果呢？

在给组件命名的时候，可以看到我们使用的是大驼峰命名法，表明它是一个构造函数，可以通过 new 语法，生成一个组件实例。

驼峰式命名法

驼峰式命名法（camel-case）是一套命名规则，一般指小驼峰命名法。小驼峰命名法的意思是，除第一个单词之外，将其他单词的首字母大写；而大驼峰命名法则将所有单词的首字母大写。

所以我们直接通过 `new` 语法，生成一个 `myComp` 组件实例，并通过 San 组件实例自带的 `attach` 方法，接收一个 DOM 类型的参数，将组件挂接到传入的 DOM 上：

```
let myComp = new MyComponent();
myComp.attach(document.body);
```

在浏览器中打开页面，可以看到组件已经显示在了页面中（见图 2-5）。

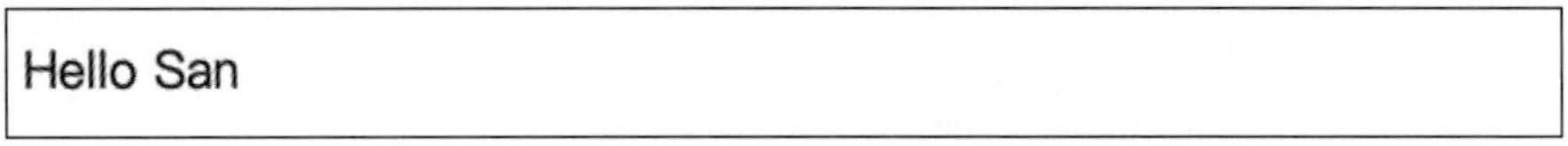

Hello San

图 2-5　Hello San 页面效果

2.3　使用 San 实现文章项

我们已经简单地使用 San 完成了 Hello San 页面，接下来使用 San 来实现博客网站项目。

首先编写一个文章项。文章项的样式和我们在 2.1 节通过原生 HTML 完成的样式基本一致（见图 2-6）。

图 2-6　文章项页面效果

可以看到它分为上方的作者栏、中间的文章标题和文章描述，以及底部的“查看更多”按钮。上方的作者栏布局结构比较复杂，这里不做介绍。

完整代码参见 chapter2/2.3/文章项.html。

2.3.1 使用 HTML 语法描述结构

使用 san.defineComponent 定义一个 Article 组件，在 template 里使用 HTML 描述组件的结构：

```
let Article = san.defineComponent({
    template: `
        <div class="article">
            <!-- 上方作者栏省略 -->
            ...
            <div class="title">
                文章标题
            </div>
            <div class="desc">
                文章描述
            </div>
            <div class="more">
                查看更多
            </div>
        </div>
    `,
});
```

让我们看一下效果，如图 2-7 所示。

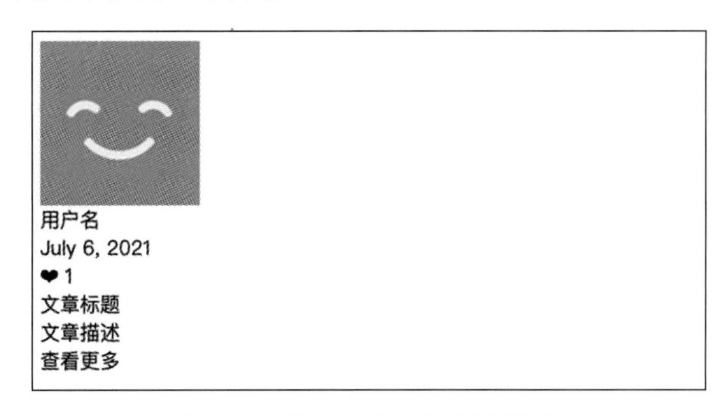

图 2-7 不带 CSS 的文章项页面效果

因为还没有写样式，所以 DOM 元素直接纵向排列下来，页面效果不是很好。我们需要为各个模块定义不同的样式类。

2.3.2 使用 CSS 控制样式

接下来编写样式。在本节的示例中，我们使用最简单的方法，直接引用 style 标签来编写类。

在 HTML 页面上方添加 style 标签：

```
<style>
    /* 上方作者栏省略 */
    ...
    .article {
        border-top: 1px solid rgba(0,0,0,.1);
        padding: 1.5rem 0;
    }
    .title {
        font-weight: bold;
        font-size: 1.5rem;
        margin-bottom: 3px;
    }
    .desc {
        font-size: 24px;
        color: #999;
        margin-bottom: 15px;
        font-size: 1rem;
        line-height: 1.3rem;
    }
</style>
```

效果如图 2-8 所示。

图 2-8　加了 CSS 的文章项页面效果

页面结构和样式已经编写完成。到目前为止，写法和原生 HTML 区别不大。

目前，数据是写死在模板里的，但是我们希望文章项能够根据数据的不同，渲染出不同的内容，有不同的文章、作者、点赞数、日期，等等。所以这里的数据是一种变量。可以看到，数据具体的取值和在视图结构里的位置息息相关。在 HTML 结构里是不是需要有一种为变量占位的机制呢？

2.4　声明式的视图模板

在视图模板 `template` 中，San 提供了一种形为`{{ }}`（用两个花括号包裹变量）的语法，用于描述变量在页面结构中的位置。该语法叫作 mustache 语法，即**插值语法**。

2.4.1 插值语法

下面给出一个将数据放在变量中的简单示例：

```
let Comp = san.defineComponent({
    template: `<div>{{ text }}</div>`,
    initData: function () {
        return {
            text: 'Hello San'
        };
    }
});
```

页面效果如图 2-9 所示。

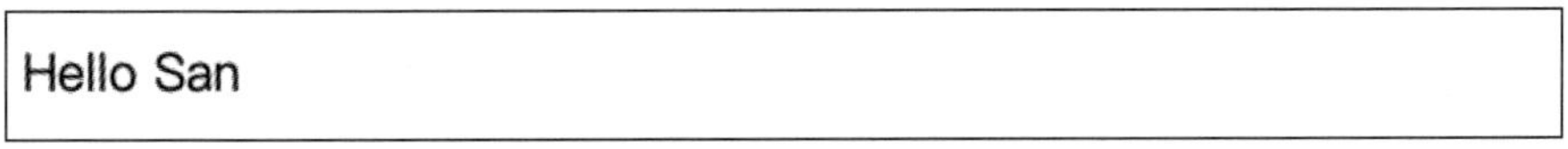

Hello San

图 2-9 插值语法页面效果

`initData` 是和 `template` 同级的配置项，它是一个函数，返回一个对象。它记录了该 San 组件内部需要用到的变量，并提供初始化数据。

插值语法在业界非常常用，San 也选择了它。它能够非常清晰且方便地标记变量在页面结构中的位置。在实现 MVVM 框架核心的数据变化驱动视图更新时，它也能够很好地辅助视图和变量的关联。

注意

其实把这里的{{ }}换成其他符号也是可以的，如<% %>或<$ $>等，只要是在模板解析器里通过正则判断约定的符号即可。之所以使用{{ }}，是因为社区比较流行用 mustache 语法描述变量，这样开发者在使用 San 的时候，可以降低学习成本。

下面列举插值语法的几个使用场景。首先是最常见的，在 HTML 的文本内容区使用：

```
let Comp = san.defineComponent({
    template: `<div>{{ text }}</div>`,
    initData: function () {
        return {
            text: 'Hello San'
        };
    }
});
```

在 HTML 标签的属性区域，也可以使用插值语法：

```
let Comp = san.defineComponent({
    template: `
        <a
            style="color: {{ color }}"
            href="http://m.baidu.com/s?word={{ name }}"
        >
            Hello {{ name }}
        </a>
    `,
    initData: function () {
        return {
            color: 'red',
            name: 'San'
        };
    }
});
```

将之前在 `Article` 组件中写死的数据替换为插值语法：

```
let Article = san.defineComponent({
    template: `
        <div class="article">
            ...
            <div class="author">
                <div class="left">
                    <img
                        src="{{ author.avatar }}"
                        class="avatar"
                    >
                    ...
                </div>
            </div>
            <div class="title">
                {{ title }}
            </div>
            ...
        </div>
    `,
    initData: function () {
        return {
            title: '文章标题',
            ...,
            author: {
                avatar: 'https://static.productionready.io/images/smiley-cyrus.jpg',
                ...
            }
        };
    }
});
```

完整代码参见 chapter2/2.4/文章项.html。

对所有的数据变量都使用插值语法，并放在 `initData` 里，这样简单直观。后续只需要修改相应变量的值，视图就会随之变化。

注意，在上面的代码中，关于 `img` 标签的部分和其他插值语法的使用不太一样：它是直接写在 `img` 标签的 `src` 属性上的。这种在属性上使用插值语法的操作，在 San 中称为**属性绑定**。

插值语法默认 HTML 转义

需要注意的是，插值语法会**默认将 HTML 进行转义处理**。下面是一个例子：

```
let Comp = san.defineComponent({
    template: '<div>测试转义 {{ text }}</div>',
    initData: function () {
        return {
            text: '<script>alert("植入 XSS 攻击成功");</script>'
        };
    }
});

let myComp = new Comp();
myComp.attach(document.body);
```

San 默认不会将`<script>alert("植入 XSS 攻击成功");</script>`直接输出到页面中，而是会先将其转义为`<script>alert("植入 XSS 攻击成功");</script>`再输出。

为什么要有转义字符

在 HTML 中，定义转义字符串的一个原因是，<和>这类符号已经被用来表示 HTML 标签，因此不能直接当作文本中的符号来使用。为了在 HTML 文档中使用这些符号，就需要定义其转义字符串。

输出结果如图 2-10 所示。

测试转义 <script>alert("植入 XSS 攻击成功");</script>

图 2-10　插值语法默认转义

可以看到正常输出了文本。

如果 San 不将插值语法里的值默认转义，会怎么样呢？答案就是，页面上会弹出警告框“植入 XSS 攻击成功”，如图 2-11 所示。

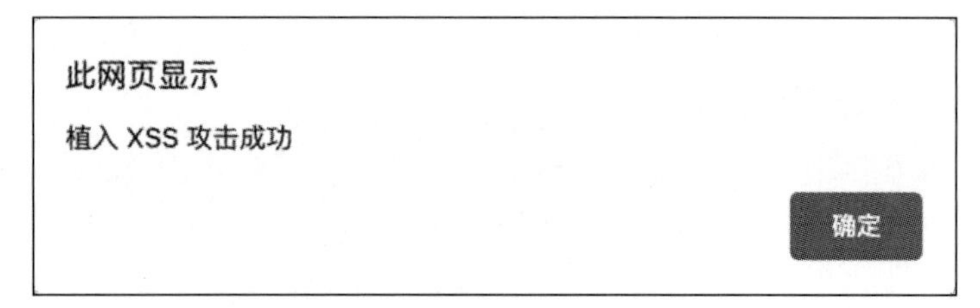

图 2-11　未转义导致 JavaScript 代码被执行

如果不默认转义，插值中的 HTML 代码会被浏览器解析渲染。对于 `script` 标签，里面的脚本代码会被执行，造成 XSS 安全隐患。

关于 XSS 攻击

XSS 攻击通常指的是，利用网页开发时留下的漏洞，巧妙地将恶意指令代码注入网页，使用户加载并执行攻击者恶意制造的网页程序。这些恶意网页程序通常是用 JavaScript 编写的。

如果有输出 HTML 的需求，San 也可以取消默认转义，直接输出 HTML。后面会讲到这一点。

2.4.2　属性绑定

属性绑定，顾名思义就是把数据绑定到 DOM 或者组件的属性上。属性可以是 HTML DOM 的原生属性，也可以是自定义组件的 `props` 属性。属性绑定也使用插值语法。下面举两个例子。

(1) HTML DOM 的原生属性

```
<img
    src="{{ imgSrc }}"
>
```

`imgSrc` 是变量，当它的数据变化时，会同时将新的值自动设置到 `img` 标签的 `src` 属性之上。

注意

不了解自定义组件的读者可以先跳过这里，后面还会讲到。

(2) 自定义组件的 `props` 属性

```
<ui-button
    text="{{ btnText }}"
    size="{{ btnSize }}"
/>
```

同样,也可以将变量绑定到自定义组件的 props 上。当 btnText 改变时,自定义组件 ui-button 中的 text 属性接收的参数也会随之改变。

属性整体绑定

有的时候属性比较多，一个一个地写很麻烦，比如下面的示例：

```
<img
    alt="{{ imgAlt }}"
    src="{{ imgSrc }}"
    width="{{ imgWidth }}"
    height="{{ imgHeight }}"
    ...
>
```

那么能不能把需要的全部属性作为一个对象，整体地进行绑定呢?

方法是有的。San 提供的 s-bind 命令可以将整个对象都绑定在对应的属性上。具体的形式就是传入一个对象，该对象里的 key 需要和属性名完全一致：

```
<img
    s-bind="{{
        {
            alt: '图片',
            src: 'https://static.productionready.io/images/smiley-cyrus.jpg',
            width: 100,
            height: 200,
            extra: '额外属性'
        }
    }}"
>
```

如果 key 和属性名不一致怎么办? 很简单，没有匹配到的属性不会生效——其实 s-bind 就是对原有的属性对象和传给 s-bind 的对象做了一次 merge 操作。

如果既有属性整体绑定，又有属性单独绑定，那么单独绑定的优先级是高于属性整体绑定的：

```
<img
    s-bind="{{
        {
            alt: '图片',
            src: 'https://static.productionready.io/images/smiley-cyrus.jpg',
            width: 100,
            height: 200,
            extra: '额外属性'
        }
    }}"
    src="{{ imgSrc }}"
>
```

这时 img 里 src 属性的取值会取单独绑定的 imgSrc 的值，而不是整体绑定的 https://static.productionready.io/images/smiley-cyrus.jpg。当单独绑定和整体绑定共存时，单独绑定的属性会覆盖整体绑定中相应的 key 值。

关于属性绑定，我们已经基本了解了。再回到 Article 文章项上：

```
<img
    src="{{ author.avatar }}"
    class="avatar"
>
```

author.avatar 乍一看是直接引用变量，而实际上是一个运算结果。

首先获取 author 这个 JSON 对象，然后在 author 对象上取 avatar 这个 key 的值。它不是一个简单的变量直接赋值，而是经过一系列运算得到的结果。

2.4.3　表达式

在开发的过程中，经常需要对数据做处理，将处理后的数据展示在页面中。这就是**视图对数据的展示不是原始值**的场景。

我们发现，在插值语法中只有变量还不够，还需要运算，如四则运算和三元表达式运算，所以需要在插值语法中增加表达式语法。表达式语法的源码很好实现。一些特殊的表达式语法可能需要处理，而大部分可直接当作普通 JavaScript 执行。

San 内置了一些基本的表达式语法：

```
<!-- 普通变量 -->
<div>{{ val }}</div>

<!-- 属性访问 -->
<div>{{ val.a }}</div>

<!-- 加减乘除和括号 -->
<div>{{ (a * b) - (c / d) }}</div>

<!-- 三元表达式 -->
<div>{{ a ? b : c }}</div>

...
```

在编写文章项组件的过程中，我们其实就使用了 San 的属性访问表达式语法。表达式语法可以拓宽插值语法的使用范围，使开发更加灵活、方便。但表达式语法总有局限，比如当我们想用更为复杂的处理逻辑时，应该怎么办呢？

2.4.4　方法

表达式可以简单地满足需求，但是对于复杂的数据处理逻辑，表达式的能力就比较有限了。为了解决这个问题，San 提供了称为**方法**的机制。

> **注意**
>
> 关于方法和函数的区别，有面向对象开发经验的读者会更加了解。函数是独立的功能，与对象无关，需要显式地传递数据。方法与对象和类相关，依赖对象而调用，可以直接处理对象上的数据，也就是隐式传递数据。

开发者可以在定义 San 组件的时候声明方法，方法可以在模板中被调用。

下面的示例演示了调用方法的情况：

```
let Comp = san.defineComponent({
    template: `
        <div>
            1 + 2 = {{ sum(num1, num2) }}
        </div>
    `,
    initData: function () {
        return {
            num1: 1,
            num2: 2
        };
    },
    sum: function (a, b) {
        return a + b;
    }
});
```

`san.defineComponent` 接收一个 JSON 对象作为参数。我们在这个参数对象里新增一个自定义属性 `sum`，它就是我们自定义的方法名。这一步通常称为**方法声明**。`sum` 是一个函数，它接收两个参数，功能是将这两个参数相加后返回。它可以在模板和插值语法中被直接调用。

页面展示效果如图 2-12 所示。

1 + 2 = 3

图 2-12　`sum` 方法调用页面效果

相比表达式，方法更加自由和灵活，不会受到表达式语法的局限，可以任意编写处理逻辑。

2.4.5 过滤器

相比方法，过滤器是一个用得比较少、比较高级的功能。原因也比较简单：过滤器不如方法直观，读写起来比较费劲，而且有一定的学习成本。过滤器本质上也是方法，是替代方法的一个语法糖。

下面简单说明过滤器的用法。

在 San 定义的组件中的 `filters` 字段里声明过滤器方法，然后在模板的插值语法中，通过`|`语法使用：

```
let Comp = san.defineComponent({
    template: '<div>{{ time | dateFormat("yyyy-MM-dd") }}</div>',
    filters: {
        dateFormat: function (value, format) {
            return moment(value).format(format);
        }
    }
});
```

过滤器方法的第一个参数为竖线`|`前的插值，后续的参数是传递给过滤器的值。

上述代码创建了一个格式化日期的过滤器。在显示到页面之前，`time` 会经过 `dateFormat` 这个过滤器的处理，这样显示到页面上的内容就是标准的日期格式。

一般来说，用过滤器可以实现的功能，用方法同样可以实现：

```
let Comp = san.defineComponent({
    template: '<div>{{ dateFormat(time, "yyyy-MM-dd") }}</div>',
    dateFormat: function (value, format) {
        return moment(value).format(format);
    }
});
```

为什么会出现过滤器呢？

首先，对比上述两种情况，使用过滤器更像一个整体；其次，过滤器将**数据针对视图的处理和变换**方法都放在 `filters` 中，组件上的**方法可以专注于与视图无关的逻辑行为**，如果使用方法调用会破坏这一点。

这段话可能有点难以理解，建议直接使用方法，等熟练使用框架后再尝试过滤器。

文章项 `Article` 的页面结构和样式，以及数据变量绑定已经完成。接下来，我们来给它添加交互。

交互逻辑是，点击右上角的按钮，心形图标❤后面的计数加 1（见图 2-13）。

图 2-13　点赞按钮交互逻辑效果

既然需要点击交互，就需要监听 DOM 元素的点击事件。下面就来学习 San 的事件机制吧。

2.5　事件

作为前端交互的基础，事件是前端开发中必不可少的一环。比起传统前端开发中使用的 `addEventListener`，San 在 JavaScript 代码中主动注册事件监听，提供了一种事件绑定机制，辅助开发者快速、高效地处理事件。

在 San 中，使用 `on-`前缀，可以将事件的处理绑定到声明的方法上。能绑定的事件类型分为两种：一种是 DOM 事件，另一种是自定义事件。

注意

自定义事件由于涉及组件引用、父子组件等知识，在本节简单了解即可，后面会详细说明。

顾名思义，DOM 事件是浏览器 DOM 自带的事件，比如 `click` 点击事件、`touchmove` 触摸移动事件，等等。

绑定方法非常简单，只需要在浏览器 DOM 事件名前加上 `on-`前缀即可：

```
let Comp = san.defineComponent({
    template: `
        <div on-click="handleClick">
            测试事件
        </div>
    `,
    handleClick: function (e) {
        console.log('handleClick', e);
    }
});
```

我们首先在 DOM 元素上使用 on-前缀绑定了一个 handleClick 方法名。接着，我们在组件里声明了该方法，方法 handleClick 即 DOM 元素点击事件的监听器。

页面效果如图 2-14 所示。

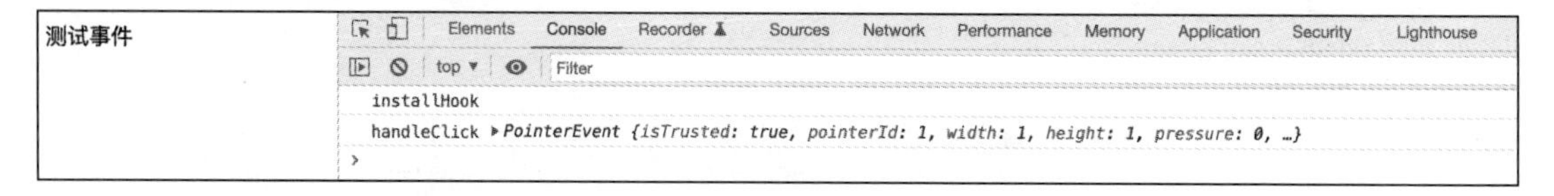

图 2-14　测试事件页面效果

当点击页面中的元素时，控制台就会打印出日志。

DOM 事件默认携带浏览器事件对象，handleClick 方法接收的参数 e 即为事件对象，它和使用 addEventListener 回传的事件对象完全一致。

我们可将本节中的事件监听方式与 2.1 节中的事件注册方式进行对比，观察异同点。

继续改造文章项 Article 组件。监听点赞按钮的点击事件，并绑定在方法上：

```
let Article = san.defineComponent({
    template: `
        <div class="article">
            <div class="author">
                ...
                <div
                    class="like"
                    on-click="handleClick"
                >
                    ❤ {{ likeNum }}
                </div>
            </div>
            ...
        </div>
    `,
    initData: function () {
        return {
            ...,
            likeNum: 0,
            ...
        };
    },
    handleClick: function (e) {
        console.log('handleClick', e);
    }
});
```

这时点击文章项右上角的按钮，可以看到点击事件已被触发（见图 2-15）。

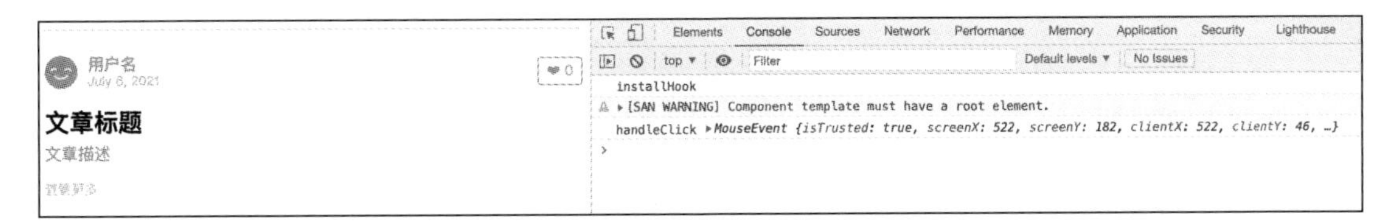

图 2-15 点赞按钮事件页面效果

接下来，在 handleClick 事件中操作数据变更，完成点赞计数加 1 的交互逻辑。

San 提供了操作数据变量的方法。在该方法中，可以通过 this.data 获取 San 内置的 data 对象，该对象提供了 get 和 set 方法，方便开发者获取和修改数据变量：

```
let Article = san.defineComponent({
    template: `
        <div class="article">
            <div class="author">
                ...
                <div
                    class="like"
                    on-click="handleClick"
                >
                    ❤ {{ likeNum }}
                </div>
            </div>
            ...
        </div>
    `,
    initData: function () {
        return {
            ...,
            likeNum: 0,
            ...
        };
    },
    handleClick: function (e) {
        let likeNum = this.data.get('likeNum');
        likeNum++;
        this.data.set('likeNum', likeNum);
    }
});
```

我们首先使用 this.data.get 方法获取了当前数据变量 likeNum 的值，加 1 后再使用 this.data.set 方法重新设置数据变量 likeNum。这样，数据变量变化，视图也随之更新，从而完成了整个交互逻辑。效果如图 2-16 所示。

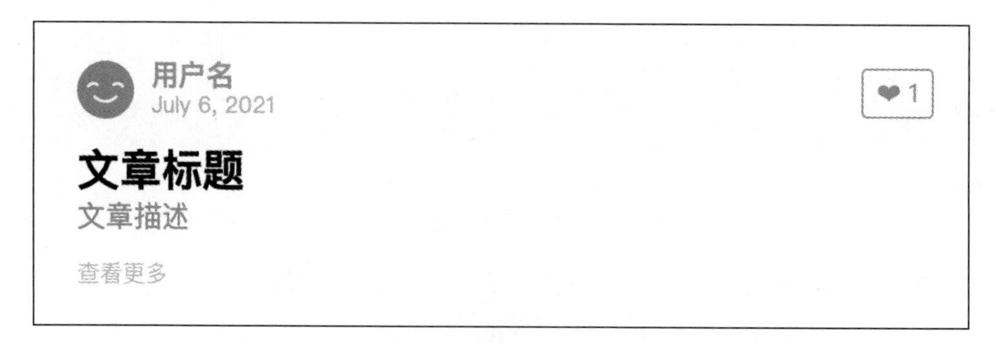

图 2-16　点赞按钮交互逻辑完成

2.5.1　事件修饰符

San 为了简化一些事件绑定的操作，提供了事件修饰符的功能。所谓的事件修饰符，就是在使用 on-前缀绑定事件时，在插值语法中增加一些特殊前缀，使其触发一些预置的功能，从而简化重复的逻辑编码。

1. capture

在元素的事件声明中使用 capture 修饰符，事件将被绑定到捕获阶段。

注意

"DOM2 级事件"规定的事件流包含 3 个阶段，即事件捕获阶段、处于目标阶段和事件冒泡阶段。首先发生的是事件捕获，然后实际的目标接收到事件，最后是冒泡阶段。在一般情况下，如未特殊指定，事件监听处于冒泡阶段。示例代码如下：

```
let Comp = san.defineComponent({
    template: `
        <div on-click="capture:outerClick">
            <div on-click="capture:innerClick">点我</div>
        </div>
    `,
    outerClick: function (e) {
        console.log('outer', e);
    },
    innerClick: function (e) {
        console.log('inner', e);
    }
});
```

2. native

在组件的事件声明中使用 `native` 修饰符，事件将被绑定到组件根元素的 DOM 事件。`native` 一般用于 San 自定义组件。

有时候组件封装了一些基础结构和样式，同时希望点击、触摸等 DOM 事件由外部使用方处理。组件派发（`fire`）每个根元素 DOM 事件是很麻烦并且难以维护的。`native` 修饰符解决了这个问题。

注意

对于自定义组件，如果不用 `native` 修饰符添加原生事件，监听方法是不会被调用的，因为框架会认为这个所谓的“原生事件”也是自定义组件内部派发的。示例代码如下：

```
let ChildComp = san.defineComponent({
    template: `
        <div class="child">
            <slot/>
        </div>
    `
});

let ParentComp = san.defineComponent({
    components: {
        'child-comp': ChildComp
    },
    template: `
        <div>
            <child-comp on-click="native:handleClick">点我</child-comp>
        </div>
    `,
    handleClick: function (e) {
        console.log('handleClick', e);
    }
});
```

2.5.2 自定义事件

除了浏览器 DOM 自带的事件之外，在 San 中还有一种自定义事件。

San 是以组件为单位的，组件之间可以相互引用，也可以相互派发和接收事件，用来交换信息、传递数据。

San 在组件中提供了派发事件的功能，调用 `fire` 方法就可以派发事件：

```
let ChildComp = san.defineComponent({
    template: `
        <div on-click="handleClick">
            子组件
        </div>
    `,
    handleClick: function (e) {
        this.fire('child-comp-click', e);
    }
});
```

首先使用 san.defineComponent 新增一个子组件，在点击事件里派发一个自定义事件 child-comp-click，接着在父组件中引入子组件，并通过 on-前缀绑定自定义派发的事件：

```
let ParentComp = san.defineComponent({
    components: {
        'child-comp': ChildComp
    },
    template: `
        <div on-click="handleClick">
            父组件
            <child-comp on-child-comp-click="handleChildCompClick"/>
        </div>
    `,
    handleClick: function (e) {
        console.log('handleClick 父组件', e);
    },
    handleChildCompClick: function (e) {
        console.log('handleClick 子组件', e);
        this.fire('child-comp-click', e);
    }
});
```

页面如图 2-17 所示。

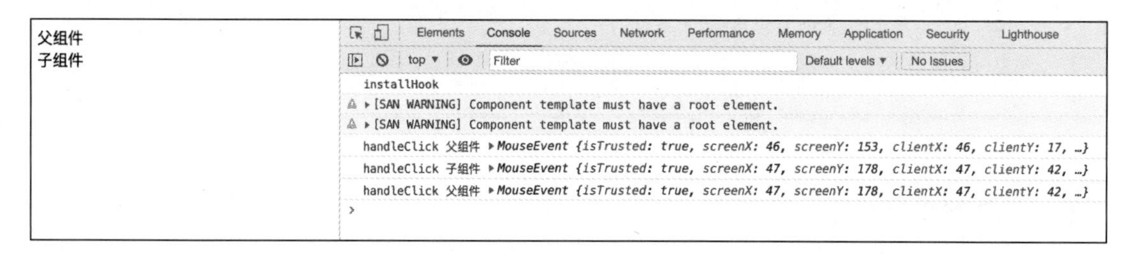

图 2-17　自定义事件

当点击父组件时，控制台输出父组件的日志；当点击子组件时，控制台同时输出父组件和子组件的日志。

目前，整个文章项的基础交互逻辑基本完成。需要考虑一下它的稳健性了。

文章项由作者信息、文章信息、点赞数等部分组成，由数据变量控制渲染的结果。如果没有某些数据，会怎样呢？例如，如果作者信息不存在，那么就不需要渲染作者信息的页面结构了。

是否需要一种机制，动态地根据数据是否存在来控制页面渲染呢？

2.6 指令

2.6.1 条件

在实际开发中，经常会根据变量来控制显示或隐藏页面元素。San 提供了指令，来帮助开发者实现该功能。指令的使用方式也很简单，只需要在 DOM（San 组件也可以）上增加相应指令即可。

指令以 s-作为前缀，因为 s 是 San 的首字母。在源码中实现指令解析器也比较简单。只需要遍历元素的属性，查找出带 s-前缀的字符串即可，从而执行相应的语法处理。

1. s-if

s-if 指令用来控制元素的渲染，里面可以放入任意表达式。当表达式的值为 true 时，就会渲染该元素；反之则不渲染。代码示例如下：

```
<div
    s-if="isShow"

    Hello San!
</div>
```

注意

不渲染的意思就是页面里没有 DOM 了，不是隐藏，而是直接不渲染。

2. s-else-if

和其他编程语言类似，既然有 if，那么必然有 else-if。该指令提供一个额外的分支判断，必须和 s-if 配合使用，而且必须是 s-if 在前，s-else-if 在后。

s-else-if 的值和 s-if 一样，可以传入任意表达式：

```
<div
    s-if="num === 1"
>
    First
</div>
```

```
<div
    s-else-if="num === 2"
>
    Second
</div>
```

可以使用多个 `s-else-if`，创造多个分支判断：

```
<div
    s-if="num === 1"
>
    First
</div>
<div
    s-else-if="num === 2"
>
    Second
</div>
<div
    s-else-if="num === 3"
>
    Third
</div>
```

另外，`s-else-if` 还提供了缩写版本。如果你觉得写 `s-else-if` 太麻烦，可以直接写 `s-elif`，效果是一样的。

3. s-else

`s-else` 指令就是 `s-if` 的否定分支，必须和 `s-if` 指令配合使用。

在使用 `s-else` 时不用传值，它会自动取反：

```
<div
    s-if="isShow"
>
    Yes
</div>
<div
    s-else
>
    No
</div>
```

`s-if` 在前，`s-else` 在后，中间可以加任意数量的 `s-else-if`：

```
<div
    s-if="num === 1"
>
    First
</div>
<div
    s-else-if="num === 2"
>
    Second
```

```
</div>
<div
    s-else
>
    Third
</div>
```

通过使用以上 3 种条件判断指令，可以很轻松地实现动态渲染页面元素的功能。

下面我们使用 `s-if` 来优化文章项的代码，在数据变量存在时才渲染，以便减小页面的体积、提高性能：

```
let Article = san.defineComponent({
    template: `
        <div class="article">
            <div class="author">
                <div
                    s-if="author"
                    class="left"
                >
                    <img
                        s-if="author.avatar"
                        src="{{ author.avatar }}"
                        class="avatar"
                    >
                    ...
                </div>
                ...
            </div>
            <div
                s-if="title"
                class="title"
            >
                {{ title }}
            </div>
            ...
        </div>
    `,
    initData: function () {
        return {
            title: '文章标题',
            ...,
            author: {
                avatar: 'https://static.productionready.io/images/smiley-cyrus.jpg',
                ...
            }
        };
    },
    ...
});
```

一个文章项做好了，但是一个网站不可能只有一篇文章，所以我们需要一个文章列表。文章项的整体页面结构都是一致的，只是会根据不同的数据渲染不同的内容。

因此，我们需要一个机制，来进行循环渲染。

2.6.2 循环

在实际开发过程中，我们会经常遇到列表的页面结构需要将某个元素重复渲染多次的情况。这是非常常见的功能。

San为了简化实现列表结构，提供了相关的循环指令。它和条件指令一样，使用s-前缀开头，直接在元素属性上使用即可。

1. s-for

s-for 指令的语法比较简单，值一般是 s-for="item in list"这种格式的。它和普通的表达式有所不同，比较类似于 JavaScript 里 for in 的语法，区别在于 for in 的后一个参数是对象，而 s-for 的后一个参数是数组：

```
san.defineComponent({
    template: `
        <div s-for="item in list">
            {{ item }}
        </div>
    `,
    initData: function () {
        return {
            list: [
                'first',
                'second',
                'third'
            ]
        };
    }
});
```

这里，s-for 指令的值为 s-for="item in list，可以拆成三部分看：item、in 和 list。

第一个参数 item 在数据中没有定义，可以理解为一个临时变量，在使用 s-for 指令时就会声明。对于 San，它作为一个临时变量，可以在 s-for 指令包裹下的元素模板语法里使用。div 元素就用了 s-for 指令，它包裹的所有模板都可以使用 item 这个变量。

第二个参数 in 其实上类似于操作符，和+-*/之类的符号是一个类型的，它表示遍历后面的参数（list），然后取出每一项并赋值给前一个参数（item）。为什么要这么干？其实它就是一个语法糖，大家可以参考 JavaScript 的 for in，非常简单方便。

最后一个参数是 list，它的类型是数组，值可以为任意表达式，变量、常量都可以，只要运算出来的结果是数组就行。它是列表渲染的数据源。

上述代码执行后的结果如图 2-18 所示。

first
second
third

图 2-18　s-for 循环指令

可以看到列表结构已被渲染。

2. 索引

对于列表结构或数组结构，通常需要知道列表项在整个列表中的位置，也就是索引。例如，for 循环中的 i，数组 forEach 方法中的 index，等等。

San 也在 s-for 指令里提供了索引功能，使用方法比较简单：

```
san.defineComponent({
    template: `
        <div s-for="item, index in list">
            {{ index }} {{ item }}
        </div>
    `,
    initData: function () {
        return {
            list: [
                'first',
                'second',
                'third'
            ]
        };
    }
});
```

s-for 的值为 item, index in list。只需要在第一个参数 item 的后面，增加逗号和索引参数即可。

页面效果如图 2-19 所示。

0 first
1 second
2 third

图 2-19　s-for 循环指令带索引

列表的索引已被添加。

我们使用 s-for 指令升级文章项，使其可以渲染多篇文章，形成一个文章列表：

```
let Article = san.defineComponent({
    template: `
        <div
            s-for="item, index in list"
            class="article"
        >
            <div class="author">
                <div
                    s-if="item.author"
                    class="left"
                >
                    <img
                        s-if="item.author.avatar"
                        src="{{ item.author.avatar }}"
                        class="avatar"
                    >
                    ...
                </div>
                ...
            </div>
            <div
                s-if="item.title"
                class="title"
            >
                {{ item.title }}
            </div>
            ...
        </div>
    `,
    initData: function () {
        return {
            list: [
                {
                    title: '文章标题 1',
                    desc: '文章描述',
                    more: '查看更多',
                    likeNum: 0,
                    author: {
                        avatar: 'https://static.productionready.io/images/smiley-cyrus.jpg',
                        name: '用户名',
                        date: 'July 6, 2021'
                    }
                },
                {
                    title: '文章标题 2',
                    desc: '文章描述',
                    more: '查看更多',
                    likeNum: 0,
                    author: {
```

```
                    avatar: 'https://static.productionready.io/images/smiley-cyrus.jpg',
                    name: '用户名',
                    date: 'July 6, 2021'
                }
            },
            ...
        ]
    };
  }
});
```

在 initData 初始化数据里添加一个数组类型的数据变量 list，并将原来的数据变量整体放置进去。通过模拟（mock）数据进行区分。在根元素上添加 s-for 指令，遍历 list 并修改视图模板插值语法中的变量（都改为 item.xxx）。

效果如图 2-20 所示。

图 2-20　s-for 文章列表

至此，文章列表已展示在了页面中。

2.6.3　源码解析

San 组件会被 San 解析器解析为**抽象节点**，称为 ANode（abstract node）。视图模板上的属性，也会被解析为属性数组。每个属性会调用 San 源码里 src/parser/integrate-attr.js 中的 integrateAttr 方法。这个 integrateAttr 方法的主要功能是解析 ANode 上的属性：

```
/**
 * 解析抽象节点属性
 *
 * @param {ANode} ANode  抽象节点
 * @param {string} name  属性名称
 * @param {string} value  属性值
 * @param {Object} options  解析参数
 * @param {Array?} options.delimiters  插值分隔符列表
 */
function integrateAttr(aNode, name, value, options) {
    var prefixIndex = name.indexOf('-');
    var realName;
    var prefix;

    if (prefixIndex > 0) {
        prefix = name.slice(0, prefixIndex);
        realName = name.slice(prefixIndex + 1);
    }

    switch (prefix) {
        case 'on':
            ...
            break;

        case 'san':
        case 's':
            ...
            var directiveValue = parseDirective(realName, value, options);
            ...
            break;

        case 'var':
            ...
            break;

        default:
            ...
    }
}
```

传入的第二个参数 name 为 s-if、s-for 之类的属性。第三个参数 value 为写在指令后面的值，例如 item in list。

integrateAttr 方法内部的短横线-为分割符，将 name 分割为前缀和后缀。然后通过字符串匹配：如果是以 s 或者 san 开头的，即被视为指令，调用 parseDirective 方法。

parseDirective 方法的文件路径是 src/parser/parse-directive.js：

```
/**
 * 解析指令
 *
 * @param {string} name  指令名称
```

```
 * @param {string} value  指令值
 * @param {Object} options  解析参数
 * @param {Array?} options.delimiters  插值分隔符列表
 */
function parseDirective(name, value, options) {
    switch (name) {
        case 'is':
        case 'show':
        case 'html':
        case 'bind':
        case 'if':
        case 'elif':
            ...
        case 'else':
            return {
                value: {}
            };

        case 'transition':
            ...

        case 'ref':
            ...

        case 'for':
            ...
    }
}
```

可以看到，除了本节提到过的 `s-if` 和 `s-for` 指令，还有很多其他指令。这里不继续展开介绍。通过本节的两段代码，我们可以发现，San 主要是围绕 ANode 构成的树，递归地解析节点结构和属性。我们可以通过阅读源码，看到针对哪些结构和属性的解析可以归为一类，方便我们更好地理解一个 MVVM 框架的运行机制。

回到我们的项目，文章列表的页面结构和样式都完成了，但是我们发现，交互逻辑功能已经失效了。这是因为在 `handleClick` 中操作的数据变量的层级发生了改变，放在了数组中。相对于之前的单文章项，这样的修改量是比较大的，而且需要对数组做整体处理，耦合度很高。

那么有没有一种机制，让我们能够单纯地维护文章项，对数组数据做解耦呢？当然有，那就是上文已经提到过很多遍的两个字：**组件**。San 提供了组件机制，可以帮助我们解决这个问题。我们通过 `san.defineComponent` 生成的文章项 `Article`，其实就是一个组件。

2.7 San 组件

组件是 San 的基本单位，是独立的数据、逻辑、视图封装单元。从页面的角度看，组件是 HTML 元素的扩展。从功能模式的角度看，组件是一个 ViewModel，也就是 MVVM 中的 VM。

2.7.1 组件定义

1. 从 san.Component 继承

定义组件最基本的方法是，从 san.Component 继承。San 提供了 san.inherits 方法，用于继承：

```
function Comp(options) {
    san.Component.call(this, options);
}
san.inherits(Comp, san.Component);

Comp.prototype.template = '<div>Hello {{name}}!</div>';

Comp.prototype.attached = function () {
    this.data.set('name', 'San');
};
```

通过 new 的方式就可以使用这个组件了。

当我们希望让组件出现在页面上时，需要调用 attach 方法，将组件添加到页面的相应位置：

```
let comp = new MyApp();
comp.attach(document.body);
```

2. 使用 ESNext 方式继承

通过继承的方式定义组件的好处是，当使用 ESNext（ES6+语法）时，可以很自然地继承（extends）。

下面是使用 ESNext 方式定义一个 San 组件的示例代码：

```
import {Component} from 'san';

class Comp extends Component {

    constructor(options) {
        super(options);
        // ...
    }

    static template = '<div>Hello {{name}}!</div>';

    initData() {
        return {
              name: 'San'
        };
    }
}

new Comp().attach(document.body);
```

注意

因为 ESNext 没有能够编写 prototype 属性的语法，所以 San 对组件定义的属性支持 static property。当通过 ESNext 的 extends 继承时，请使用 static property 的方式定义 template、filters 和 components 属性。

3. 使用 san.defineComponent 定义组件

当不使用 ESNext 时，先写一个函数、然后调用 san.inherits、再写各种 prototype 着实麻烦。所以 San 提供了快捷方法 san.defineComponent 用于方便地定义组件：

```
var Comp = san.defineComponent({
    template: '<div>Hello {{name}}!</div>',
    initData: function () {
        return {
            name: 'San'
        };
    }
});
```

在本节中，我们编写的 Article 文章项组件，也是通过这个方法定义的。

2.7.2　生命周期

San 的组件是对 HTML 元素的扩展，包括如下阶段。

- compiled（已编译）：组件视图模板编译完成。
- inited（已初始化）：组件实例初始化完成。
- created（已创建）：组件元素创建完成。
- attached（已附加）：组件已被附加到页面中。
- detached（已移除）：组件已从页面移除。
- disposed（已卸载）：组件卸载完成。

组件的生命周期有下面的一些特点。

- 生命周期代表组件的状态，生命周期的本质就是状态管理。
- 在生命周期的不同阶段，组件对应的钩子函数会被触发运行。
- 并存：比如 attached 和 created 等状态是同时并存的。
- 互斥：attached 和 detached 是互斥的，disposed 和其他所有状态互斥。
- 有的时间点并不代表组件状态，只代表某个行为。当行为完成时，钩子函数也会触发。例如，updated（已更新）代表每次数据变化导致的视图变更完成。

通过生命周期的钩子函数，我们可以在到达生命周期的某个阶段时做一些事情。比如在生命周期 attached 中发起获取数据的请求，在请求返回后更新数据，使视图刷新：

```
var ListComponent = san.defineComponent({
    template: '<div>Hello {{name}}!</div>',

    initData: function () {
        return {
            name: ''
        };
    },

    attached: function () {
        requestList().then(this.updateName.bind(this));
    },

    updateName: function (name) {
        this.data.set('name', name);
    }
});
```

图 2-21 详细描述了组件的生命周期。

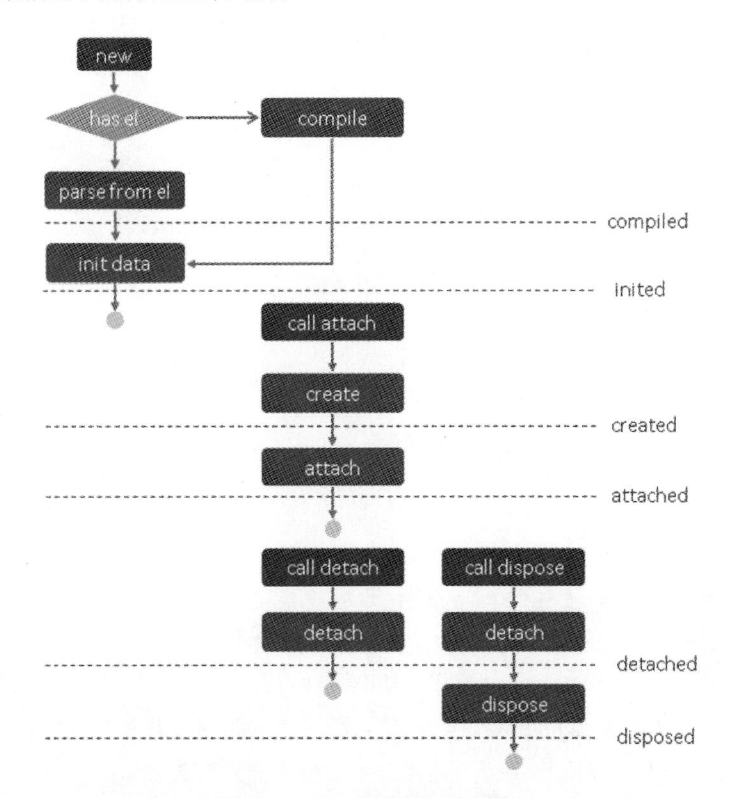

图 2-21　San 组件的生命周期

2.7.3 视图模板

在定义组件时，通过 `template` 属性可以编写组件的视图模板：

```
san.defineComponent({
    template: '<div>Hello {{ name }}!</div>',

    initData: function () {
        return {
            name: 'San'
        };
    }
});
```

需要注意的是，San 要求组件对应**一个** HTML 元素，所以当视图模板定义时，只能包含一个 HTML 元素，其他所有内容都需要放在这个元素下：

```
<!-- 正确 -->
<div>
    <div>111</div>
    <div>222</div>
</div>

<!-- 错误 -->
<div>111</div>
<div>222</div>
```

`el`

组件实例的属性 `el` 表示组件对应的 HTML 元素，在组件初始化时可以通过 `option` 传入。

基本上，在编写组件时不需要关心它，但是如果在初始化组件时传入 `el`，就意味着让组件以此元素作为组件根元素。元素将：

- 不会使用预设的 `template` 渲染视图；
- 不会创建根元素；
- 直接到达生命周期的 compiled、created 和 attached 阶段。

有时，我们为了节省首屏时间，期望初始的视图是直接的 HTML，不希望初始视图是由组件渲染的。

但是我们希望组件为我们管理数据、逻辑与视图，后续的用户交互行为与视图变换通过组件管理，此时就可以通过 `el` 传入一个现有元素。

组件将以 `el` 传入的元素作为组件根元素并反解析出视图结构。这个过程称为**组件反解**，详情请参考 5.4 节。

2.7.4 数据

所有与组件数据相关的操作，都由组件实例的 data 提供。

1. 初始化数据

组件在实例化时可以通过 option 传入 data，指定组件初始化时的数据：

```
let Comp = san.defineComponent({
    template: '<div>Hello {{ name }}!</div>'
});

let comp = new Comp({
    data: {
        name: 'San'
    }
});
comp.attach(document.body);
```

在新建（new）时传入初始数据是针对实例的特殊需求。

当我们希望定义组件时，就设置每个实例的初始数据，可以通过 initData 方法指定组件初始化时的数据。initData 方法返回组件实例的初始化数据：

```
var Comp = san.defineComponent({
    template: '<div>Hello {{ name }}!</div>',

    initData: function () {
        return {
            name: 'San'
        };
    }
});

var comp = new Comp();
comp.attach(document.body);
```

2. 获取数据

通过 data.get 方法可以获取数据：

```
san.defineComponent({
    ...,

    initData: function () {
        return {
            name: 'San'
        };
    },

    attached: function () {
        let name = this.data.get('name');
```

```
        // 输出'San'
        console.log('name', name);
    }
});
```

3. 操作数据

data 上提供了一些数据操作的方法，比较常用的是 data.set：

```
san.defineComponent({
    template: '<div>Hello {{ name }}!</div>',

    initData: function () {
        return {
            name: 'San'
        };
    },

    attached: function () {
        // 页面显示变为'Hello World!'
        this.data.set('name', 'World');
    }
});
```

4. 计算数据

有时候，一个数据项的值可能由其他数据项计算得来。这时我们可以通过 computed 定义计算数据，类似于其他框架中的计算属性。computed 是一个对象，其中 key 为计算数据项的名称，value 则是返回数据项值的函数。我们看一个例子：

```
san.defineComponent({
    template: '<div>{{ name }}</div>',

    initData: function () {
        return {
            firstName: 'Tom',
            lastName: 'Jerry'
        };
    },

    // name 数据项由 firstName 和 lastName 计算得来
    computed: {
        name: function () {
            return this.data.get('firstName') + ' ' + this.data.get('lastName');
        }
    }
});
```

在上面的例子中，name 数据项是计算数据，依赖数据项 firstName 和 lastName，其值由 firstName 和 lastName 计算得来。

注意

在计算数据的函数中，只能使用 this.data.get 方法获取数据项的值，不能通过 this.method 调用组件方法，也不能通过 this.data.set 设置组件数据。

计算数据项可以依赖另外一个计算数据项：

```
san.defineComponent({
    template: '<div>{{ info }}</div>',

    initData: function () {
        return {
            firstName: 'Tom',
            lastName: 'Jerry',
            email: 'test@qq.com'
        };
    },

    // name 数据项由 firstName 和 lastName 计算得来
    computed: {
        name: function () {
            return this.data.get('firstName') + ' ' + this.data.get('lastName');
        },

        info: function () {
            return this.data.get('name') + ' - ' + this.data.get('email');
        }
    }
});
```

在上面的例子中，info 项依赖的 name 项就是一个计算数据项。但是在使用时一定要注意，不要形成计算数据项之间的**循环依赖**。

2.7.5 组件引用

本节只简单提及组件引用的相关概念，第 4 章会详细讲解。

1. 组件层级

我们知道，在组件体系下，组件必须是可嵌套的树形关系。

下面用一段代码来做一些说明。在这段代码中，AddForm 内部使用了两个自定义组件：ui-calendar 和 ui-timepicker。

HTML

```
<div class="form">
    <input type="text" class="form-title" placeholder="标题" value="{= title =}">
    <textarea class="form-desc" placeholder="备注" value="{= desc =}"></textarea>

    <div>预期完成时间:
        <ui-calendar value="{= endTimeDate =}" s-ref="endDate"></ui-calendar>
        <ui-timepicker value="{= endTimeHour =}" s-ref="endHour"></ui-timepicker>
    </div>

    <div class="form-op">
        <button type="button" on-click="submit">ok</button>
    </div>
</div>
```

JavaScript

```
var AddForm = san.defineComponent({
    // 模板

    components: {
        'ui-timepicker': require('../ui/TimePicker'),
        'ui-calendar': require('../ui/Calendar')
    },

    submit: function () {
        this.ref('endDate')
        this.ref('endHour')
    }
});
```

2. components

在组件中，通常通过声明自定义元素使用其他组件。组件视图可以使用哪些子组件类型，必须通过定义组件的 components 成员指定，其中 key 是自定义元素的标签名，value 是组件的类。

注意

考虑到组件的独立性，San 没有提供全局组件注册的方法，组件必须在自身的 components 中声明自己内部会用到哪些组件。

有些组件可能会在内容中使用自己，比如树的节点。我们可以将 components 中这一项的值设置为字符串 self：

```
let Node = san.defineComponent({
    // 模板
```

```
    components: {
        'ui-node': 'self'
    }
});
```

3. 消息

通过 dispatch 方法，组件可以向组件树的上层派发消息：

```
var SelectItem = san.defineComponent({
    template: '<li on-click="select"><slot></slot></li>',

    select: function () {
        var value = this.data.get('value');

        // 向组件树的上层派发消息
        this.dispatch('UI:select-item-selected', value);
    }
});
```

消息将沿着组件树向上传递，直到遇到第一个处理该消息的组件为止。

通过 messages 可以声明组件要处理的消息。messages 是一个对象，其中 key 是消息名称，value 是处理消息的函数，接收一个包含 target（派发消息的组件）和 value（消息的值）的参数对象。代码示例如下：

```
var Select = san.defineComponent({
    template: '<ul><slot></slot></ul>',

    // 声明组件要处理的消息
    messages: {
        'UI:select-item-selected': function (arg) {
            var value = arg.value;
            this.data.set('value', value);

            // arg.target 可以获取派发消息的组件
        }
    }
});
```

2.8　双向绑定

双向绑定是一个非必要的功能。在很多情况下，不用双向绑定也可以完成想要的功能，甚至逻辑更清晰。双向绑定更加像一个语法的封装，用更少的语句完成功能。

首先要明白双向是哪两个方向。一个方向是“数据到视图”。这和之前讲的属性绑定是一致的。把变量绑定到属性上，变量值改变，属性也自动改变，视图随之改变。另一个方向肯定就是反过来的“视图到数据”。当视图改变的时候，数据也随之改变。

什么时候视图才会变呢？当用户交互的时候，这大多出现在用户输入的场景里。比如用户在登录时输入账户密码或者提交一个表单。

San 提供了一种 {= =} 语法用于双向绑定，它跟{{ }}非常相似，只是把其中内侧的两个花括号换成了等号：

```
<input
    type="text"
    value="{= name =}"
>
```

当变量 name 的值改变时，input 标签的 value 属性也会随之变化，视图随之更新。当用户在输入框内输入了其他值后，变量 name 的值也会自动改变。这就是双向绑定的现象。

在完成文章列表后，由于文章数量会很多，我们还需要一个搜索功能。页面样式如图 2-22 所示。

图 2-22 搜索栏样式

这个时候需要在输入框内输入关键词进行查询，双向绑定就派上了用场：

```
let Search = san.defineComponent({
    template: `
        <div class="search">
            <input
                value="{= query =}"
                on-input="handleInput"
                class="search-input"
            />
            <div class="btn">
                搜索
            </div>
        </div>
    `,

    initData: function () {
        return {
            query: ''
        };
    },

    handleInput: function () {
        const query = this.data.get('query');
        console.log('query', query);
    }
});
```

在上述代码中，我们给 input 的 value 和数据变量 query 设置了双向绑定。此外，我们还监听了 input 元素的 input 输入变更事件，以实时查看数据的变化。

页面效果如图 2-23 所示。

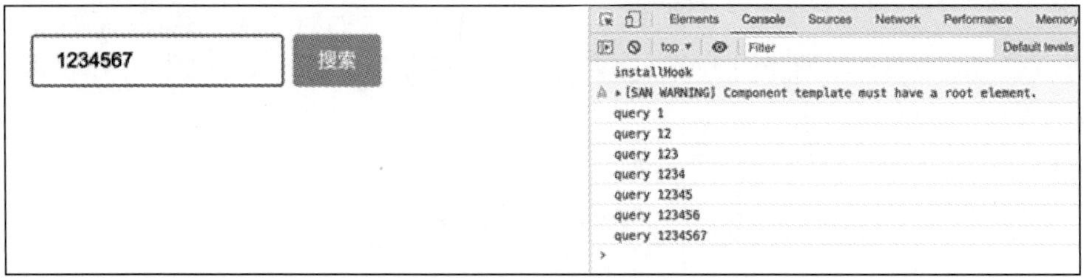

图 2-23　搜索输入框的 input 事件控制台输出

可以看到，随着用户输入数据的更新，数据变量 query 也随之变化。

接着，我们再为搜索框添加清空功能：

```
let Search = san.defineComponent({
    template: `
        <div class="search">
            ...
            <div
                on-click="handleClearClick"
                class="btn"
            >
                清空
            </div>
        </div>
    `,

    ...,

    handleClearClick: function (e) {
        console.log('handleClearClick');
        this.data.set('query', '');
    }
});
```

我们依然输入一些数字，之后点击清空按钮，效果如图 2-24 所示。

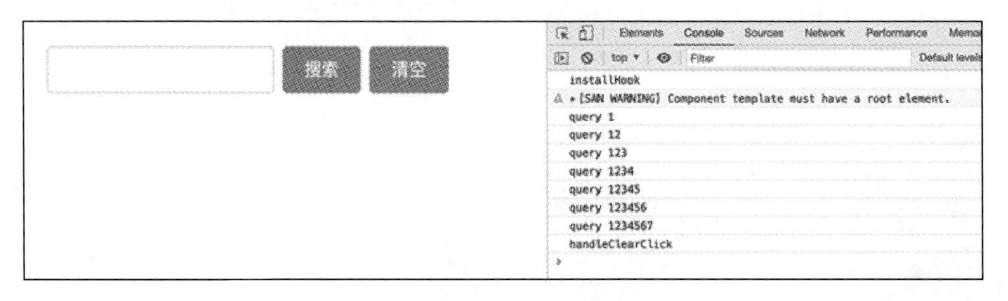

图 2-24　搜索输入框的清空效果

可以看到数据已被清空，页面搜索框中的值也随之清空。

2.9 工程搭建

本节示例代码参见 san-realworld-app。

使用 san-cli 创建工程

san-cli 是基于 San、进行快速开发的命令行界面工具，可以使用它快速搭建 San 项目。

命令行界面

命令行界面（command-line interface，CLI）是在图形用户界面普及之前使用最为广泛的用户界面，通常不支持鼠标。用户通过键盘输入指令，计算机接收到指令后予以执行。

现在我们只需要使用它辅助搭建 San 项目即可。关于 san-cli 的详细实现原理请参见第 6 章。

1. 安装 san-cli

首先使用 npm 工具全局安装 san-cli，在命令行终端执行下面的命令：

```
# 全局安装 san-cli。i 是 install（安装）的缩写，-g 代表 global（全局）
npm i -g san-cli
```

安装完成后，执行以下命令来验证是否安装成功：

```
# 查看当前 san-cli 的版本
san -v
```

若提示版本号信息，则代表已安装成功（见图 2-25）。

安装成功之后，使用 san -h 命令可查看帮助信息（见图 2-26）。

```
→  ~ san -v
3.0.1
```

图 2-25 版本号信息

```
→  ~ san -h
Usage: san <command> [options]

Commands:
  san build [entry]                         Compiles an app into an output directory named dist
  san serve [entry]                         Builds and serves your app, rebuilding on file changes
  san init [template] [app-name]            Create an empty repo
  san inspect [paths...]                    Check the configuration of the built-in webpack
  san command <add|ls|list|rm|remove>       Add/Manage subcommands
  san plugin <add|ls|list|rm|remove>        Add/Manage Service Plugin
  san remote <add|ls|list|rm|remove>        Add/Manage scaffolding address
  san docit [entry]                         Convert Markdown to San component
  san ui                                    San CLI UI

Options:
  --version, -v  Show version number
  --help, -h     Show help
```

图 2-26 帮助信息

2. 创建 San 项目

在命令行终端下执行以下命令：

```
# 初始化一个项目，名为 san-realworld-app。默认使用 SSH，推荐使用 HTTPS，所以加了后缀参数
san init san-realworld-app --use-https
```

根据提示设置以下选项（见图 2-27）：

- ❑ 项目名称；
- ❑ 项目描述；
- ❑ 作者；
- ❑ 选择模板引擎（选纯 HTML）；
- ❑ 是否安装 ESLint（建议安装）；
- ❑ 选择 ESLint 配置（建议选择标准配置）；
- ❑ 是否安装 ESLint 的 lint-staged（建议选“是”）；
- ❑ 安装 demo 示例（建议选“是”）；
- ❑ 选择示例代码类型（建议选 san-store，在项目里增加状态管理器，便于组件间通信）；
- ❑ 选择 CSS 预处理器（建议选你熟悉的，如果都没用过，就选择 Less）；
- ❑ 是否安装 npm 依赖（安装）。

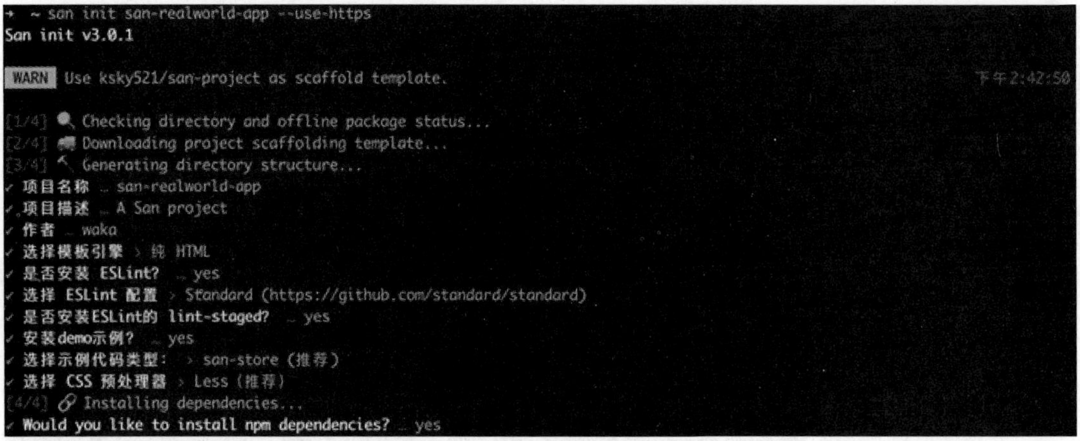

```
→ ~ san init san-realworld-app --use-https
San init v3.0.1

WARN Use ksky521/san-project as scaffold template.                                  下午2:42:50

[1/4] Checking directory and offline package status...
[2/4] Downloading project scaffolding template...
[3/4] Generating directory structure...
✓ 项目名称 … san-realworld-app
✓ 项目描述 … A San project
✓ 作者 … waka
✓ 选择模板引擎 › 纯 HTML
✓ 是否安装 ESLint? … yes
✓ 选择 ESLint 配置 › Standard (https://github.com/standard/standard)
✓ 是否安装ESLint的 lint-staged? … yes
✓ 安装demo示例? … yes
✓ 选择示例代码类型: › san-store (推荐)
✓ 选择 CSS 预处理器 › Less (推荐)
[4/4] Installing dependencies...
✓ Would you like to install npm dependencies? … yes
```

图 2-27　san-cli 初始化项目

安装需要一些时间，稍等一下。安装完成后，可以尝试以下指令（见图 2-28）：

```
# 进入刚创建好的项目
cd san-realworld-app

# 启动开发服务
npm start
```

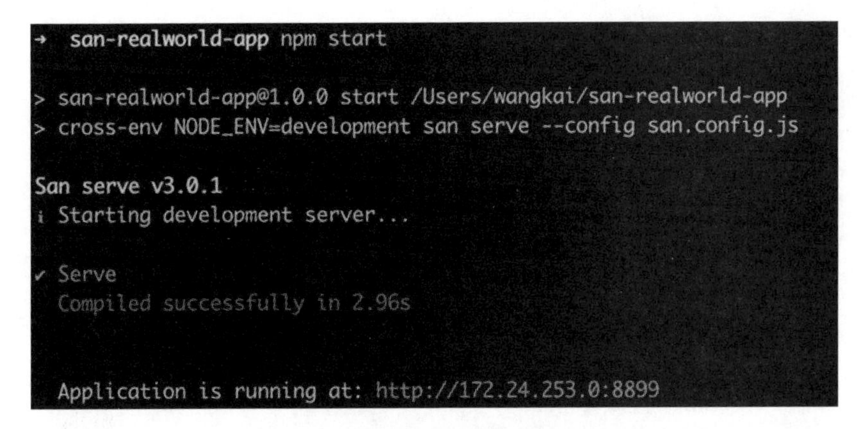

图 2-28　本地启动调试服务

命令行中会提示本地开发服务的地址，点击进入（见图 2-29）。

图 2-29　本地调试服务页面效果

这样，项目就搭建完成了。

通过 san-cli，我们成功搭建了项目，也让它成功地运行起来了。但对于没有完整工程开发经验的读者来说，看到这么多项目文件还是会有些困惑的。不过没关系，我们将依次介绍这些目录和文件，其中很多不太重要，简单了解一下即可。随着前端知识的增加，你会逐渐了解它们。

3. 项目目录结构简介

以下代码简要介绍了这个项目的目录结构：

```
|— docs // 放置文档，可忽略
|   |— .gitkeep // git 默认忽略空文件夹，这个文件可以让空文件夹也被 git 记住

|— node_modules // 放置 npm 依赖包，Node 项目一般会有这个文件夹

|— output // 编译产物，一般是一些静态资源文件和入口 HTML 文件

|— scripts // 放置一些脚本文件

|— src // 源码目录
|   |— assets // 静态资源目录，一般放一些图片、图标之类的资源文件
|   |— components // 组件目录，一般放一些复用度高的 San 组件
|   |   |-- demo-xxx // 单个组件目录
|   |   |   |— docs // 文档目录
|   |   |   |   |— basic // 文档
|   |   |   |   |— xxx.js // 组件的某一种具体使用示例
|   |   |   |   |— ...
|   |   |   |— style // 样式目录
|   |   |   |— index.html // HTML 结构
|   |   |   |— index.js // JavaScript 逻辑

|   |— lib // JavaScript 公共库
|   |-- |— utils // 工具函数库
|   |-- |— App.js // 把 San 组件和 DOM 节点绑定起来的工具函数
|   |-- |— Store.js // 状态管理（store）的封装

|   |— pages // 页面目录，应用的每个页面都放在这里
|   |   |— index // 主页
|   |   |   |— assets // 主页的静态资源
|   |   |   |— components // 主页使用的子组件们
|   |   |   |— containers // 主页容器
|   |   |   |— service // 网络请求逻辑
|   |   |   |— index.js // 入口 JavaScript，主要是引用容器然后绑定至 DOM

|— .browserslistrc // 浏览器环境配置文件

|— .editorconfig // 编码风格配置文件

|— .eslintrc.js // 代码检查工具 ESLint 配置文件

|— .fecsrc // 前端代码风格检查工具 FECS 配置文件

|— .gitignore // git 屏蔽配置文件

|— .npmrc // npm 配置文件

|— .postcssrc.js // 转换 CSS 工具 PostCSS 配置文件

|— .prettierrc // Prettier 代码格式化工具配置文件

|— jsconfig.json // JavaScript 工程配置文件

|— package-lock.json // 模块锁
```

```
|— package.json // Node 项目配置文件

|— pages.template.ejs // 单文件应用 HTML 模板文件，使用了 EJS 作为模板引擎

|— README.md // 项目入口文档

|— san.config.js // San 项目配置文件，类似于 webpack.config.js
```

以上目录结构不是一成不变的，仅作为标准模板参考。你可以根据自己的喜好进行调整。

下面我们将做好的文章列表页修改后放入工程。在 src/components 目录下新建 article 文件夹，作为文章项组件的目录。新建 article-list 文件夹，作为文章列表（见图 2-30）。

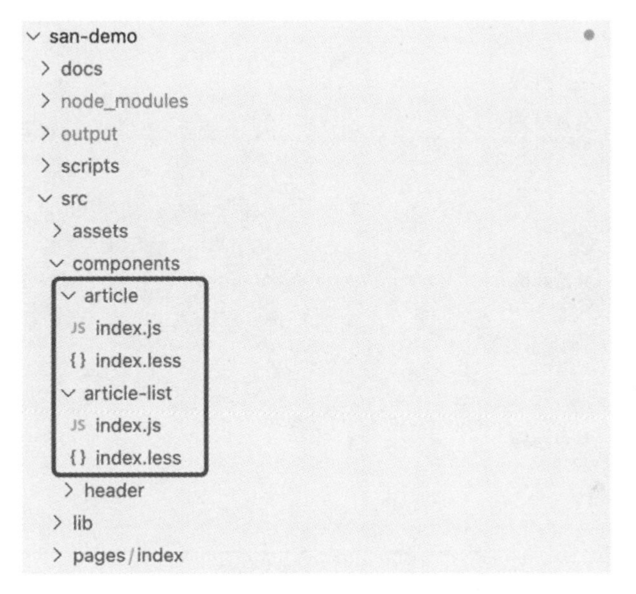

图 2-30 项目组件目录结构

页面结构代码的入口在 src/pages/index/containers/app.js 中。我们改造一下入口文件，引入文章列表项：

```
...
import ArticleList from '@components/article-list';

export default class App extends Component {
    static components = {
        'ui-article-list': ArticleList
    }
    static template = `
        <div class="main">
            <div class="article-list-wrapper">
                <ui-article-list/>
            </div>
```

```
        </div>
    `;
}
```

由于 san-cli 内置了热更新模块，不用刷新页面即可看到效果，所以这时可以看到主页已经更新了（见图 2-31）。

图 2-31 文章列表的页面效果

至此，我们已经将单个 HTML 的开发形式转换为了工程化的开发形式，本书之后也会沿用该工程。

2.10　小结

在本章中，我们学习了 San 的基础用法，熟悉了 San 组件的使用，并且使用 san-cli 搭建了简单的 San 工程项目。

首先，我们不使用任何框架，通过原生 HTML、CSS 和 JavaScript 实现了一个简单的文章列表。在此过程中，可以体会原生开发的痛点：

- 原生开发需要操作 DOM，需要手动绑定、解绑事件；

- ❑ 代码复用困难；
- ❑ 状态暴露在全局，难以管理。

其次，我们使用 San 完成功能的实现，体会了 San 框架的种种特性及其带来的便利：

- ❑ 通过声明式插值语法和属性绑定语法，关联变量和视图结构；
- ❑ 使用事件语法自动绑定、解绑时间监听方法；
- ❑ 使用指令实现复杂逻辑。

接着，我们探究了 San 组件的使用方式及实现，理解了组件的概念，并通过组件化的方式搭建了页面，包括如下内容：

- ❑ 学习组件生命周期，领会生命周期钩子的设计思想；
- ❑ 在组件中操作数据，维护状态，同时避免全局变量；
- ❑ 通过双向绑定语法简化用户交互逻辑的编写。

最后，我们使用 san-cli 搭建工程，了解工程结构。通过 san-cli 来帮助我们进行模块拆分、快速调试等工作，可以提高开发效率。

在接下来的第 3 章里，我们会进一步探索 San，了解数据处理的原理。

第 3 章

数据，组件的基石

在上一章中，我们学习了什么是组件、组件的使用方式及其实现原理。数据是组件执行必不可少的要素，只有与数据结合，组件才能渲染出完整的页面内容。本章将介绍前端框架中组件的数据处理逻辑。

在前端开发的“刀耕火种”时期，开发者通常需要通过 JavaScript 直接操作 DOM 来绘制页面。在这个阶段，开发者通常手动组合数据与模板，将内容渲染在页面中。当数据发生变化时，开发者也需要通过代码逻辑，根据数据的变化手动更新视图。

这个时期虽然出现了 jQuery 这样的库，但其所做的基本上是对原生 JavaScript 的封装。这些库的主要目的是，通过语法糖提高易用性，以及兼容不同版本的浏览器。使用 jQuery 进行开发是很“直接”的，业内戏称使用 jQuery 开发为“jQuery 一把梭”。这是因为开发者所做的工作是命令式的。例如，发生了 A 事件，修改了 B 数据，那么就新增一个 `div` 标签并插入数据对应的内容，或者使用 B 数据更新某个 `span` 标签中的内容。这样的开发方式简单直接，十分易于上手，但当浏览器中的逻辑越来越复杂时，维护难度会成倍增加：当逻辑变得复杂时，数据和视图之间的关系也会变得十分复杂（见图 3-1）。当一个数据发生变化时，开发者需要手动维护视图的更新，因为数据与视图的关系在代码中难以体现，所以开发者在编写大量代码进行 DOM 操作的同时，比较容易遗漏本应更新的内容。

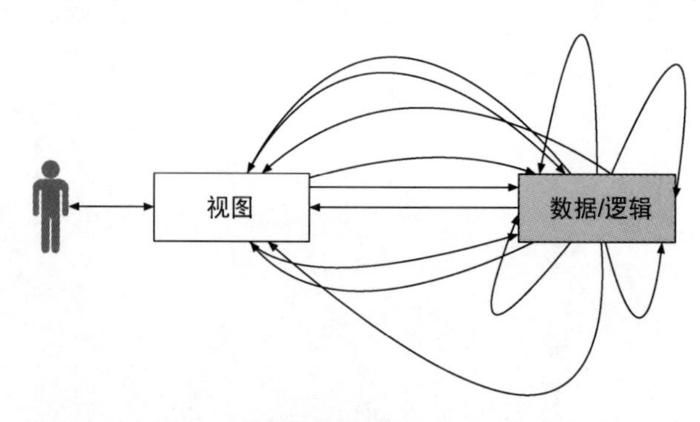

图 3-1　数据和视图之间的复杂关系

可以看到，命令式开发难以维护的一个重要原因是，开发者需要维护从数据变化到 DOM 更新的整个流程。由于数据和视图之间的关系往往是确定的，如果能提前声明好视图中的内容是由哪些数据来渲染的，就可以将这个过程固化下来以自动化执行了，开发者只需要维护从事件发生到数据修改的过程即可。这一声明式渲染的过程，就是前端框架所做的工作。前端框架使数据可以映射到视图中，通过声明式的数据绑定来实现 View 层和其他层的分离。在第 2 章中，我们在组件中编写的模板部分，就是对数据和视图关系的一个声明。

通过之前的讲解我们知道，渲染的完整流程包括事件触发、逻辑处理、状态发生变化，以及最后的视图更新。为了触发视图的更新，前端框架除了处理数据到视图的渲染之外，还需要知道数据何时发生了变化，以及数据发生变化后让哪部分视图进行更新。这对应的是如下两个步骤。

- 第一步：事件触发修改数据后，前端框架需要能够感知数据的变化，然后触发后续的操作。
- 第二步：当视图更新时，需要根据数据的变化修改对应部分的视图。

接下来，我们将在 3.1 节中尝试实现数据变化的响应式处理。我们通过依赖收集机制，使数据变化可以精确地通知对应视图并对其更新。之后，3.2 节将实现视图的更新机制，也就是数据变化后可以对当前已经渲染完毕的视图进行更新。然后，3.3 节将对前端框架中常见的数据存在形式进行解析。最后，3.4 节将探讨更加高级的状态管理机制。

3.1 响应式原理

响应式指的是，在数据发生变化时，前端框架可以及时感知，并且知道通知哪些组件进行更新。在事件触发后，通常会执行事件处理逻辑，而事件处理逻辑会对数据进行修改，从而改变应用的状态。为了使框架可以及时监听到数据发生了改变，进而做出响应，我们需要实现数据变化追踪机制。

3.1.1 如何追踪数据变化

2.1.4 节介绍过，想要追踪数据的变化，业界目前有三种主流方式：一是使用 `defineProperty` 或 `Proxy`（代理）方法来被动监听数据的修改操作；二是使用一系列预定义的数据修改 API 来进行数据修改，并通过调用这些 API 来感知数据的修改；三是进行脏数据检查。

我们先来学习通过被动监听方式进行数据修改的监听，Vue 就是通过该方法来追踪数据变化的。该方法有基于 `defineProperty` 和 `Proxy` 的两种实现。这里使用 `defineProperty` 来实现。相对于 `Proxy`，`defineProperty` 的兼容性更好，支持市面上的大多数浏览器，不足之处在于只能监听到部分的数据修改操作，而数组项修改等操作无法通过它来监听。

defineProperty 是 Object 构造器对象上的一个方法，它可以通过属性描述对象，直接在一个对象上定义新属性，或者修改现有属性。defineProperty 的调用方式为 Object.defineProperty(obj, prop, descriptor)，其中 obj 为要定义属性的对象，prop 为要定义或修改属性的名称或符号（symbol），descriptor 则是一个属性描述符。prop 所定义的属性的行为是通过 descriptor 定义的。属性描述符 descriptor 的值可以有以下几种：configurable、enumerable、value、writable、get 和 set。在这里面，我们需要用到的是 set：一个方法，用于定义属性的 setter。当属性值被修改时，会调用此方法。它接收一个参数，表示被赋予的新值。

下面使用 Object.defineProperty 来实践一下。以下代码来自 Vue.js 2.0 的源码，对不重要的内容进行了删减：

```
// Vue.js 2.0 中的依赖监听代码
function defineReactive(obj, key, value) {
    Object.defineProperty(obj, key, {
        set: function reactiveSetter(newVal) {

            if (newVal === value || (newVal !== newVal && value !== value)) {
                return;
            }

            value = newVal;

            // 在这里进行响应数据变化、触发视图更新等操作
            // dep.notify()
        }
    })
}
```

这段代码定义了一个 defineReactive 函数，用于给对象增加键值；同时设置了 set 方法，用于拦截数据的修改行为。在 set 方法中，首先判断修改后的值与原始值是否相同，避免在赋相同值时也触发后续操作。由于 JavaScript 中的 NaN === NaN 为 false，因此使用(newVal !== newVal && value !== value)来判断原始值和新值都为 NaN 的情况。

之后，该方法将新设置的值 newVal 赋给 value，进行了存储。接下来就可以响应数据变化，执行后续操作了。在 Vue 源码中，这里调用了 dep.notify 方法，通知组件进行更新。为了验证这一实现，我们使用 console.log 进行打印：

```
// Vue.js 2.0 中的依赖监听代码
function defineReactive(obj, key, value) {
    Object.defineProperty(obj, key, {
        set: function reactiveSetter(newVal) {

            if (newVal === value || (newVal !== newVal && value !== value)) {
                return;
            }

            value = newVal;
```

```
            // 在这里进行响应数据变化、触发视图更新等操作
            // dep.notify()
            console.log('data changed');
        }
    })
}
```

之后尝试执行以下代码：

```
var data = {};

defineReactive(data, 'a', 123);

data.a = 456;
```

在这段代码中，我们先声明了一个对象 `data`，之后使用 `defineReactive` 方法给这个对象增加属性 `a` 并设置 setter。当我们尝试修改这个对象的值时，可以看到控制台输出了"data changed"。这说明 setter 生效了。该对象的 `a` 属性每次发生变化，都会触发 `set` 方法，执行我们预定义的逻辑。

使用这种被动监听的方式来追踪数据变化，可以使开发者使用 JavaScript 语法直接修改数据，学习成本较低。但是，这种方法也有一定的缺点。

- 首先，实现成本较高。从上面的代码也可以看出，一次 `defineReactive` 方法调用只能给目标对象设置一个属性的 setter。当目标对象有多个属性时，就需要进行遍历，在每个属性上调用一次 `defineReactive`。不仅如此，由于对象是有嵌套层级的，还需要进行深度遍历。例如，`a` 对象上有个属性 `b`，`b` 也为一个对象，上面有属性 `c`。那么为了监听对 `a.b.c` 的修改，我们需要在 `b` 上对 `c` 也调用一次 `defineReactive`。当应用的数据非常庞大时，整个数据结构的遍历及 `defineReactive` 调用会对执行时间和内存占用造成影响。
- 其次，能覆盖的数据修改操作有限。`defineProperty` 方法只能用于对象属性修改，对数组的修改无能为力。例如，对于数组 `a`，当直接修改 `a` 的数组项（如 `a[0] = 1`）时，使用 `defineProperty` 方法就无能为力了。在 Vue 中，修改数组需要使用 `slice` 等数组方法或者显式的 API，例如 `this.$set` 等。这在使用上造成了一定程度的割裂，很容易让开发者混淆，遗忘修改数组的特殊要求。

由于 `defineProperty` 中存在的上述问题，Vue.js 3.*x* 使用了 `Proxy` API 来进行实现，但是 `Proxy` API 在浏览器上的普及程度还不够高，因此适用面有限。

以上就是第一种数据变化追踪方式，我们称其为**被动式**追踪。它通过 setter 来设置拦截器，处理数据变化。

接下来，我们学习另一种数据变化追踪方式。与被动式不同，这种方式需要开发者在修改数据时主动调用特定的 API，通知框架数据发生了变化。这种方式的重点在于数据修改 API 的实现。这些 API 需要对数据进行修改，并处理数据变化后的逻辑。

接下来，我们就来一步一步地尝试实现主动式数据变化追踪。

3.1.2 主动式数据变化追踪

1. Data 类及 set 方法

主动式数据变化追踪需要用户通过 API 来进行数据的修改，框架通过 API 来响应数据的变化。因为不能直接使用 JavaScript 语法来修改数据，所以 API 需要能够兼容所有类型数据的修改，包括对象、数组、字符串和数等。接下来，我们尝试创建一个 Data 类，并使用这个类来对数据进行封装。这个类的方法就可以作为 API 实现数据修改操作。首先，我们实现这个类的构造函数：

```
/**
 * 数据类
 *
 * @param {Object?} data  初始数据
 */
function Data(data) {
    this.raw = data || {};
}
```

Data 类的构造函数的参数为原始数据，我们在构造函数中将原始数据赋值给 this.raw。接下来，就需要提供 API 来进行数据的修改了。我们先来实现修改对象值的 set 方法。该方法根据一个对象的路径，修改对应的值。它的使用方式如下：

```
var origin = { 'a': [{ 'b': { 'c': 3 } }] };
var data = new Data(origin);

data.set('a[0].b.c', 2);
```

这段代码首先声明了一个对象 origin 表示原始数据，并新建了一个 Data 类型的对象来封装这个原始数据。之后调用 set 方法可以将 a[0].b.c 的值从 2 修改为 3。

我们可以这样实现 set：

```
/**
 * 设置数据项
 *
 * @param {string} expr  数据项路径
 * @param {*} value  数据值
 * @param {Object=} option  设置参数
 * @param {boolean} option.silent  静默设置，不触发变更事件
 */
Data.prototype.set = function (expr, value) {
    option = option || {};

    // {
    //     type: ExprType.ACCESSOR
    //     paths: Array
```

```
    // }
    expr = parseExpr(expr);

    var prop = expr.paths[0].value;
    this.raw[prop] = immutableSet(this.raw[prop], expr.paths, 1, expr.paths.length, value, this);

    // 在这里进行响应数据变化、触发视图更新等操作
};
```

这个方法有两个参数：第一个是字符串形式的表达式，用于指定要修改哪个数据；第二个是修改后的目标值。set 方法主要有两个执行步骤：第一，使用 parseExpr 方法解析输入表达式；第二，根据解析后的输入表达式，使用 immutableSet 方法对 this.raw 进行修改。

由 set 方法的使用示例可以看到，输入表达式是一个类似于'a[0].b.c'的字符串。我们需要根据这个表达式，修改 this.raw 上数组 a 的第 0 个元素 b 上的 c 值。为了更方便地进行上述操作，parseExpr 方法可以先将表达式解析成一个结构化数据，方便遍历。

parseExpr 方法会将'a[0].b.c'解析为如下形式的结构化数据：

```
{
    "type": 4,
    "paths": [
        {
            "type": 1,
            "value": "a"
        },
        {
            "type": 2,
            "value": 0
        },
        {
            "type": 1,
            "value": "b"
        },
        {
            "type": 1,
            "value": "c"
        }
    ]
}
```

限于篇幅，这里不再讲述 parseExpr 方法的实现方式，感兴趣的读者可以自行查看 San 框架代码中的相关实现。这里，我们只需要知道 parseExpr 方法会对表达式进行解析，得到结构化数据即可。在上面生成的结构化数据中，我们留意到有一个 type 字段，它对应的类型有以下几种：

```
var ExprType = {
    STRING: 1,
    NUMBER: 2,
    ACCESSOR: 4
};
```

这里没有列出 ExprType 中的其他值，因为我们需要用到的只有 STRING、NUMBER 和 ACCESSOR。后两个值比较好理解，但为什么'a[0].b.c'中的 b 和 c 是 STRING 呢？这是因为 a.b 和 a['b']是等价的，而 a['b']中的'b'就是字符串。

成功地将字符串解析为结构化数据后，就可以根据这个结构化数据来对原始数据做对应的修改了。由于表达式字符串得到的结构化数据是一个路径，我们要做的就是沿着这个路径不断对原始数据进行查找，直至找到目标数据项进行修改。

我们通过一个 immutableSet 来实现该功能，它的使用方式如下：

```
this.raw[prop] = immutableSet(this.raw[prop], expr.paths, 1, expr.paths.length, value, this);
```

immutableSet 有 6 个参数，分别为要修改的原始数据、表达式路径、表达式路径的起始坐标、表达式路径的长度、目标值和对 Data 实例的引用。表达式路径的起始坐标和长度有助于我们更加高效地进行递归调用。它的实现方式如下：

```
/**
 * 数据对象变更操作
 *
 * @inner
 * @param {Object|Array} source  要变更的源数据
 * @param {Array} exprPaths  属性路径
 * @param {number} pathsStart  当前处理的属性路径指针位置
 * @param {number} pathsLen  属性路径长度
 * @param {*} value  变更属性值
 * @return {*}  变更后的新数据
 */
function immutableSet(source, exprPaths, pathsStart, pathsLen, value) {
    if (pathsStart >= pathsLen) {
        return value;
    }

    var pathExpr = exprPaths[pathsStart];
    var prop = pathExpr.value;
    var result = source;

    if (source instanceof Array) {
        prop = +prop;
        result = source.slice(0);
        result[prop] = immutableSet(source[prop], exprPaths, pathsStart + 1, pathsLen, value);
    }
    else if (typeof source === 'object') {
        result = {};

        for (var key in source) {
            if (key !== prop && source.hasOwnProperty(key)) {
                result[key] = source[key];
            }
        }
```

```
        result[prop] = immutableSet(source[prop], exprPaths, pathsStart + 1, pathsLen, value);
    }

    return result;
}
```

immutableSet 是一个递归调用的方法，它的每次调用都返回指定路径的下一个元素。在该方法中，我们先判断递归结束逻辑，也就是表达式路径已经遍历完毕 pathsStart >= pathsLen，此时直接返回变更属性值 value。接下来，该方法获取了表达式路径的下一个值，得到了要继续访问的 value。此时：

- 如果当前源数据 source 是一个数组，那么需要将 prop 转换为数字形式，并复制源数据数组，继续递归调用修改 prop 对应的数组项；
- 如果当前源数据 source 是一个对象，那么需要新建一个对象，复制不需要修改的属性，然后进一步调用 immutableSet 来修改 prop 对应的属性。

至此，我们就完成了 Data 类中 set 方法的实现。

2. 不可变数据

你可能注意到了，set 实现中的方法名提到了 immutable。immutable 表示“不可变的”，当我们说数据是“不可变的”时，是指它的内容不会发生变化。那么以“不可变的”形式修改数据，则是指在修改数据时，不直接修改原始数据，而是创建新的数据：当遇到数组时，通过.slice 方法复制一个数组；当遇到对象时，通过 for ... in ...和.hasOwnProperty 方法来遍历该对象自有（不在原型链上）的属性，复制一个对象。这些操作过程中的旧数据没有变化，它们是“不可变的”。

具体来说，假设我们有如图 3-2 所示的数据。

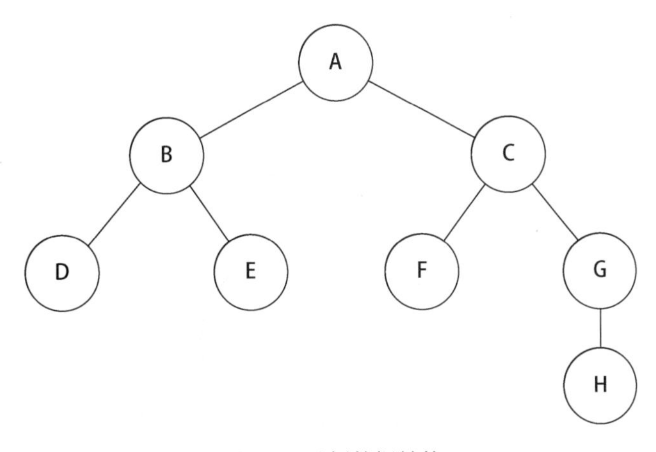

图 3-2 示例数据结构

现在对 H 进行修改。如果使用普通方式，那么会在原有父元素 G 上进行直接修改，结果就是只有 H 发生变化（见图 3-3）。

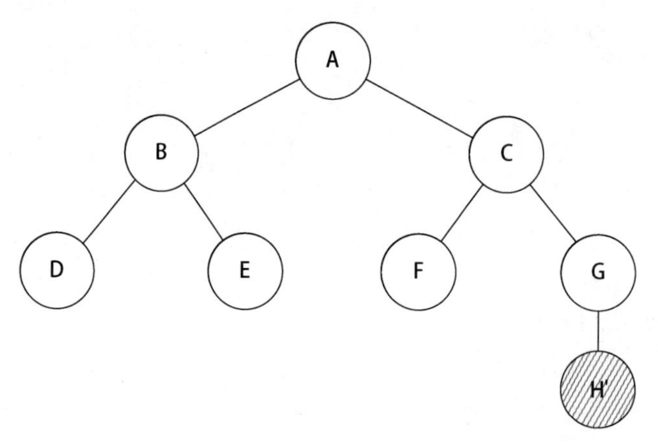

图 3-3　直接修改 H

如果我们有一个对 G 的引用，那么这个引用的子元素就发生了变化，从 H 变为 H'。而如果我们使用 `immutableSet` 对上述数据进行修改，会得到如图 3-4 所示的结果。

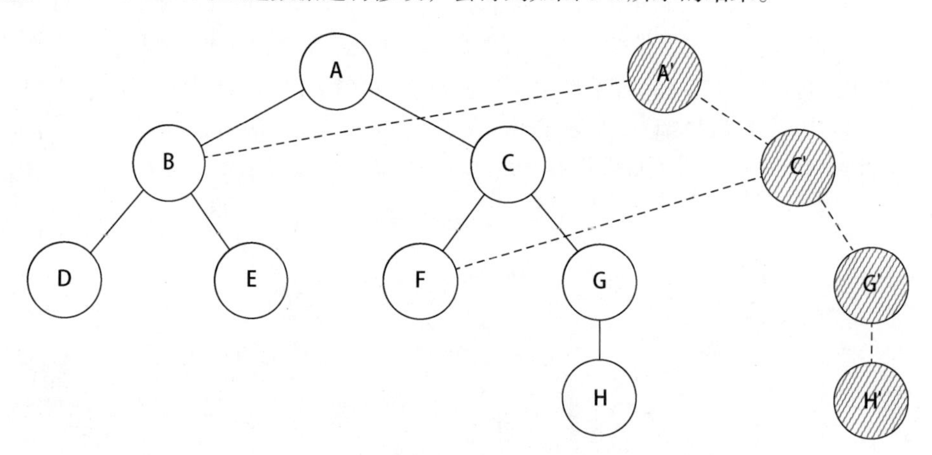

图 3-4　使用不可变的方式修改 H

使用 `immutableSet` 修改 H，除了得到一个新的 H'以外，还会得到 A'、C'和 G'。所有变化了的数据都创建了一份新的副本，而不变的数据都保持了原始的引用。在这种修改方式下，原始数据是没有被修改的。如果我们保持了 G 的引用，那么它的状态是完全没有变化的，子元素还是 H。

使用不可变方式修改数据有什么好处呢？在框架渲染中，一个很重要的好处就是可以快速地判断数据是否发生了变化。对于使用普通方式修改的数据，如果我们想知道数据是否发生了变化，需要一层一层地遍历，直到找到变化了的数据。对于使用 `immutableSet` 修改的数据，我们只需要沿着变化路径找下去就可以了。如果根元素没有发生变化（例如 A 还是 A，没有变成 A'），那么甚至可以直接判断数据没有发生变化，这样的效率要高很多。

此外，不直接改变数据，而是创建新数据，还有一个好处：可以很方便地存储数据的“快照”。在实现一些诸如撤销、回退的操作时，这样可以直接使用修改前的数据。

3. get 方法

目前，我们的 `Data` 类已经支持了通过 `set` 方法来修改数据，但是如果想要验证数据是否被正确修改了，还是只能通过直接访问`.raw` 来获取修改后的数据：

```
console.log(data.raw.c.a[0].meixg);
data.set('c.a[0].meixg', 123);
console.log(data.raw.c.a[0].meixg);
```

直接访问内部属性`.raw` 显然不是一个理想的方式，我们需要实现 `get` 方法来简化数据读取过程。`get` 的使用方式和 `set` 非常类似：

```
data.get('a[0].b.c');
```

它接收一个和 `set` 类似的表达式，通过这个表达式找到对应的值并返回。实现了 `set` 之后，再实现 `get` 就简单多了：

```
/**
 * 获取数据项
 *
 * @param {string} expr  数据项路径
 * @param {Data?} callee  当前数据获取的调用环境
 * @return {*}
 */
Data.prototype.get = function (expr) {
    var value = this.raw;
    if (!expr) {
        return value;
    }

    expr = parseExpr(expr);

    var paths = expr.paths;

    for (var i = 0, l = paths.length; value != null && i < l; i++) {
        value = value[paths[i].value];
    }

    return value;
};
```

当表达式为空时，我们直接将整体数据返回。如果表达式不为空，就使用我们在 `set` 中用到的 parseExpr 函数来对表达式进行解析。最后，根据表达式解析出来的路径，逐个遍历访问就可以了。

实现 get 方法之后，我们就可以使用 set 方法来修改数据，再用 get 方法进行验证了：

```
var origin = { 'a': [{ 'b': { 'c': 3 } }] };
var data = new Data(origin);

console.log(data.get('a[0].b.c'));
data.set('a[0].b.c', 2);
console.log(data.get('a[0].b.c'));
```

4. 数组方法

目前，我们已经实现了通过 API 修改对象类型的数据。想让所有数据的修改都经过我们的 API，从而追踪数据的变化，还需要实现 push、pop、shift、splice 等修改数组数据的方法。这里首先实现 splice，因为其他方法可以由该方法组合而来：

```
/**
 * 数组数据项 splice 操作
 *
 * @param {string|Object} expr  数据项路径
 * @param {Array} args splice  接收的参数列表，数组项与 Array.prototype.splice 的参数一致
 * @param {Object=} option  设置参数
 * @param {boolean} option.silent  静默设置，不触发变更事件
 * @return {Array}  新数组
 */
Data.prototype.splice = function (expr, args, option) {
    option = option || {};

    expr = parseExpr(expr);

    var target = this.get(expr);
    var returnValue = [];

    if (target instanceof Array) {
        var index = args[0];
        var len = target.length;
        if (index > len) {
            index = len;
        }
        else if (index < 0) {
            index = len + index;
            if (index < 0) {
                index = 0;
            }
        }

        var newArray = target.slice(0);
        returnValue = newArray.splice.apply(newArray, args);

        this.raw = immutableSet(this.raw, expr.paths, 0, expr.paths.length, newArray, this);
```

```
        // 在这里进行响应数据变化、触发视图更新等操作
    }

    return returnValue;
};
```

在实现数组方法时，我们依旧采用不可变的方式。在 splice 方法中，我们首先解析数据项表达式，得到了数据项路径。之后，使用 get 方法获取目标数组，使用 slice 方法根据原数组创建一个新数组，再调用 splice 方法修改了新数组的值。最后，再次调用我们的 immutableSet 方法，按照数据项路径对源数据进行修改。这样实现的 splice 方法和 set 一样，没有在原来数据的基础上进行修改，而是创建了新的数据，符合不可变数据思想。

有了 splice 方法，实现其他方法就简单了。我们可以将 splice 方法当作一个基础方法，通过封装得到其他方法。例如，只需要额外判断一下目标数据是否为数组，就可以通过构造参数的方式调用 splice 方法，来实现 push 和 pop 方法：

```
/**
 * 数组数据项 push 操作
 *
 * @param {string|Object} expr  数据项路径
 * @param {*} item  要 push 的值
 * @param {Object=} option  设置参数
 * @param {boolean} option.silent  静默设置，不触发变更事件
 * @return {number}  新数组的 length 属性
 */
Data.prototype.push = function (expr, item, option) {
    var target = this.get(expr);

    if (target instanceof Array) {
        this.splice(expr, [target.length, 0, item], option);
        return target.length + 1;
    }
};

/**
 * 数组数据项 pop 操作
 *
 * @param {string|Object} expr  数据项路径
 * @param {Object=} option  设置参数
 * @param {boolean} option.silent  静默设置，不触发变更事件
 * @return {*}
 */
Data.prototype.pop = function (expr, option) {
    var target = this.get(expr);

    if (target instanceof Array) {
        var len = target.length;
        if (len) {
            return this.splice(expr, [len - 1, 1], option)[0];
```

```
        }
    }
};
```

其余的数组数据修改方法大同小异，这里不再详述。

5. 追踪数据变化

前端框架所做的一个重要工作是将数据和视图进行绑定，在数据发生变化时更新对应的视图。因此，前端框架需要能够追踪数据的变化，在发现数据变化时，进行视图的更新操作。现在，我们已经实现了通过 API 修改数据。例如，set 方法可以修改对象数据，push 方法可以修改数组数据。由于数据修改都是通过 API 来实现的，我们可以很容易地追踪到数据的变化。

对于修改对象值的 set 方法，我们可以在其中加入钩子函数。当这个函数被调用时，就能知道数据发生了变化：

```
/**
 * 设置数据项
 *
 * @param {string} expr  数据项路径
 * @param {*} value  数据值
 * @param {Object=} option  设置参数
 * @param {boolean} option.silent  静默设置，不触发变更事件
 */
Data.prototype.set = function (expr, value) {
    option = option || {};

    // {
    //     type: ExprType.ACCESSOR
    //     paths: Array
    // }
    expr = parseExpr(expr);

    var prop = expr.paths[0].value;
    this.raw[prop] = immutableSet(this.raw[prop], expr.paths, 1, expr.paths.length, value, this);

      // 通知数据发生了变化
    this.fire();
};
```

在上面的代码中，我们在 set 原本处理数据修改工作的逻辑后面加入了 this.fire 方法，用于通知视图部分进行更新。this.fire 的实现将在后面讲解，这里只需要知道它的作用就好。

对于修改数组值的若干方法，我们只需要在 splice 方法中加入钩子函数就可以了。这是因为其他数据方法都是在 splice 方法的基础上扩展而来的。

```
/**
 * 数组数据项 splice 操作
 *
 * @param {string|Object} expr  数据项路径
```

```
 * @param {Array} args  splice 接收的参数列表，数组项与 Array.prototype.splice 的参数一致
 * @param {Object=} option  设置参数
 * @param {boolean} option.silent  静默设置，不触发变更事件
 * @return {Array}  新数组
 */
Data.prototype.splice = function (expr, args, option) {
    option = option || {};

    expr = parseExpr(expr);

    var target = this.get(expr);
    var returnValue = [];

    if (target instanceof Array) {
        var index = args[0];
        var len = target.length;
        if (index > len) {
            index = len;
        }
        else if (index < 0) {
            index = len + index;
            if (index < 0) {
                index = 0;
            }
        }

        var newArray = target.slice(0);
        returnValue = newArray.splice.apply(newArray, args);

        this.raw = immutableSet(this.raw, expr.paths, 0, expr.paths.length, newArray, this);

        // 通知数据发生了变化
        this.fire();
    }

    return returnValue;
};
```

和 set 方法类似，我们在 splice 方法中也加入了 this.fire 方法，用于通知视图层数据发生了变化。其他进行数组数据修改的方法，例如 pop 和 push 等，也都会通过调用 splice 间接调用 this.fire 方法，从而实现对所有数据修改 API 的监听。

这种让用户使用特定的 API 来修改数据，在 API 中增加钩子函数逻辑来响应数据发生的变化，从而追踪数据变化的方式，就叫作主动式数据变化追踪。

3.1.3 如何收集依赖

3.1.2 节实现了主动式数据变化追踪。现在，当数据发生变化时，框架就可以感知并进行相应的操作，也就是触发视图的更新。这时，一个朴素的实现方法就是基于修改后的数据，重新

执行一遍所有组件的渲染流程，进行整个视图的重新绘制，从而更新视图。这么做固然可以达到在数据变化后更新视图的目的，但如果每次数据修改都触发所有组件的渲染，会严重影响性能。连只修改一个不会影响视图的数据，也可能会造成所有组件的重新渲染，这会严重拖累框架的性能。

因此，我们需要一种机制，让框架知道组件与数据之间的依赖关系，从而使得当数据发生变化后，只更新依赖该数据的组件。我们把这一过程叫作**依赖收集**。依赖收集要做的就是将数据和组件进行绑定。这里我们只需要单向的绑定，即可以通过数据找到使用这个数据的组件。

在常见的依赖收集实现中，可以按照依赖收集的精细程度分成多个类别。第一类是在数据变化后刷新所有组件，这种方式相当于不做依赖收集（见图 3-5）。

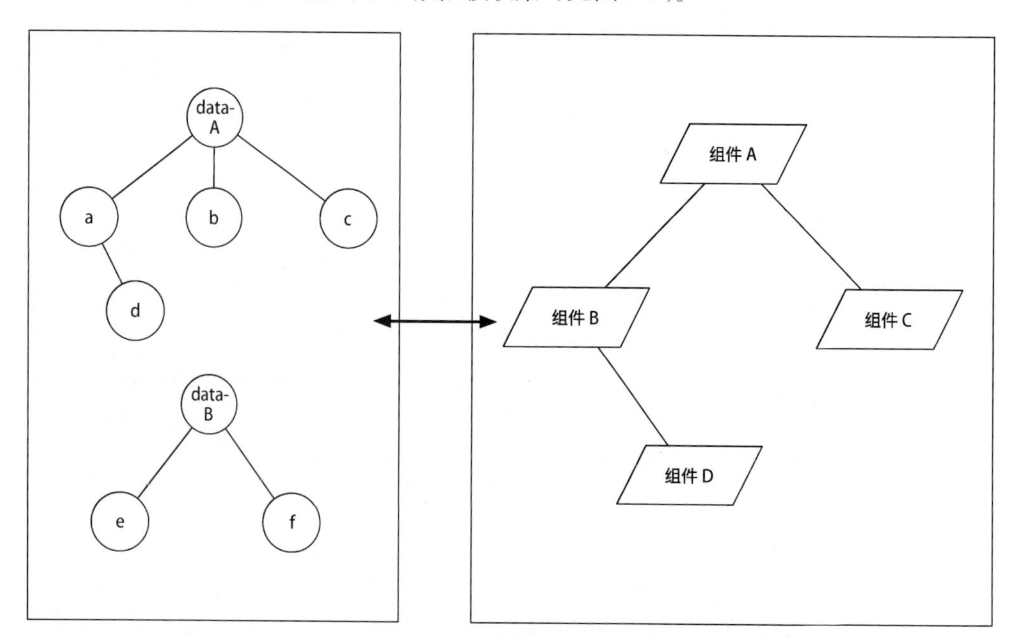

图 3-5　不绑定数据和组件

对于左边的 data A 与 data B 两组数据，不论哪个值发生变化，都会触发右边组件树中的组件全部重新渲染。

第二类比第一类精细一些，是在数据组与组件进行绑定（见图 3-6）。

在这种实现中，data A 与组件 B 进行了绑定，data B 与组件 C 进行了绑定。当 data A 中的值发生变化时，只会修改组件 B 及其子组件 D；当 data B 中的值发生变化时，只会修改组件 C。这种方式有效地避免了过多组件在数据变化时发生重新渲染的情况。

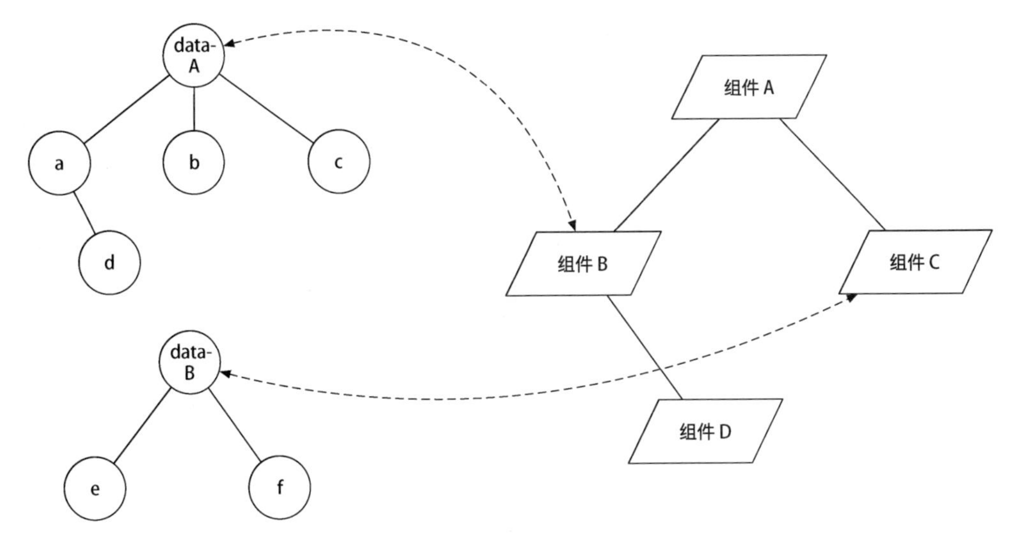

图 3-6 在数据组层面与组件进行绑定

最后一类比第二类的实现更加精细，它维护的是数据字段与组件的绑定关系（见图 3-7）。

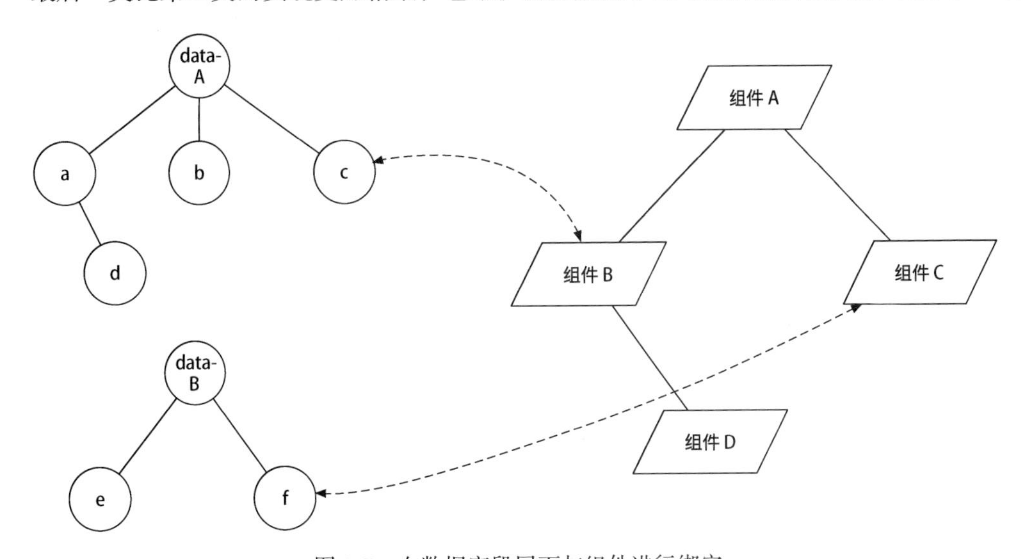

图 3-7 在数据字段层面与组件进行绑定

如图 3-7 所示，在 data A 这个对象中，可能只有 c 字段与组件 B 有绑定关系，而 data B 中只有 f 字段与组件 C 存在绑定关系。这种方法直接维护了 c 字段与 f 字段的绑定关系，从而使得当其他字段发生变化时，不用触发组件的绘制流程。

依赖追踪实现得越精细，在数据发生变化时就能以越低的成本更新视图。但依赖追踪的实现是有成本的，越精细的依赖追踪，就需要越复杂的代码来实现，而这些实现又会影响性能，占用内存。在上面的例子中，我们的数据绑定关系只到了组件层面，其实还可以更加深入，将某一个字段与组件中的某一个 DOM 标签进行绑定，但很少有人想这么做，因为这样做的成本过高。

因此，依赖追踪的精细程度是一个折中的结果。这里的实现将采用数据组与组件绑定的方法，在代码量尽可能少的情况下，获得较好的执行性能。

我们将数据以 Data 实例为粒度进行依赖收集，也就是说，收集依赖该 Data 实例中的数据进行视图渲染的组件。我们在 Data 类中创建 listeners 属性来维护依赖该 Data 实例的组件：

```
/**
 * 数据类
 *
 * @class
 * @param {Object?} data  初始数据
 */
function Data(data) {
    this.raw = data || {};
    this.listeners = [];
}
```

我们使用一个数组来维护所有的依赖，这些依赖以函数的形式存储。当数据发生变化时，会调用 this.fire 方法遍历 listeners，逐个调用存储的函数，并通知依赖组件进行更新。

现在我们就来实现 this.fire 方法：

```
/**
 * 触发数据变更
 *
 * @param {Object} change  变更信息对象
 */
Data.prototype.fire = function (change) {
    for (var i = 0; i < this.listeners.length; i++) {
        this.listeners[i].call(this, change);
    }
};
```

this.fire 方法所做的事情非常简单，仅仅是对 listeners 进行遍历及调用。

除了 fire 方法外，我们还需要一个方法，用于添加项目到 Data 类的 listeners 中：

```
/**
 * 添加数据变更的事件监听器
 *
 * @param {Function} listener  监听函数
 */
Data.prototype.listen = function (listener) {
    if (typeof listener === 'function') {
        this.listeners.push(listener);
    }
};
```

调用该方法可以将依赖该数据进行渲染的监听函数加入 Data 实例的队列中。

现在我们已经基本完成了 Data 类的实现。框架通过 Data 类对原始数据进行封装，开发者通过 Data 类提供的 API 来修改数据，触发 API 中的 this.fire 方法，遍历 listeners 中所有的依赖函数并逐个调用，触发视图更新。现在只剩下一个问题需要解决，那就是如何维护 listeners 数组中的值。

在我们的框架中，组件通过 Component 类来表示。由于我们需要将数据与依赖该数据的组件进行绑定，因此其实要做的就是将 Data 类的实例与 Component 类的实例进行关联。对于组件中的 Data 实例，我们可以在组件实例创建时，将其加入 Data 类的 listeners 中。接下来，我们来扩展 Component 类的功能：

```
/**
 * 组件类
 *
 * @class
 * @param {Object} options  初始化参数
 */
function Component(options) { // eslint-disable-line
    // 初始化 data
    var initData = extend(
        typeof this.initData === 'function' && this.initData() || {},
        options.data
    );

    this.data = new Data(initData);
    this._initDataChanger();
}

/**
 * 初始化组件内部监听数据变化
 *
 * @private
 * @param {Object} change  数据变化信息
 */
Component.prototype._initDataChanger = function (change) {
    this._dataChanger = function (change) {
        // 进行组件的更新操作
    };
    this.data.listen(this._dataChanger);
};
```

在 Component 类的构造函数中，我们在初始化 Data 实例 data 后，新调用了_initDataChanger 函数。在_initDataChanger 函数中，我们声明了一个_dataChanger 函数，并将其添加到了 data 的 listeners 中。在执行_initDataChanger 后，我们就将 data 与组件实例进行了绑定。当数据发生变化时，就会调用组件注册在 listeners 中的_dataChanger 函数。在_dataChanger 函数中，我们就可以根据数据的变化进行相应的视图更新工作了。

3.1.4 如何触发视图更新

现在，我们只需要在组件的_dataChanges函数中增加视图更新逻辑就可以了！但在这之前，我们还需要对当前的流程进行优化。在一次逻辑执行中，可能会对数据进行多次修改，那么根据我们的数据修改API的实现，会多次触发this.fire方法，进而多次调用_dataChanges函数。如果每次都触发视图的更新操作，势必会在数据频繁变化时严重拖累性能。因此，我们要做的就是将一定时间内的数据变化暂存起来，等待时机在一次视图更新中统一处理。

```
/**
 * 初始化组件内部监听数据变化
 *
 * @private
 * @param {Object} change  数据变化信息
 */
Component.prototype._initDataChanger = function (change) {
    var me = this;

    this._dataChanger = function (change) {
        // 进行组件的更新操作
        if (!me._dataChanges) {
            nextTick(me._update, me);
            me._dataChanges = [];
        }

        me._dataChanges.push(change);
    };
    this.data.listen(this._dataChanger);
};
```

在上面的代码中，我们在第一次执行时（!me._dataChanges为true）设置在下一个时间节点调用_update函数，并初始化了_dataChanges数组。之后的每次调用都将数据变化存入_dataChanges数组中，等待_update函数执行。当_update函数执行时，会一次性处理所有的数据变化，并将_dataChanges重置为null。

到这里，我们就真正完成了数据变化的追踪、依赖收集以及视图更新的触发工作。在组件初始化时，会新建一个_dataChanger函数，并通过调用data的listen方法，将其增加到Data实例的listeners中。当数据需要发生变化时，开发者会使用我们提供的Data类上的API来修改数据。当这些API被调用时，会触发我们提前设置的this.fire方法，调用所有listeners，从而触发提前设置的_dataChanger函数。这些数据变化会被收集在_dataChanges中，等待下一个时间节点，统一在_update函数中进行处理。

接下来，我们就需要实现视图更新部分了。按照目前的实现方案，我们可以发现视图的更新主要在_update函数中进行。

3.2 视图更新

之前说过，前端框架的一个重要工作就是将数据映射到视图中，用状态的改变触发视图的修改。3.1.4 节实现了 `Data` 类，它的实例是：

- 组件上的一个属性，即组件的数据状态容器；
- 一个对象，提供了数据读取和操作的方法；
- 一个观察者，每次数据的变更都会触发 `fire` 方法，组件可以通过调用 `listen` 方法来监听数据变更。

`Data` 类的实现使得数据变化是可监听的，让组件的视图变更有了基础的出发点。

对于视图更新部分，我们的想法是：模板声明包含了对数据的引用，当数据变更时，我们首先根据数据与组件间的依赖关系找到对应组件，之后根据模板对数据的引用，精确地只更新需要的节点，从而得到不错的性能。目前，我们的实现已经可以在数据变化时找到要更新的组件了。那么如何进一步找到需要更新的节点并执行视图更新动作呢？接下来，我们就一起来实现组件的视图更新机制。

3.2.1 视图更新过程

到目前为止，我们已经实现了组件及其数据的初始化工作，有以下几个关键点。

- 组件在初始化的过程中，创建了 `Data` 实例并调用了 `listen` 方法，进行数据变化的监听。
- 视图更新是异步的。数据变化会被保存在一个数组中，在调用 `nextTick` 时批量更新。
- 组件是一个树形结构，通过 `children` 属性进行串联，而视图更新是一个自上而下的遍历过程。

考虑下面这样一个组件：

```
const MyApp = san.defineComponent({
    template: `
        <div>
            <h3>{{title}}</h3>
            <ul>
                <li s-for="item,i in list">{{item}} <a on-click="removeItem(i)">x</a></li>
            </ul>
            <h4>Operation</h4>
            <div>
                Name:
                <input type="text" value="{=value=}">
                <button on-click="addItem">add</button>
            </div>
            <div>
                <button on-click="reset">reset</button>
```

```
        </div>
    </div>
`,

initData() {
    return {
        title: 'List',
        list: []
    };
},

addItem() {
    this.data.push('list', this.data.get('value'));
    this.data.set('value', '');
},

removeItem(index) {
    this.data.removeAt('list', index);
},

reset() {
    this.data.set('list', []);
}
});
```

这个组件的 data 有两个字段，分别为 title 和 list，它们会在 template 中渲染。该组件的 template 部分经过编译后会得到一棵节点树，结构如图 3-8 所示。

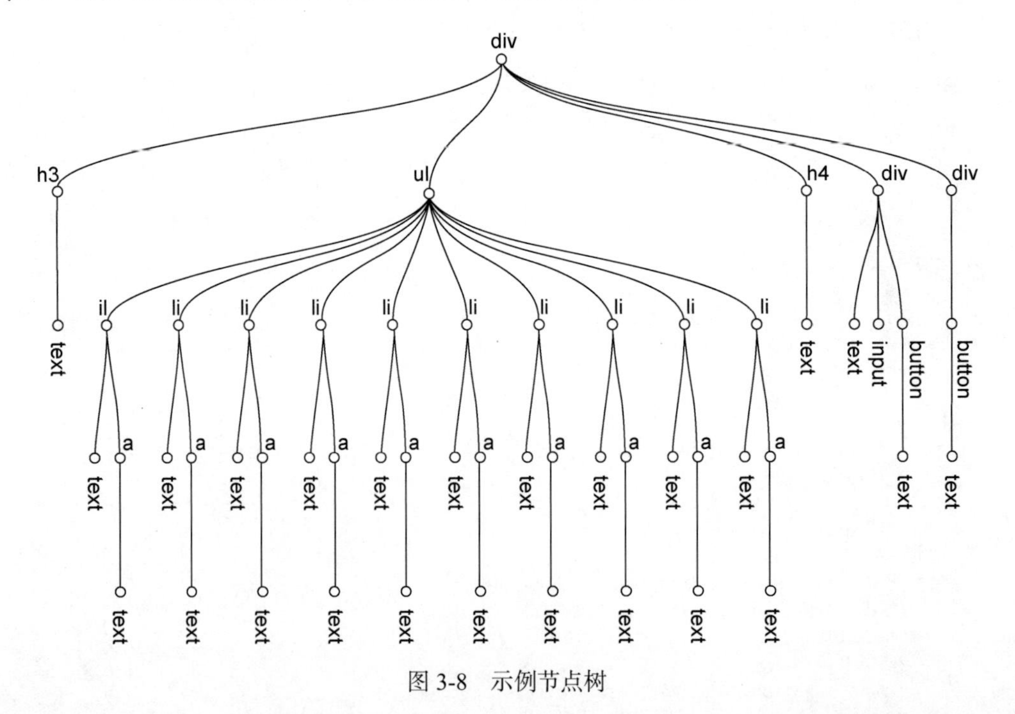

图 3-8　示例节点树

当数据发生变化时，我们该如何更新视图呢？当修改 title 字段时，需要修改节点树中的 h3 节点。我们要做的就是遍历节点树，寻找需要修改的节点并进行修改。基本想法是，当遍历到一个节点后，首先检查节点自身的属性是否需要更新，然后把数据变化信息传递给所有子节点。

当我们调用 this.data.set('title', 'hello')修改数据后，会触发 Data 类中的 fire 方法，之后会调用所有 listeners，并在一定时间后触发 Component 类中的_update 方法。我们可以在_update 方法中进行子节点的遍历。图 3-9 表示了当视图刷新时，节点树中的数据变化信息传递到的节点。

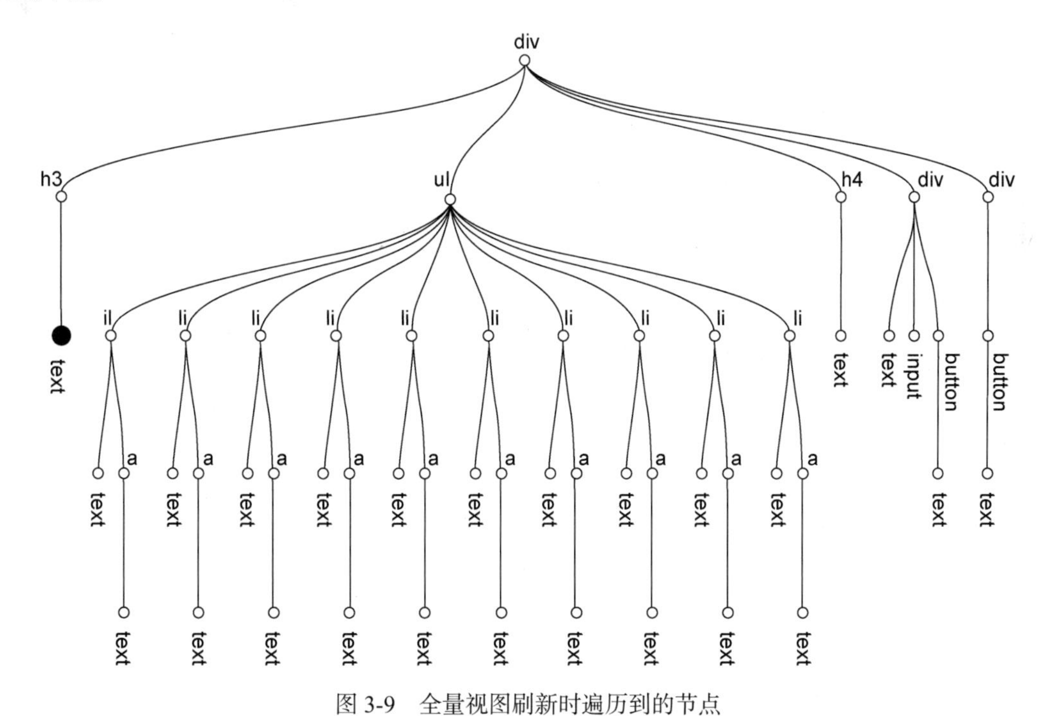

图 3-9 全量视图刷新时遍历到的节点

在图 3-9 中，左侧最大的实心点是实际需要更新的节点，深色的线代表遍历过程经过的路径，小空心圆代表遍历到的节点。可以看出，虽然需要进行视图更新的节点只有一个，但所有的节点都会被遍历到。

那么，如何来实现这一流程呢？之前我们已经说到，当数据变化后，会调用到 Component 类实例中的_update 方法。在 Component 类实例的_update 方法中，我们进行节点的遍历工作：

```
/**
 * 视图更新函数
 *
 * @param {Array?} changes  数据变化信息
 */
```

```
Component.prototype._update = function () {
    var dataChanges = this._dataChanges;
    if (dataChanges) {
        this._dataChanges = null;
        this._rootNode._update(dataChanges);
    }
};
```

在 Component.prototype._update 函数中，我们首先判断 dataChanges 是否存在。如果 dataChanges 存在，就以 dataChanges 作为参数，调用根节点的_update 方法。节点的_update 方法也需要进行相应的实现。事实上，每个节点可能对应着不同的类实例，这里只实现最基础的 Element 类中的_update 方法：

```
Element.prototype._update = function (changes) {
    // ...

    // 先看自身的属性有没有需要更新的
    var dynamicProps = this.aNode.hotspot.dynamicProps;
    for (var i = 0, l = dynamicProps.length; i < l; i++) {
        var prop = dynamicProps[i];
        var propName = prop.name;

        for (var j = 0, changeLen = changes.length; j < changeLen; j++) {
            var change = changes[j];

            if (!isDataChangeByElement(change, this, propName)
                && changeExprCompare(change.expr, prop.hintExpr, this.scope)
            ) {
                prop.handler(this.el, evalExpr(prop.expr, this.scope, this.owner), propName, this, prop);
                break;
            }
        }
    }

    // ...

    // 然后把数据变化信息通过 children 向下传递
    for (var i = 0, l = this.children.length; i < l; i++) {
        this.children[i]._update(changes);
    }
};
```

在这个函数中，我们首先对节点自身的属性进行比较，查看是否有需要更新的内容。之后将数据变化信息通过 children 向下传递。这样通过节点间的不断嵌套，就可以更新整个节点树的内容。

目前我们已经有了总体的视图更新流程，但这种实现方式每次都需要遍历整棵节点树，性能无法令人满意。想要优化遍历节点树的过程，一个常用的方法就是进行“剪枝”，也就是在树的上层尽早过滤掉不需要遍历的子节点树。由于我们的“剪枝”过程需要针对 ANode 树来进行，因此需要先了解一下 ANode 的概念，之后我们将进一步优化节点树遍历流程。

3.2.2　ANode

如 2.6.3 节所述，ANode 是抽象节点。它是 San 组件框架 `template` 解析的返回结果，而 `template` 是使用 HTML 语法规则的字符串。`template` 的解析结果直接返回一个 ANode 对象，因此 ANode 是 `template` 的结构化表示。

既然 ANode 和 `template` 是等价的，那么 ANode 就可以代替 `template`。这正是我们要介绍 ANode 的原因：用 ANode 代替 `template` 来移除客户端 JavaScript 解析模板的工作量。一般来讲，ANode 优化过程如下。

(1) 在服务器端（或项目构建期间）编译 `template`，得到 ANode。

(2) 在传递给浏览器的组件中，移除 `template` 并添加 ANode。（如下文所示，这部分还可以进一步压缩来减小代码体积。）

(3) 浏览器端 San 运行时跳过 `template` 解析，直接使用服务端解析好的 ANode 渲染 San 组件。

接下来，我们简要了解一下 ANode 的结构。ANode 是一个简单对象（plain object），不包含任何方法，只有属性。我们来举个例子，假设一个 San 组件的代码如下：

```
san.defineComponent({
    template: `
        <p>Hello {{ name }}!</p>
    `
});
```

它的 `template` 部分经过解析后，返回一个 ANode，结构如下：

```
aNode = {
    "directives": {}, // 指令
    "props": [], // 属性
    "events": [], // 事件
    "children": [ // 子节点
        {
            "textExpr": {
                "type": ExprType.TEXT, // 表达式类型
                "segs": [
                    ...
                ]
            }
        }
    ],
    "tagName": "p" // 标签名
}
```

从上述 ANode 的结构来分析，它将 HTML 语法解析成 JSON，清晰地描述了属性、指令、事件等属性，并通过 children 字段来描述组件的层级关系。

3.2.3　基于 ANode 的预处理

我们在 3.2.1 节中发现，与实际的更新行为相比，遍历确定更新节点的消耗要大得多。所以，为遍历过程减负是必要的。一个可行的想法是：首先，对组件编译后的 ANode 进行预处理，分析每个节点及其子节点对数据引用的摘要信息，并将其存放在一个对象中，这里将其命名为 hotspot；然后，在视图更新、遍历节点树时，将数据变化信息与 hotspot 中的信息进行比对。如果经过比对后，数据变化不会影响当前节点及其子节点的视图，那么不再执行自身属性的更新，也不会继续向下遍历。通过这样的操作，我们在节点树遍历过程中进行剪枝，节省了遍历下层子树的开销。

接下来，我们尝试实现 ANode 的预处理函数。我们将其定义为 preheatANode，该函数接收待处理的 aNode（ANode 的实例）作为参数：

```
/**
 * ANode 预热，分析的数据引用等信息
 *
 * @param {Object} aNode  要预热的 ANode
 */
function preheatANode(aNode) {
    var stack = [];

    function recordHotspotData(expr, notContentData) {
        // 记录使用到的动态数据
    }

    function analyseANodeHotspot(aNode) {
        // 递归遍历 ANode 树，分析数据使用情况
    }

    if (aNode && !aNode.hotspot) {
        analyseANodeHotspot(aNode);
    }
}
```

在这里可以看到，preheatAnode 函数只是整个预处理过程的入口。它首先创建了一个 stack 数组。该函数在确保传入的 aNode 存在并且 hotspot 属性不存在（防止多次预处理）后，使用 analyseANodeHotspot 函数来对 ANode 进行处理。这里，stack 数组用来在预处理过程中存储 aNode 的路径，我们将在后面的预处理过程中用到这一路径。单独创建一个 analyseANodeHotspot 函数的目的是方便在后续进行深层遍历时递归调用。

那么该如何实现 analyseANodeHotspot 函数呢？它应当递归遍历 ANode 树，分析所有使用动

态数据的地方，并记录它们的依赖情况。对于 ANode 树，我们可以分成两种情况：一种是标签（tag），它可能是一个 HTML 标签，也可能是一个子组件；另一种就是文本节点。文本节点的处理相对比较简单，因为这种节点只会在文本表达式中用到动态数据，我们只需要从文本表达式中获取用到的数据表达式并进行记录就可以了。而对于标签，我们需要做的事情就比较多了，因为标签可能会在不同的地方用到动态数据，例如用作节点的属性或者在 s-if 中使用。我们需要对这些表达式进行处理，得到它们用到的动态数据并进行记录。此外，如果该标签是一个子节点，则需要进一步递归。

下面介绍 analyseANodeHotspot 函数的实现。我们首先将当前节点入栈，之后分成以下两种情况。

(1) 当 aNode 类型为文本时，可以直接对文本表达式进行分析：

```
function analyseANodeHotspot(aNode) {
    stack.push(aNode);


    if (aNode.textExpr) {
        aNode.hotspot = {};
        recordHotspotData(aNode.textExpr);
    }
    else {
        // 处理 tag 节点
    }

    stack.pop();
}
```

在上面的代码中，如果 aNode 是文本类型，我们首先初始化 hotspot 对象，之后调用 recordHotspotData 函数来记录文本表达式 textExpr 中用到的动态数据项。

recordHotspotData 函数的实现较为简单：

```
function recordHotspotData(expr) {
    var refs = analyseExprDataHotspot(expr);

    if (refs.length) {
        for (var i = 0, len = stack.length; i < len; i++) {
            var data = stack[i].hotspot.data;
            if (!data) {
                data = stack[i].hotspot.data = {};
            }

            each(refs, function (ref) {
                data[ref] = 1;
            });
        }
    }
}
```

从之前的分析中可以看到，不论 data 值出现在哪里，它都是以表达式的形式被使用的。我们需要从表达式中提取出用到的所有动态数据项，再进行记录。这里可以将从表达式中提取动态数据项的功能抽离为单独的函数来使用，我们将其命名为 analyseExprDataHotspot。我们先回到 recordHotspotData 函数的实现中，之后再研究如何实现 analyseExprDataHotspot 函数。

之前我们已经介绍过 preheatANode 函数创建了一个名为 stack 的数组用来存储 aNode 的路径，现在就要用到它了。为什么要存储 aNode 路径呢？当我们在遍历过程中发现使用了某个动态数据时，除了在该组件的 hotspot 对象上记录之外，还需要在其父元素上进行记录。stack 栈可以很方便地帮助我们完成这一点。当进行递归遍历 ANode 树时，这个栈中存的就是从根节点到当前节点的路径，我们只需要对该节点进行遍历，依次加入对动态数据的引用信息即可。

recordHotspotData 函数首先使用 analyseExprDataHotspot 函数获取表达式中用到的所有 data 项。当 data 项存在时（refs.length 为 true），遍历所有的栈，给它们都加上对 data 项的引用记录。

(2) 当 aNode 类型为 tag 时，则需要分情况进行处理：

```
function analyseANodeHotspot(aNode) {
    stack.push(aNode);

    if (aNode.textExpr) {
        // 文本节点的处理
    }
    else {

        aNode.hotspot = {
            dynamicProps: [],
            xProps: [],
            props: {},
            binds: []
        };

        each(aNode.props, function (prop) {
            recordHotspotData(prop.expr);
        });

        for (var key in aNode.directives) {
            if (aNode.directives.hasOwnProperty(key)) {
                var directive = aNode.directives[key];
                recordHotspotData(directive.value);
            }
        }

        each(aNode.elses, function (child) {
            analyseANodeHotspot(child);
        });

        each(aNode.children, function (child) {
```

```
            analyseANodeHotspot(child);
        });
    }

    stack.pop();
}
```

首先初始化节点的 hotspot 对象。之后对 props 进行处理，由于 props 的表达式在 prop.expr 中，因此直接调用 recordHotspotData 函数并传入 prop.expr 即可。

对于 directives，则需要以 directive.value 作为参数调用 recordHotspotData 方法，记录 s-html、s-bind 等指令表达式中用到的 data 项。

至于最后的 s-elses 和 children，它们都可以被认为是当前 ANode 节点的子节点。我们递归调用 analyseANodeHotspot 方法，更深层次地遍历 ANode 树即可。至此，我们距离实现 ANode 树的预处理逻辑，只剩下 analyseExprDataHotspot 函数没有实现了。

analyseExprDataHotspot 函数的主要作用是提取表达式中对 data 的引用信息。如何实现这个函数呢？直观的想法就是分析表达式，根据表达式的不同类型，将其中的不变量剔除，提取变量。那么表达式一共有多少种类型呢？根据我们的总结，表达式大致有以下 13 种类型。

- STRING：字符串，其中不会包含变量。
- NUMBER：数，其中不会包含变量。
- BOOL：布尔值，其中不会包含变量。
- ACCESSOR：对变量的访问，需要重点处理。
- INTERP：插值，在 ACCESSOR 的基础上，可能增加了 filter。
- CALL：函数调用。
- TEXT：文本值，也就是字符串的拼接，可能是字符串与其他类型的组合。
- BINARY：二元表达式，例如||、&&等。
- UNARY：一元表达式。
- TERTIARY：三元表达式。
- OBJECT：对象字面量。
- ARRAY：数组字面量。
- NULL：null 值。

我们只需要处理可能包含变量的类型，分别是 ACCESSOR、UNARY、TEXT、BINARY、TERTIARY、INTERP、CALL、ARRAY 和 OBJECT。

现在就可以得到 analyseExprDataHotspot 函数的总体框架了：

```
/**
 * 分析表达式的数据引用
```

```
 *
 * @param {Object} expr  要分析的表达式
 * @return {Array}
 */
function analyseExprDataHotspot(expr) {
    var refs = [];

    switch (expr.type) {
        case ExprType.ACCESSOR:
            // process
        case ExprType.UNARY:
            // process
        case ExprType.TEXT:
            // process
        case ExprType.BINARY:
            // process
        case ExprType.TERTIARY:
            // process
        case ExprType.INTERP:
            // process
        case ExprType.CALL:
            // process
        case ExprType.ARRAY:
            // process
        case ExprType.OBJECT:
            // process
    }

    return refs;
}
```

我们首先定义了一个名为 refs 的数组，之后区分不同的类型并对表达式进行处理。在处理中，我们将收集到的数据引用存储在 refs 数组中，最后将这个数组返回。

接下来就要实现对于不同类型表达式的处理了。但在此之前，我们还需要实现一个辅助函数。我们知道一个表达式可能是由多组数据组成的，例如二元表达式（BINARY）就是由两个表达式组成的，因此需要一个辅助函数来遍历并处理一个表达式的多个组成部分。我们把这个函数叫作 analyseExprs。

```
function analyseExprs(exprs) {
    for (var i = 0, l = exprs.length; i < l; i++) {
        refs = refs.concat(analyseExprDataHotspot(exprs[i]));
    }
}
```

在这个函数中，参数 exprs 表示表达式中的多个组成部分，它是一个数组。我们遍历这个数组，对每一项都调用 analyseExprDataHotspot 函数来进行处理，并将得到的结果合并到 refs 中。后面我们会在处理不同类型的表达式的过程中不断用到这个函数。

接下来就要逐一对不同类型的表达式进行处理了，首先是 ACCESSOR：

```
case ExprType.ACCESSOR:

    var paths = expr.paths;
    refs.push(paths[0].value);

    analyseExprs(paths.slice(1));
    break;
```

ACCESSOR 可能有多种形式：可能是一个变量（如 a），也可能是 a.b.c，复杂一些的还可能是 a[b].c，它们都会以数组形式存储在 paths 中。我们以上面 3 种情况举例。首先将表达式的第一个值存储在 refs 中，它的变化肯定是我们需要的。之后取从第二个路径开始的数组，将它传递给 analyseExprs 函数，这是因为后面的路径中可能会包含其他表达式，例如 a[b].c 里的 b 就是一个 ACCESSOR。我们也需要将其记录下来，因为它的变化也会影响渲染输出。

ACCESSOR 处理完毕后，我们继续处理一元表达式 UNARY：

```
case ExprType.UNARY:
    refs = analyseExprDataHotspot(expr.expr);
    break;
```

一元表达式只由一项组成，存储在 expr 中。我们直接把它传递给 analyseExprDataHotspot 函数进行处理就好。

对于 TEXT、BINARY 和 TERTIARY 这 3 种类型，它们都是由多个项组成的，并且这些项都以数组形式存储在 segs 中：

```
case ExprType.TEXT:
case ExprType.BINARY:
case ExprType.TERTIARY:
    analyseExprs(expr.segs);
    break;
```

对于这 3 种类型，我们可以直接将 segs 部分传递给 analyseExprs 函数来处理。

对于插值类型 INTERP，它的特殊点在于，我们需要对 filters 进行额外处理：

```
case ExprType.INTERP:
    refs = analyseExprDataHotspot(expr.expr);

    each(expr.filters, function (filter) {
        analyseExprs(filter.name.paths);
        analyseExprs(filter.args);
    });
    break;
```

首先把 expr 传递给 analyseExprDataHotspot 函数进行处理，之后需要遍历并处理所有的 filters。filter 本身是一个函数，因此它的组成就是函数名（filter.name.paths）以及参数值（filter.args），将其分别传递给 analyseExprs 函数来处理就可以了。

对于 CALL 类型的表达式，它与 filters 的处理方式是一样的，只需要分别处理函数名以及参数值就可以了：

```
case ExprType.CALL:
    analyseExprs(expr.name.paths);
    analyseExprs(expr.args);
    break;
```

最后要处理的就只剩下 ARRAY 和 OBJECT 类型了：

```
case ExprType.ARRAY:
case ExprType.OBJECT:
    for (var i = 0; i < expr.items.length; i++) {
        refs = refs.concat(analyseExprDataHotspot(expr.items[i].expr));
    }
    break;
```

它们的组成项都存储在 items 中，我们只需要遍历这些 items，并调用 analyseExprDataHotspot 处理，最后存储到 refs 数组中即可。

这样，我们就处理完了所有的表达式类型。一起来看一下完整的 analyseExprDataHotspot 函数实现吧：

```
/**
 * 分析表达式的数据引用
 *
 * @param {Object} expr  要分析的表达式
 * @return {Array}
 */
function analyseExprDataHotspot(expr) {
    var refs = [];

    function analyseExprs(exprs) {
        for (var i = 0, l = exprs.length; i < l; i++) {
            refs = refs.concat(analyseExprDataHotspot(exprs[i]));
        }
    }

    switch (expr.type) {
        case ExprType.ACCESSOR:

            var paths = expr.paths;
            refs.push(paths[0].value);

            if (paths.length > 1) {
                refs.push(paths[0].value + '.' + (paths[1].value || '*'));
            }

            analyseExprs(paths.slice(1));
            break;

        case ExprType.UNARY:
```

```
            refs = analyseExprDataHotspot(expr.expr);
            break;

        case ExprType.TEXT:
        case ExprType.BINARY:
        case ExprType.TERTIARY:
            analyseExprs(expr.segs);
            break;

        case ExprType.INTERP:
            refs = analyseExprDataHotspot(expr.expr);

            each(expr.filters, function (filter) {
                analyseExprs(filter.name.paths);
                analyseExprs(filter.args);
            });

            break;

        case ExprType.CALL:
            analyseExprs(expr.name.paths);
            analyseExprs(expr.args);
            break;

        case ExprType.ARRAY:
        case ExprType.OBJECT:
            for (var i = 0; i < expr.items.length; i++) {
                refs = refs.concat(analyseExprDataHotspot(expr.items[i].expr));
            }
            break;
    }

    return refs;
}
```

至此，我们就实现了对 ANode 的预热工作。接下来我们将一起利用预热得到的信息，在数据发生变化时快速遍历 ANode 树，找到需要更新的节点。

3.2.4 节点遍历中断

当具体实现节点遍历中断时，我们在 `Element.prototype._update` 函数中增加以下内容：

```
Element.prototype._update = function (changes) {
    var dataHotspot = this.aNode.hotspot.data;
    if (dataHotspot && changesIsInDataRef(changes, dataHotspot)) {
        // ...
    }
};
```

我们使用 `changesIsInDataRef` 函数来对比数据变化信息与预热信息，它的实现比较简单，这里不再赘述。

有了节点遍历中断的机制，`title` 数据修改引起视图变更的遍历过程如图 3-10 所示。图中浅灰色的遍历被提前中断了，这些节点不再需要被遍历。

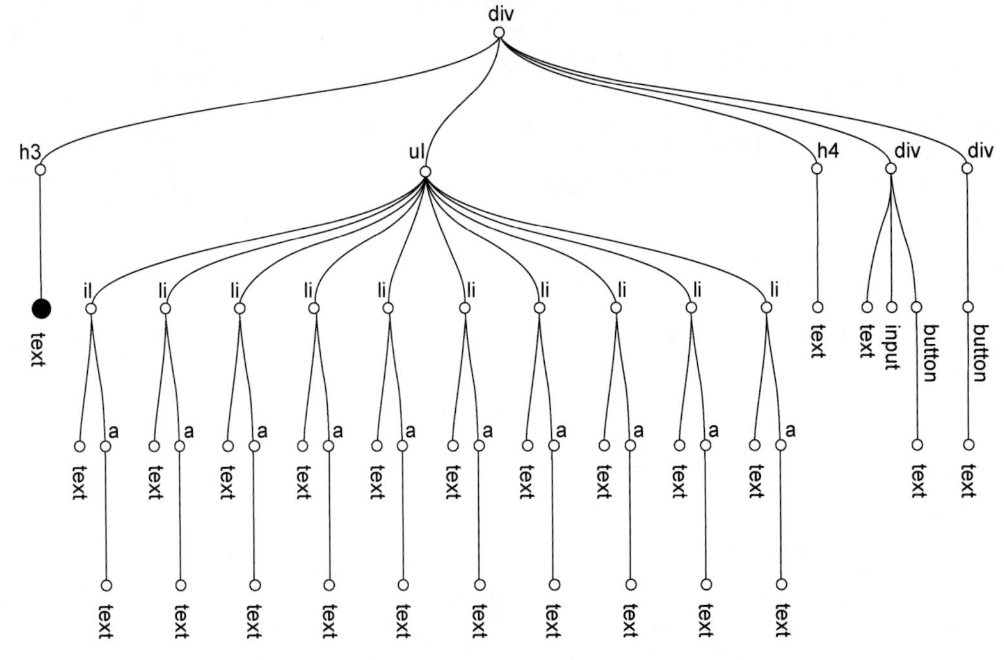

图 3-10　引入提前中断机制后，视图刷新时遍历到的节点

这一优化过程其实与 React 中的 `shouldComponentUpdate`（详情可参考 React 的官方文档“`shouldComponentUpdate` in Action”）十分类似，但 `template` 相对于 JSX 的一个好处就是，它对数据的引用形式是固定的，使得我们可以通过预编译的手段进行一些优化。JSX 的语法因为过于灵活，无法直接解析分析，所以实现类似的优化比较困难。

3.3　数据及其更新

目前，我们的框架通过监听的方式实现了对数据变化的响应，并且通过依赖收集等方式实现了在数据发生变化时对视图的更新。此外，为了获得更好的性能，我们还通过对节点树的预处理简化了视图更新过程。至此，我们就实现了基础的数据响应更新逻辑。但想让框架更加易用，还需要有多种形式的数据供用户使用。本节将继续对组件中的数据进行学习。我们首先学习组件中数据的 3 种形式，之后讨论如何进行数据的校验。在过程中，我们除了学习这些概念，也会一起来探究其实现原理。

3.3.1 数据定义

我们来一起来学习组件中的数据是如何存在的。在组件层面，虽然数据都存放于 Data 类的实例中，但从易用性考虑，我们通常需要提供 3 种类型的数据机制：initData、props 和 computed。

首先是 initData 方法。通过定义 initData 方法，我们可以使开发者在定义组件时指定组件初始化时的数据。initData 方法返回组件实例的初始化数据：

```
san.defineComponent({
    initData: function () {
        return {
            width: 200,
            top: 100,
            left: -1000
        };
    }
});
```

这里需要注意，尽管我们执行 initData 最终获取的是一个对象形式的数据，但是 initData 强制开发者将其写成函数形式。这是因为同一个组件可能会被创建多次，我们需要保证每个组件的 initData 返回值是一个单独的实例，否则同一个组件的不同实例就会共用同一份初始数据。

这个 initData 该如何实现呢？其实，我们在之前组件类的初始化函数中已经实现了 initData：

```
/**
 * 组件类
 *
 * @class
 * @param {Object} options  初始化参数
 */
function Component(options) { // eslint-disable-line
    // 初始化 data
    var initData = extend(
        typeof this.initData === 'function' && this.initData() || {},
        options.data
    );

    this.data = new Data(initData);
    this._initDataChanger();
}
```

我们在组件初始化时会判断 initData 是否是一个函数：是函数时执行它得到初始化数据，否则使用一个空对象进行兜底。

之后，就是父组件传递给子组件的数据，我们将其称为 props。props 与事件都是组件间通信的重要组成部分，其使用方式如下：

```
var Child = san.defineComponent({
  template: `<div>{{p}}</div>`,
});
```

```
var MyApp = san.defineComponent({
  template: `<div>
    <child p="aaa"><child>
  </div>`,
  components: {
    Child
  }
});
```

在这个例子中，我们创建了一个子组件 Child 和一个父组件 MyApp，并在父组件 MyApp 中声明了对子组件的引用，之后给子组件传递了 p 这个 props 中的属性。在子组件中，则直接将 p 渲染了出来。

在实现 props 时，我们需要思考以下两个问题。

- props 和 initData，哪个优先级更高？
- 是否需要在子组件中显式声明 props？

对于第一个问题，我们选择使 props 的优先级高于 initData，这样可以把 initData 作为一个默认值，而 props 则可以覆盖该值。

对于第二个问题，我们是否需要子组件显式地声明 props 呢？如果子组件显式地声明 props，该子组件需要在编写时增加一个 props 选项，在其中声明该组件会用到的参数，该子组件就只会接收声明过的 props。这么做的好处是子组件需要用到的所有 props 都直接可见、较为清晰，也可以避免子组件使用一些预期不会被修改的数据。不过，这样做也失去了一定的灵活性。当选择不需要子组件声明 props 时，则可以使父组件在操作子组件时有更大的灵活性，使用起来也较为简单。

这里选择 props 的优先级更高且不需要在子组件中声明 props 的形式来实现。当父组件给子组件传递数据时，这些 props 信息需要在 Component 初始化时使用 options 进行传递。第 2 章讲过，在创建子组件时，我们会将父组件和子组件对应的 aNode 传递给子组件。

```
createNode(childANode, this, this.data, this)
```

根据 childANode 上的信息，我们就可以得到绑定在子组件上的键及对应表达式的值了。那么如何根据表达式得到传递给子组件的值是什么呢？答案就是根据表达式，从父组件实例上获取对应的数据。

```
if (this.binds && this.scope) {
  for (var i = 0, l = this.binds.length; i < l; i++) {
    var bindInfo = this.binds[i];

    var value = evalExpr(bindInfo.expr, this.scope, this.owner);
    if (typeof value !== 'undefined') {
```

```
      initData[bindInfo.name] = value;
    }
  }
}
```

我们遍历所有的 binds（传递给组件的信息），执行 evalExpr 方法根据具体的表达式和父组件数据来获取 props 值，再将其赋值在 initData 上。我们将这个方法放在 initData 执行之后，这样就使得 props 的优先级高于 initData。当出现重名时，props 会覆盖之前的 initData 值。

在这 3 种数据类型中，最后一个就是计算数据 computed 了。使用 computed 可以定义计算数据，它用于处理数据项的值由其他数据项计算得来的情况。computed 是一个对象，其中 key 为计算数据项的名称，value 是返回数据项值的函数。

```
san.defineComponent({
    template: '<a>{{name}}</a>',

    // name 数据项由 firstName 和 lastName 计算得来
    computed: {
        name: function () {
            return this.data.get('firstName') + ' ' + this.data.get('lastName');
        }
    }
});
```

在上面的例子中，name 数据项是计算数据，其值由 firstName 和 lastName 计算得来。

如何实现 computed 呢？我们首先想到的还是组件的构造函数，initData 和 props 都是在这个函数中处理的，computed 也不例外。

```
this.computedDeps = {};
for (var expr in this.computed) {
  if (this.computed.hasOwnProperty(expr) && !this.computedDeps[expr]) {
    this._calcComputed(expr);
  }
}
```

我们首先定义了一个 computedDeps 对象，它有两个功能。

- 记录 computed 的初始化情况。当 computedDeps 中不包含某一个 computed 的名称时，表示该 computed 还未初始化。
- 记录某一个 computed 的依赖情况。需要对这些依赖进行 watch 操作。

之后遍历 this.computed 上的键，当这个键是 this.computed 上的属性（this.computed.hasOwnProperty(expr)）且没有初始化（!this.computedDeps[expr]）时，调用 this._calcComputed 方法来计算该键对应的值。

在初始化 computed 的过程中，computed A 可能依赖于 computed B，那么这时候我们就需要先得到 B 的值，才能计算出 A 的值。这就是为什么我们需要通过 this.computedDeps 来过滤掉已经初始化的 computed。

_calcComputed 该如何实现呢？需要做以下事情。

- 计算当前 computed 的值。
- 对于 computed 函数中用到的值，需要增加 watch 方法，以便在这些值变化时，更新对应的 computed。

那么问题来了：如何获取 computed 函数中使用了哪些值呢？我们再来看一下之前的一个例子：

```
san.defineComponent({
    template: '<a>{{name}}</a>',

    // name 数据项由 firstName 和 lastName 计算得来
    computed: {
        name: function () {
            return this.data.get('firstName') + ' ' + this.data.get('lastName');
        }
    }
});
```

我们需要处理的就是 this.data 上的这些值。一个可行的想法是从 this 下手，改变 this 的指向，并增加一个钩子函数，在其中拦截 data 的访问进行处理。在计算 computed 的值 A 时，我们使用自定义的 this 来执行 A 对应的 computed 函数。当在函数中访问 this.data 上的值，比如 B 时，就会被拦截。这样我们就知道了 computed A 依赖值 B。此时，如果 B 是另一个 computed，则需要再次调用_calcComputed 计算 B 的值，还需要对 B 增加 watch 方法，在 B 发生变化时更新 A 的值。于是就得到了_calcComputed 的实现：

```
/**
 * 计算 computed 属性的值
 *
 * @private
 * @param {string} computedExpr  computed 表达式串
 */
Component.prototype._calcComputed = function (computedExpr) {
    var computedDeps = this.computedDeps[computedExpr];
    if (!computedDeps) {
        computedDeps = this.computedDeps[computedExpr] = {};
    }

    var me = this;
    this.data.set(computedExpr, this.computed[computedExpr].call({
        data: {
            get: function (expr) {
                if (!computedDeps[expr]) {
                    computedDeps[expr] = 1;
```

```
                    if (me.computed[expr] && !me.computedDeps[expr]) {
                        me._calcComputed(expr);
                    }

                    me.watch(expr, function () {
                        me._calcComputed(computedExpr);
                    });
                }

                return me.data.get(expr);
            }
        }
    }));
};
```

我们首先从 this.computedDeps 获取当前 computedExpr 对应的 computedDeps，并按需将它初始化为空对象。之后通过.call 的形式调用 this.computed[computedExpr]来修改 this 的指向。

这里将 this 修改为一个自定义对象，对象中只有一个 data 属性，并且定义了 data 上的 get 方法。这样，当在 computed 函数中通过 this.data.get 方法获取 data 上的值时，就可以进行拦截处理了。

当 computed 对应的函数执行，通过 this.data 获取数据时，我们会首先判断该数据是否已经处理过了（if (!computedDeps[expr])）。如果没有处理过，则首先判断该数据是否是一个 computed 并且没有初始化过；如果已处理，则调用_calcComputed 函数初始化这个值。之后，调用 watch 方法增加对该数据的监听，当数据发生变化时再次调用_calcComputed 函数更新 computed 的值。最后，调用原始的 data.get 方法，获取所需的数据进行返回。注意，这里我们用到了 watch 方法，该方法用于监听 data 中某个表达式对应值的变化。当这个值发生变化时，执行回调函数。

watch 方法的实现依赖的是 Data 类中的 listen 方法，我们通过调用 data.listen 方法来监听 data 的变化，之后对比数据中相应字段的值来判断是否发生了变化，当变化时调用回调函数进行处理。

```
/**
 * 监听组件的数据变化
 *
 * @param {string} dataName  变化的数据项
 * @param {Function} listener  监听函数
 */
Component.prototype.watch = function (dataName, listener) {
    var dataExpr = parseExpr(dataName);

    this.data.listen(bind(function (change) {
        if (changeExprCompare(change.expr, dataExpr, this.data)) {
            listener.call(this, evalExpr(dataExpr, this.data, this), change);
        }
```

```
    }, this));
};
```

在我们调用 this.computed[computedExpr]获取数据结果之后，就可以调用 data.set 方法将结果赋值给 data 了。至此，我们的_calcComputed 函数就完成了。

以上就是我们在组件使用过程中会遇到的 3 种数据类型以及它们的简单实现。这 3 种数据的值都可以在组件中使用 this.data.get 方法来获取。组件自身定义的数据存储在该组件的 data 中，可以通过对齐进行修改，从而改变当前组件及其子组件的视图。从父组件传入的数据也可以从 data 中获取，但我们通常只是通过 data 来使用这个数据。如果要修改从父组件传入的数据，虽然也可以在组件中通过 data 直接修改，但是并不推荐，正确的做法是到该数据初始化的地方去修改。

此外，data 数据应当是字符串、数、数组、原生对象这样的纯数据，而不应为正则表达式、纯函数等。如果需要正则表达式、纯函数等内容，则推荐从外部引入，或者将其作为组件的方法。一个例外是将 data 传递给子组件，此时是可以将正则表达式、纯函数等放在 data 中的。例如在表单组件中，可以在业务层自定义验证方法并传入子组件使用。

在我们使用数据的过程中，可能会对组件的类型有所要求。例如，我们编写了一个组件，希望这个组件接收特定类型的数据。当然，可以通过“约定”的形式来告诉组件使用方我们需要的数据类型，但这种方式可靠性不足。如果框架能够提供一种机制来进行数据的校验，则可以提高应用整体的稳定性。接下来，我们将一起为框架添加数据校验机制。

3.3.2　数据校验

数据校验机制可以给组件的 data 指定校验规则，当输入组件的数据不符合规则时，框架会抛出异常，通知开发者，从而避免一些在开发阶段就能发现的数据类型问题。当组件进行共享时，数据校验机制非常有用。

数据校验机制由两部分组成：一部分是数据类型的声明，也就是在组件中对需要校验的数据进行声明，指定它们对应的类型信息；另一部分则是在框架运行中根据第一部分中指定的类型信息对数据的类型进行检查，当类型不符时抛出异常。

对于数据类型声明，我们提供一个 DataTypes 对象用于进行类型的标记：

```
import san, {DataTypes} from 'san';

let MyComponent = san.defineComponent({
    dataTypes: {
        name: DataTypes.string
    }
});
```

DataTypes 提供了一系列类型属性，可以用来对组件中的数据类型进行标注，保证组件得到的数据是符合预期的。在上面的例子中，我们使用了 DataTypes.string 来将 data 中 name 字段的类型标记为字符串。当 name 字段得到一个无效的数据值时，框架就会识别出来并抛出异常。

为了灵活地标注数据类型，我们的 DataTypes 需要提供多种属性来支持各种类型。首先是类似于 DataTypes.string 这样的 JavaScript 原生类型：

```
dataTypes: {
    optionalArray: DataTypes.array,
    optionalBool: DataTypes.bool,
    optionalFunc: DataTypes.func,
    optionalNumber: DataTypes.number,
    optionalObject: DataTypes.object,
    optionalString: DataTypes.string,
    optionalSymbol: DataTypes.symbol
}
```

在之前 props 的实现中，我们选择了非声明式，也就是不用在组件内对需要的 props 进行声明，父组件可以传递任意值给子组件。这对我们的类型检查有两点影响：第一，由于组件内没有 props 的声明，因此我们的类型信息需要存放在一个单独的位置，这里选择将其放在组件的 dataTypes 属性上；第二，我们默认所有 props 都是可选的，因此即使进行了类型声明，我们也认为这个值是可以不传的，不会报错。

除了 JavaScript 原生类型，我们还需要支持一些更加复杂的类型，从而满足多种类型校验需求。例如，我们使用 DataTypes.instanceOf 来指定传入的参数是某个类的实例：

```
dataTypes: {
    optionalMessage: DataTypes.instanceOf(Message)
}
```

对于枚举值，则使用 DataTypes.oneOf 方法：

```
dataTypes: {
      optionalEnum: DataTypes.oneOf(['News', 'Photos'])
}
```

DataTypes.oneOfType 用于指定数据属于某几种类型之一：

```
dataTypes: {
      optionalUnion: DataTypes.oneOfType([
        DataTypes.string,
        DataTypes.number,
        DataTypes.instanceOf(Message)
    ]),
}
```

还可以对数组以及对象中的值进行校验：

```
dataTypes: {
    // 数组中每个元素都必须是指定的类型
    optionalArrayOf: DataTypes.arrayOf(DataTypes.number),

    // 对象的所有属性值都必须是指定的类型
    optionalObjectOf: DataTypes.objectOf(DataTypes.number),

    // 具有特定形状的对象
    optionalObjectWithShape: DataTypes.shape({
        color: DataTypes.string,
        fontSize: DataTypes.number
    })
}
```

前面提到，我们默认所有类型声明都是可选的。因此还需要提供一种方式来声明必选字段：

```
dataTypes: {
    // 以上所有校验器都拥有 isRequired 方法，来确保此数据必须被提供
    requiredFunc: DataTypes.func.isRequired,
    requiredObject: DataTypes.shape({
        color: DataTypes.string
    }).isRequired,

    // 一个必需但可以是任意类型的数据
    requiredAny: DataTypes.any.isRequired
}
```

我们又在每个类型属性后面增加了 `isRequired` 属性，使用该属性可以将数据在类型之外声明为必选的。

我们虽然无法实现像 TypeScript 一样复杂的类型系统，但以上这些已经可以支持绝大部分的校验功能了。不过，用户的需求是无穷的，使用 `DataTypes` 中的属性难免有无法满足的类型校验需求。为了解决这个问题，我们还需要支持自定义校验：

```
dataTypes: {
    customProp: function (props, propName, componentName) {
        if (!/matchme/.test(props[propName])) {
            throw new Error(
                'Invalid prop `' + propName + '` supplied to' +
                ' `' + componentName + '`. Validation failed.'
            );
        }
    }
}
```

当类型信息是一个函数时，我们在校验时执行它，用户通过这个自定义的函数来自行校验，并在失败时抛出一个异常。

以上就是类型校验的类型标注部分，接下来就需要实现框架执行过程中的数据类型校验了。在实现中，`DataTypes` 中的这些属性不仅起到标记数据类型的作用，而且像自定义校验一样，以函

数形式实现了对应类型的校验。这样，我们需要做的就是在框架的运行过程中，执行在 dataTypes 中定义的这些函数进行类型校验。

在框架的运行过程中，有两个阶段需要进行数据的类型校验：一是在组件初始化时，我们需要在数据初始化完成后进行数据的校验；二是在数据发生变化时进行数据校验，判断修改后的数据类型是否正确。对于组件初始化时的类型校验，还是需要在 Component 类的构造函数中实现：

```
var dataTypes = this.dataTypes || clazz.dataTypes;
if (dataTypes) {
    var dataTypeChecker = createDataTypesChecker(
    dataTypes,
        this.name || clazz.name
    );
    this.data.setTypeChecker(dataTypeChecker);
    this.data.checkDataTypes();
}
```

首先获取组件上的 dataTypes 定义。当 dataTypes 存在时，表明该组件定义了类型信息，需要进行类型校验。之后使用 createDataTypesChecker 函数来根据组件上的 dataTypes 属性创建一个类型检查函数。然后调用 data.setTypeChecker 方法给 data 设置这个类型检查函数，并调用 data.checkDataTypes 进行类型检查。

这里多了一个 createDataTypesChecker 函数，因为组件上的 dataTypes 属性是一个对象，而我们需要将其转换为一个函数，在这个函数中根据组件 dataTypes 中定义的类型检查函数进行类型检查。因此，createDataTypesChecker 函数做的事情很简单，主要就是遍历 dataTypes，并逐个调用：

```
function createDataTypesChecker(dataTypes, componentName) {

    /**
     * 校验 data 是否满足 dataTypes 的格式
     *
     * @param  {*} data  数据
     */
    return function (data) {
        for (var dataTypeName in dataTypes) {
            if (dataTypes.hasOwnProperty(dataTypeName)) {

                var dataTypeChecker = dataTypes[dataTypeName];

                if (typeof dataTypeChecker !== 'function') {
                    throw new Error('[SAN ERROR] '
                        + componentName + ':' + dataTypeName + ' is invalid; '
                        + 'it must be a function, usually from san.DataTypes'
                    );
                }

                dataTypeChecker(
```

```
                    data,
                    dataTypeName,
                    componentName,
                    dataTypeName
                );
            }
        }
    };
}
```

在调用 dataTypes 中定义的函数之前，我们首先判断了 dataTypes 所对应 key 的值是否是一个函数，以防错误的 dataTypes 定义。

除了 createDataTypesChecker 之外，我们还引入了 data.setTypeChecker 和 data.checkDataTypes。Data 类上的这两个方法做的事情也比较简单，data.setTypeChecker 方法用于设置 Data 类上的 typeChecker 属性，而 data.checkDataTypes 则执行这个 typeChecker 来进行数据类型检查。

```
/**
 * DataTypes 检测
 */
Data.prototype.checkDataTypes = function () {
    if (this.typeChecker) {
        this.typeChecker(this.raw);
    }
};

/**
 * 设置 typeChecker
 *
 * @param  {Function} typeChecker  类型校验器
 */
Data.prototype.setTypeChecker = function (typeChecker) {
    this.typeChecker = typeChecker;
};
```

看上去似乎有些烦琐，不过之所以单独设置一个 typeChecker 属性，是因为我们希望能多次调用 checkDataTypes 方法，此时记录下 typeChecker 就十分重要了。

除了组件初始化阶段，我们还需要在数据发生变化时进行类型校验。对于如何知道数据发生了变化，我们已经轻车熟路了：直接找到 Data 类的 set 方法，并在最后加入数据校验逻辑。这里只需要执行 Data.prototype.checkDataTypes 方法就可以了：

```
/**
 * 设置数据项
 *
 * @param {string|Object} expr  数据项路径
 * @param {*} value  数据值
 * @param {Object=} option  设置参数
 * @param {boolean} option.silent  静默设置，不触发变更事件
 */
```

```
Data.prototype.set = function (expr, value, option) {

    // ...

    this.checkDataTypes();
};
```

别忘了还有数组的相关处理方法，如 splice、push 和 pop 等。不过由于我们已经将这些数组方法都“收敛”到了 splice 中，所以只需要在 Data.prototype.splice 中执行 Data.prototype.checkDataTypes 方法就可以了。

最后，我们还需要考虑类型校验在实际执行过程中对性能的影响。加入类型校验后，不论是组件初始化还是数据发生变化，都需要执行类型校验函数。如果类型校验函数很多，则会显著影响框架的性能。因此，在生产环境中，我们一般不需要这些类型校验信息。我们需要一个开关，使类型校验只在线下开发环境中生效。

到目前为止，我们已经有了一个数据支持完好的框架，它可以满足大多数业务类型的开发工作。不过，当业务越来越复杂、数据越来越丰富之后，现有的功能使用起来还是有些捉襟见肘。为了支持复杂应用的开发工作，大多数框架会引入状态管理机制，通过统一的机制管理应用的状态。这么好的功能，我们的框架当然不能没有，下面就来学习状态管理功能吧。

3.4　状态管理

3.4.1　为什么要进行状态管理

3.3 节实现了组件间的数据传递：父组件将数据传递给子组件，子组件通过事件与父组件进行通信。这目前看上去可能不错，但当我们的应用规模越来越大、组件越来越多时，事情就会变得复杂——所有的数据传递和通信都是在组件中自行实现的，而自己在组件里完成所有事情，就意味着你需要自己管理应用状态。经验丰富的开发人员能够凭借设计经验和直觉让应用保持良构，但在不断的迭代与新需求开发过程中，他们需要持续思考和回答以下问题。

- 应用状态数据保存在一个顶层组件中还是分散在各个组件内？
- 应用状态数据怎么下发给需要使用它的组件？
- 某个子组件区域的应用状态是否需要和外部绝缘？
- 如何更新应用状态数据？通过双向绑定还是消息通知？
- 如何将更深层次组件的交互行为通知给保存应用状态的组件用于更新？

于是，我们很容易把应用做成如图 3-11 所示的样子。

- 数据的更新流自顶向下。

- 底层组件的用户交互通过双向绑定更新到上层组件，上层组件刷新所有子组件的视图，同时通过双向绑定继续向上更新。
- 底层组件的用户交互通过消息向上传递，顶层组件处理消息，更新自身状态数据，然后自顶向下更新。

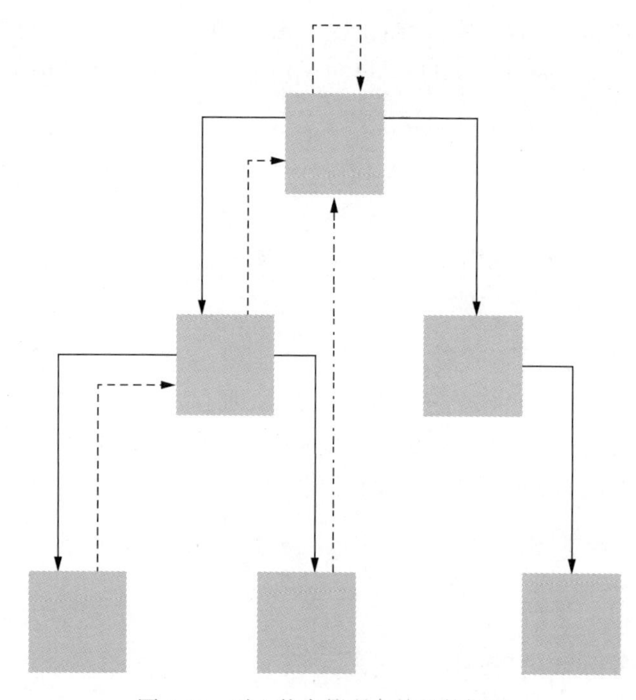

图 3-11　引入状态管理之前的数据流

我们看到，向下的数据更新流、向上的更新流以及消息流是夹杂在一起的。如果管理得当，这样做其实并没有什么问题。但你需要小心翼翼地在不断增加的需求中维护应用的消息流转，需要清醒地认识到每一个操作带来的状态变更最终将更新到哪个组件，再由它下发。是不是觉得很累？

为了更好地对应用的状态进行管理，需要引入一种新的机制来专门处理应用的状态，我们称其为 store。我们将使用目前业界常用的状态管理理念来实现 store：

- 单向流；
- 全局唯一的应用状态源；
- 状态更新模式单一，不能通过 store 直接更新应用状态。

那么应用了以上理念后，我们的应用状态流转会有什么变化呢？

从图 3-12 可以看到，我们的应用状态流转清晰了很多。

- 所有的应用状态保存在 store 中。
- 用户交互的唯一出口只有 `dispatch`（分发）action，不是更新双向绑定的上层组件，也不是向上派发的消息。
- `dispatch` action 带来的应用状态变更，将更新对应的组件。

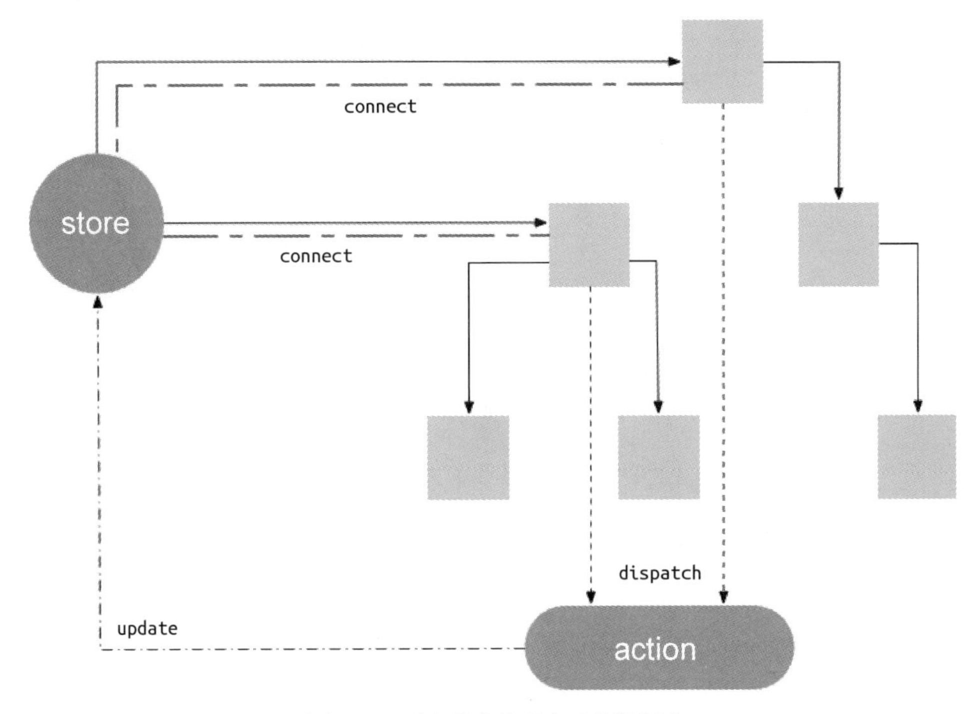

图 3-12 引入状态管理之后的数据流

从图 3-12 中可以看到，组件树上的流将变得清晰，只有自顶向下的更新流。

这里有必要说明，store 并不适合所有的场景。只有当应用足够大时，统一应用状态管理带来的维护上的便利性才会逐渐显现出来。如果你只是开发一个小系统，并且预期不会有陆续的新需求，那么并不推荐你使用它。大多数增加可维护性的手段意味着拆分代码到多处，这意味着你没有办法在实现一个功能的时候一路畅快淋漓，也意味着开发成本可能会上升。

3.4.2 基础使用

理解了为什么要通过 store 来管理状态，以及 store 的实现理念后，接下来就需要设计 store 具体的使用方式了，也就是它的 API。

再来回顾一下在使用 store 时，状态是如何流转的（见图 3-13）。

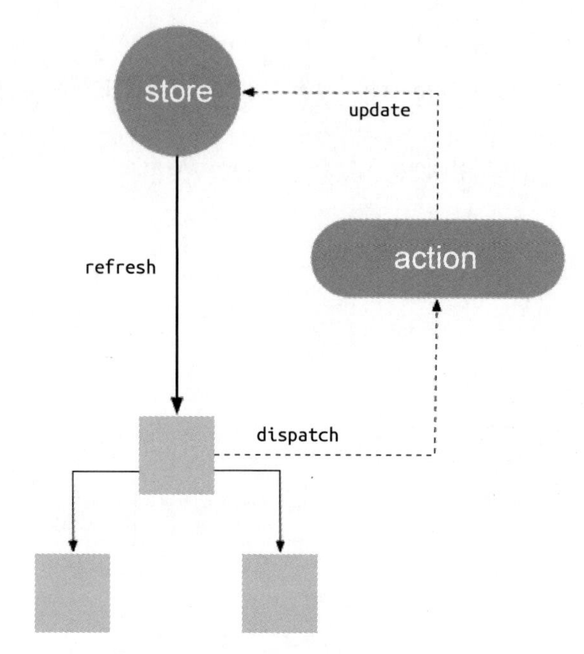

图 3-13　引入状态管理后数据的流转

store 用于存储应用的所有状态，当它的状态发生变化时，会通知视图进行刷新。当视图中有用户交互触发事件时，会调用 `dispatch` 方法触发 action，并在 action 中进行状态的更新（`update`），从而更新 store 中的应用状态。那么我们需要设计的大致有 3 个部分：

- store 与视图的绑定 API；
- 视图触发 `dispatch` 所调用的 API；
- 创建 action 以及 action 中更新状态所需的 API。

首先是将 store 与视图绑定，也就是把应用状态中的部分数据输出到视图中进行渲染。这里需要一个映射绑定，将组件中的数据名称与 store 中的值进行对应。我们引入一个 `connect` 方法，使用它将 store 和组件进行连接：

- 通过 `connect.san` 方法创建一个连接（`connect`）组件的函数；
- 调用这个函数对组件进行连接。

```
import {store, connect} from 'san-store';

let connector = connect.san(
    {name: 'user.name'}
);
let NewUserNameEditor = connector(UserNameEditor);
```

在这个例子中，我们通过 `connnect.san` 方法创建了一个 `connector`，它将应用状态中的

`user.name` 映射为了组件中的数据 `name`。`connector` 本身是一个函数，将我们的组件传入，即可将数据新增到组件中。由于通常只需要对当前声明的组件进行连接，因此可以将上面例子中的代码合并为一句：

```
let UserNameEditor = connect.san(
    {name: 'user.name'}
)(san.defineComponent({
    // ...
}));
```

除了 store 中的应用状态数据，我们还需要将 action 绑定在组件中，这样组件才可以在事件触发时调用 action 来更新应用状态。我们可以使用与数据映射类似的方法，将 action 方法也映射绑定到组件中。

```
import {store, connect} from 'san-store';

let UserNameEditor = connect.san(
    {name: 'user.name'},
    {change: 'changeUserName'}
)(san.defineComponent({
    submit() {
        // 通过 mapActions，可以把 dispatch action 简化成组件自身的方法调用
        // store.dispatch('changeUserName', this.data.get('name'));
        this.actions.change(this.data.get('name'));
    }
}));
```

在上面的例子中，我们将名称为 `changeUserName` 的 action 以 `change` 为名称映射到组件中。之后可以在组件中使用以 `this.actions` 的形式调用映射过来的 action。

最后就是如何创建 action 以及如何在 action 中更新数据了。我们通过 `addAction` 方法来为 store 添加 action。action 是一个函数，在同一个 store 内具有唯一名称，是更新 store 内状态的唯一入口。

```
store.addAction('changeUserName', function (name) {
    // ...
});
```

定义了 action，组件就可以通过 `dispatch` 方法根据名称来调用 action 了。

```
// 通过名称 dispatch
store.dispatch('changeUserName', 'erik');
```

前面我们已经了解到，根据状态管理的思想，action 应当是业务组件的唯一出口：当有用户操作等需要改变应用状态的事件时，就应该通过 `dispatch` 触发 action 修改应用状态。那么 action 内部应该如何实现呢？一个 action 应当接收一个用于表示事件信息的 `payload`，之后返回数据更新信息，store 会根据返回的数据更新信息来对应用状态进行更新。

```
import {builder} from 'san-update';
```

```
store.addAction('changeUserName', function (name) {
    return builder().set('user.name', name);
});

// 通过名称 dispatch
store.dispatch('changeUserName', 'erik');
```

可以看到，数据并不是直接在 action 中修改的，而是根据 action 的返回值来修改的。action 的返回值表示的是数据更新信息，也就是当前 action 希望怎样修改数据。这么做的好处是，我们使用声明式的语法代替指令式的语法，简化了数据修改的书写复杂度。以不可变的方式修改数据实现起来十分复杂，但根据声明式的数据更新信息，我们就可以通过工具以不可变的形式修改数据，这也使得 action 的书写更加简化了。

基于以上原因，我们需要提供两种功能用于更新数据：首先，需要一个方法来声明式地创建数据更新信息；然后，需要根据这些数据更新信息，以**不可变**的形式更新数据。我们将实现一个叫作 san-update 的库来提供这两个功能。我们通过 san-update 提供一个 `builder` 方法，来构建数据更新信息。通过 `builder`，可以定义一系列数据更新操作。我们将在 3.4.4 节介绍 san-update。先来看看在我们的设计中，san-update 是如何使用的。

在开发过程中，我们可能还需要在 action 中获取应用的状态，可以通过 action 中的第二个参数来提供这一信息。action 的第二个参数是一个对象，其中的 `getState` 方法可以用于获取当前 store 中的应用状态。

```
import {builder} from 'san-update';

store.addAction('initCount', function (count, {getState}) {
    if (getState('count') == null) {
        return builder().set('count', count);
    }
});

store.dispatch('initCount', 10);
```

上述 action 都通过同步返回 `builder` 的方法来修改应用的状态，但它们无法处理异步的场景。我们经常会遇到请求数据、返回并更新应用状态的异步场景，需要设计一种方式来支持异步地更新应用状态。我们可以通过 action 的返回值来判断 action 的类型，从而进行不同的操作：

- 当返回一个 Promise 时，当前 action 为异步的；
- 当返回一个 `builder` 或什么都不返回时，当前 action 为同步的。

```
store.addAction('addArticle', function (article) {
    return axios.post(url, article);
});
```

以上就是我们的 san-store 需要实现的功能以及 API 了，用户可以在 store 中添加 action，之后通过 connect 方法将 store 内的数据和 action 映射到组件内部，最后通过分发 action 的方法来进行应用状态的修改。

接下来，我们将根据当前设计的这些功能，动手实现 san-store，并在最后通过一个具体的例子来探究在使用 san-store 时数据响应流程、视图渲染发生的变化。

3.4.3 san-store 的实现原理

我们可以将 san-store 拆解为两个部分：一部分为 Store 类，用于存储数据并提供 addAction、dispatch 等方法；另一部分为 connector，用于将 store 中的数据、action 方法绑定在 San 实例上。

首先来看 Store 类的实现，它需要提供以下方法：

```
/**
 * Store 类，应用状态数据的容器
 *
 * @class
 */
export default class Store {
    /**
     * 构造函数
     *
     * @param {Object?} options  初始化参数
     * @param {Object?} options.initData  容器的初始化数据
     * @param {Object?} options.actions  容器的 action 函数集合
     * @param {boolean?} options.log  是否记录日志
     */
    constructor(
        {
            initData = {},
            actions = {},
            log = false,
            name
        } = {}
    ) {}

    /**
     * 获取 state
     *
     * @param {string} name  state 名称
     * @return {*}
     */
    getState(name) {}

    /**
     * 监听 store 数据变化
     *
     * @param {Function} listener  监听器函数，接收 diff 对象
```

```
    */
    listen(listener) {}

    /**
     * 移除 store 数据变化监听器
     *
     * @param {Function} listener  监听器函数
     */
    unlisten(listener) {}

    /**
     * store 数据变化，触发所有 listener
     *
     * @private
     * @param {Array} diff  数据变更信息对象
     */
    _fire(diff) {}

    /**
     * 添加一个 action
     *
     * @param {string} name  action 名称
     * @param {Function} action  action 函数
     */
    addAction(name, action) {}

    /**
     * action 的 dispatch 入口
     *
     * @param {string} name  action 名称
     * @param {*} payload  payload
     */
    dispatch(name, payload) {}

    /**
     * 开始运行 action
     *
     * @param {string} id  action 的 id
     * @param {string} name  action 名称
     * @param {Function} action  action 函数
     * @param {*} payload  payload
     * @param {string?} parentId  父 action 的 id
     */
    _actionStart(id, name, action, payload, parentId) {}
}
```

创建 `Store` 实例后，可以调用 `addAction` 来添加 action，调用 `dispatch` 方法则会触发 `_actionStart` 方法执行 action。此外，San 实例还会通过 `listen` 方法添加对 store 中数据变化的监听，从而进行更新视图等操作。最后，可以调用 `getState` 方法获取 `Store` 实例中的数据值。

我们首先来实现 `constructor`：

```
/**
 * 构造函数
 *
 * @param {Object?} options  初始化参数
 * @param {Object?} options.initData  容器的初始化数据
 * @param {Object?} options.actions  容器的 action 函数集合
 */
constructor(
    {
        initData = {},
        actions = {},
    } = {}
) {
    this.raw = initData;
    this.actions = actions;
    this.listeners = [];
}
```

Store 的构造函数接收一个对象作为参数，其中有两个属性 initData 和 actions。initData 是 Store 实例的数据初始值，而 actions 属性则可以在 Store 实例创建时就添加一些 action。在 constructor 中，我们使用传入的属性对 raw 和 actions 分别进行初始化。raw 表示 Store 实例中的数据，而 actions 用来存储所有的 action。此外，我们还创建了 listeners 数组，用于存储所有的 listener，当数据发生变化时，则会依次调用。

之后就是 getState 方法：

```
/**
 * 获取 state
 *
 * @param {string} name  state 名称
 * @return {*}
 */
getState(name) {
    name = parseName(name);

    let value = this.raw;
    for (let i = 0, l = name.length; value != null && i < l; i++) {
        value = value[name[i]];
    }

    return value;
}
```

getState 方法接收一个表示 state 名称的数据路径，获取该路径对应的数据值。我们首先通过一个叫作 parseName 的函数来对 state 名称进行处理。parseName 函数对应的功能之前在实现 Data 类时在 set 方法中使用过，它解析字符串形式的 state 名称，返回一个数组形式的路径。之后我们通过 for 循环，根据这个路径找到对应的值并返回。

listen 和 unlisten 方法的实现较为简单：

```
/**
 * 监听 store 数据变化
 *
 * @param {Function} listener  监听器函数，接收 diff 对象
 */
listen(listener) {
    if (typeof listener === 'function') {
        this.listeners.push(listener);
    }
}

/**
 * 移除 store 数据变化监听器
 *
 * @param {Function} listener  监听器函数
 */
unlisten(listener) {
    let len = this.listeners.length;
    while (len--) {
        if (this.listeners[len] === listener){
            this.listeners.splice(len, 1);
        }
    }
}
```

由于我们通过一个数组来存储所有的 `listener`，因此这两个函数所做的事情就是从 `listeners` 数组中添加、删除元素。`listeners` 添加以后，当数据发生变化时，则需要通过 `_fire` 方法通知所有的 `listener`：

```
/**
 * 触发 store 数据变化
 *
 * @private
 * @param {Array} diff  数据变更信息对象
 */
_fire(diff) {
    this.listeners.forEach(listener => {
        listener.call(this, diff);
    });
}
```

这里我们遍历所有的 `listener`，以数据的变化信息 `diff` 作为参数依次调用它们。有了状态的获取，以及数据变化的监听，接下来就是最关键的增加 action、触发 action 以及执行 action 的 3 个函数了。添加 action 的方法是 `addAction`，它所做的事情比较简单，就是将 action 的名称作为索引，将 `action` 函数作为值，并存入 `this.actions` 中：

```
/**
 * 添加一个 action
 *
 * @param {string} name  action 名称
 * @param {Function} action  action 函数
 */
```

```
addAction(name, action) {
    if (typeof action !== 'function') {
        return;
    }

    if (this.actions[name]) {
        throw new Error('Action ' + name + ' exists!');
    }

    this.actions[name] = action;
}
```

在添加之前，我们还需要进行一些校验工作，当 action 不为函数或已经存在同名 action 时，进行相应的处理。

当应用中有事件发生时，可能需要改变应用的状态，此时可以通过 `dispatch` 方法触发 action 来修改数据。`dispatch` 方法要做的事情就是找到当前名称对应的 action，执行这个 action，并根据返回值：

- 更新 `Store` 实例中的数据；
- 调用 `_fire` 方法通知所有的监听器。

```
/**
 * action 的 dispatch 入口
 *
 * @private
 * @param {string} name  action 名称
 * @param {*} payload  payload
 */
dispatch(name, payload) {
    let action = this.actions[name];

    if (typeof action !== 'function') {
        return;
    }

    let actionReturn = this._actionStart(action, payload);


    let diff;
    if (actionReturn) {

        this.raw = actionReturn[0];
        diff = actionReturn[1];

    }

    if (diff) {
        this._fire(diff);
    }
}
```

dispatch 方法找到对应的 action 后，并不会直接执行，而是调用_actionStart 方法来执行。_actionStart 方法的返回值有两部分：第一部分为更新后的数据，第二部分为数据差异信息。我们直接将第一部分赋值给 this.raw 来更新当前的数据，之后以数据差异信息作为参数传递给_fire 方法，通知所有的监听器进行处理。可以发现，这与组件内部的 Data 对象是十分相似的。如果 store 中的数据变化对应了视图中的数据变化，就会通知视图进行更新。

最后就是_actionStart 方法了，我们已经知道该方法的作用是执行传入的 action，返回修改后的数据以及数据差异信息：

```
/**
 * 开始运行 action
 *
 * @param {string} id  action 的 id
 * @param {string} name  action 名称
 * @param {Function} action  action 函数
 * @param {*} payload  payload
 */
_actionStart(action, payload) {

    let returnValue = action.call(this, payload, {
        getState: this.getState,
        dispatch: (name, payload) => this.dispatch(name, payload)
    });

    if (returnValue != null && typeof returnValue.buildWithDiff === 'function') {
        let updateInfo = returnValue.buildWithDiff()(this.raw);
        return updateInfo;
    }
}
```

首先需要执行 action，将 payload 作为第一个参数。这里需要注意的是第二个参数，在我们的设计中，需要为 action 提供 getState 和 dispatch 方法。由于我们已经有了 getState 和 dispatch 方法的对应实现，直接传入即可。

那么 action 的返回值是什么呢？回看我们之前设计中的使用方法：

```
import {builder} from 'san-update';

store.addAction('changeUserName', function (name) {
    return builder().set('user.name', name);
});
```

action 执行后返回的是 san-update 库中对应方法执行后的结果。之前提到过，san-update 库调用之后会返回数据修改信息，我们将根据这一信息修改数据。由于数据修改信息与数据的具体修改高度相关，因此我们将其放在了一起。也就是说，builder 执行后的结果，除了含有数据修改信息外，还有具体的数据修改方法。这么做的一个好处是，用户可以自行实现自己的 san-update 库，只需要提供对应的 API 即可。

回到_actionStart 的实现。当 action 执行后，我们得到了 returnValue 方法。之后继续调用 returnValue 方法上的 buildWithDiff 方法，该方法的作用是生成对数据进行修改的函数。我们将原始数据传入执行，就可以得到修改后的数据。这个修改是以不可变的形式所做的，也就是说 this.raw 中的内容此时不会发生变化，我们得到的是一份新的数据。

至此，我们就实现了 Store 类，这只是一个较为简单的实现，有需要的话还可以增加更多的功能。例如，由于我们是使用不可变形式修改数据的，因此可以将每次数据的变化记录下来作为日志，方便回溯。同时，可以注意到在 action 中是可以继续调用 dispatch 方法来触发其他 action 的。也就是说，action 之间是有相互调用关系的，我们也可以尝试维护这些调用关系，来判断一个 action 是不是真正执行完毕了。这些功能在我们正式的 san-update 库中已有实现，感兴趣的读者可以查看参考。

在_actionStart 的实现中，我们可以发现，数据的修改以及差异信息的产出，都依赖 san-update 库。我们将在 3.4.4 节中介绍 san-update 库的实现。在此之前，要将 store 中的数据以及 action 绑定在组件中。

有了 Store 类，我们就可以完成诸如获取数据、增加 action、分发 action 等功能。但如果每次都直接通过 Store 类来操作，使用起来会比较复杂。更重要的是，我们在使用 store 中数据的组件时是没有订阅数据变化的。当数据发生变化时，组件视图不会进行相应的更新操作。我们通过 connector 来实现组件与 store 的绑定，从而降低在组件中使用 store 的复杂度。

先来回顾一下 connector 的使用方式：

```
import {store, connect} from 'san-store';

let UserNameEditor = connect.san(
    {name: 'user.name'},
    {change: 'changeUserName'}
)(san.defineComponent({
    submit() {
        // 通过 mapActions，可以把 dispatch action 简化成组件自身的方法调用
        // store.dispatch('changeUserName', this.data.get('name'));
        this.actions.change(this.data.get('name'));
    }
}));
```

我们调用 connect 上的 san 方法，传入了两个参数：第一个参数为数据的映射，第二个参数为 action 的映射。connect 上的 san 方法调用之后，得到的是一个新的函数。我们将组件类传入这个函数中，就完成了数据与 action 在组件上的映射。

这里的 connect.san 方法将默认的 store 进行了封装，内部通过统一的 createConnector 来实现 connector 的具体功能：

```
export let connect = {
    san: createConnector(store),
    createConnector
};
```

从 createConnector 方法的名字就可以看出，它的作用是创建一个 connector：

```
/**
 * createConnector 创建连接
 *
 * @param {Store} store  store 实例
 * @return {Function}
 */
export default function createConnector(store) {
    if (store instanceof Store) {
        return (mapStates, mapActions) => connect(mapStates, mapActions, store);
    }

    throw new Error(store + ' must be an instance of Store!');
}
```

这就是我们例子中使用的函数了。connector 是一个函数，它接收两个参数：mapStates 用于对数据进行映射绑定，而 mapActions 用于对 action 进行映射绑定。该函数内部的实现调用了 connect 方法。

这里再来回顾一下我们的例子：

```
import {store, connect} from 'san-store';

let UserNameEditor = connect.san(
    {name: 'user.name'},
    {change: 'changeUserName'}
)(san.defineComponent({
    submit() {
        // 通过 mapActions，可以把 dispatch action 简化成组件自身的方法调用
        // store.dispatch('changeUserName', this.data.get('name'));
        this.actions.change(this.data.get('name'));
    }
}));
```

它可以分为两个部分：一部分调用 connect.san 创建 connector，另一部分将组件类传入 connector 进行数据和 action 的绑定。

```
import {store, connect} from 'san-store';

let connector = connect.san(
    {name: 'user.name'},
    {change: 'changeUserName'}
);
let RawUserNameEditor = san.defineComponent({
    submit() {
        // 通过 mapActions，可以把 dispatch action 简化成组件自身的方法调用
```

```
        // store.dispatch('changeUserName', this.data.get('name'));
        this.actions.change(this.data.get('name'));
    }
});
let UserNameEditor = connector(RawUserNameEditor);
```

这里 connect.san 对应的就是我们调用 createConnector 之后的结果：

```
(mapStates, mapActions) => connect(mapStates, mapActions, store);
```

接下来就要实现具体的 connect 方法了。可以看出 connect 函数返回的结果应当还是一个函数，它接收一个组件类作为参数，将 mapStates 以及 mapActions 中的映射关系绑定在组件类中。从例子中可以看到，对于数据的映射，我们是直接放在 data 中的，而对于 action 的映射，我们在组件类中增加了 actions 属性，将映射到组件上的 action 名称复制在该属性下方便组件内调用：

```
this.actions.change(this.data.get('name'));
```

为了实现 connect 方法，我们需要思考如何将数据存入 data 以及如何在组件上增加 actions 属性。对于增加 actions 属性，可以直接将其赋值在组件类的原型上。为了不直接修改原始组件，这里通过 extends 在新类上增加 actions 属性即可。而在 data 上增加数据就要相对复杂一些了，因为 data 并不是组件类上的属性，而是在创建实例时通过 initData 等属性初始化得到的。因此，我们需要在组件的创建过程中实现 store 中数据的绑定工作。这时，一个直接的想法是将其实现在扩展（extends）出的新类的构造函数中。我们可以在构造函数中将 store 中的数据绑定在一个预定好的数据上，之后在组件的构造函数中初始化数据时合并入这些数据。但是这样的话，我们为了实现 store 机制，就不得不修改现有框架的组件初始化逻辑了，有没有更好的办法呢？还可以使用生命周期函数 inited！我们可以在新的类中增加 inited 函数，在 inited 函数中将 store 中的数据按照映射关系赋值给组件的 data。此外，我们还需要给 store 添加 listener，当 store 中的数据发生变化时，通知组件进行视图的更新。下面就是 connect 的具体实现了：

```
/**
 * San 组件的 connect
 *
 * @param {Object} mapStates  状态到组件数据的映射信息
 * @param {Object|Array?} mapActions  store 的 action 操作到组件 actions 方法的映射信息
 * @param {Store} store  指定的 store 实例
 * @return {function(ComponentClass)}
 */
function connect(mapStates, mapActions, store) {
    let mapStateInfo = [];

    for (let key in mapStates) {
        if (mapStates.hasOwnProperty(key)) {
            let mapState = mapStates[key];
            let mapInfo = {dataName: key};
            mapInfo.stateName = parseName(mapState);
```

```
            mapStateInfo.push(mapInfo);
        }
    }

    return function (ComponentClass) {
    };
}
```

首先，需要对 `mapStates` 中的参数进行解析，获取 `stateName` 和 `dataName`。回顾我们的数据映射写法`{name: 'user.name'}`，`name` 就是 `dataName`，表示赋值给组件 data 上的数据值。我们再次使用 `parseName` 方法来解析 `user.name`，得到 `stateName`，后面需要根据 `stateName` 从 store 中获取数据。我们将处理后的 `mapState` 以数组形式存储在局部变量 `mapStateInfo` 中。之后，返回一个函数作为 `connector`，它接收一个组件类，在组件类上进行相应的处理：

```
/**
 * San 组件的 connect
 *
 * @param {Object} mapStates  状态到组件数据的映射信息
 * @param {Object|Array?} mapActions  store 的 action 操作到组件 actions 方法的映射信息
 * @param {Store} store  指定的 store 实例
 * @return {function(ComponentClass)}
 */
function connect(mapStates, mapActions, store) {

    // ...

    return function (ComponentClass) {
        let componentProto;
        let ReturnTarget;
        let extProto;

        ReturnTarget = class extends ComponentClass {};
        componentProto = ComponentClass.prototype;
        extProto = ReturnTarget.prototype;

        let inited = componentProto.inited;
        let disposed = componentProto.disposed;

        extProto.inited = function () {
        };

        extProto.disposed = function () {
        };

        // map actions
        if (!extProto.actions) {
            // ...
        }

        return ReturnTarget;
    };
}
```

在返回的 connector 中，我们需要做 3 件事情。

- 通过 extends 的形式，得到一个新的组件类 ReturnTarget，并记录前后两个类的 prototype（原型）供后续操作使用。
- 在新增类 ReturnTarget 的 prototype 上增加 inited 和 disposed 钩子函数，进行数据映射处理，并需要在最后调用原始类 ComponentClass 上的 inited 和 disposed 钩子函数方法。
- 在新增类 ReturnTarget 的 prototype 上增加 actions 方法，将 store 中的 action 映射在该属性上。

第一步创建新类的过程我们已经实现了，接下来就是 inited 的实现：

```
extProto.inited = function () {
    // 初始化 data
    mapStateInfo.forEach(info => {
        this.data.set(info.dataName, store.getState(info.stateName));
    });

    // 监听 store 变化
    this.__storeListener = diff => {
        mapStateInfo.forEach(info => {
            let updateInfo = calcUpdateInfo(info, diff);
            if (updateInfo) {
                if (updateInfo.spliceArgs) {
                    this.data.splice(updateInfo.componentData, updateInfo.spliceArgs);
                }
                else {
                    this.data.set(updateInfo.componentData, store.getState(updateInfo.storeData));
                }
            }
        });
    };
    store.listen(this.__storeListener);

    if (typeof inited === 'function') {
        inited.call(this);
    }
};
```

我们遍历 mapStateInfo 数组，通过 store.getState 方法获取数据，然后通过 this.data.set 方法赋值给组件上的 data。此外，我们还需要创建一个 this._storeListener 方法，将其绑定在 store 的 listener 数组中。当 store 中的数据发生变化时，会调用 this._storeListener 方法。该方法会遍历所有的数据映射，通过 calcUpdateInfo 方法计算数据变化与映射的相关性，然后针对性地修改组件中对应的 data 值，从而触发组件视图的刷新。最后，由于我们新增的 inited 方法会覆盖原组件类 ComponentClass 上的方法，还需要再次调用 ComponentClass 上的 inited 方法，以防改变原始组件的行为。

除了 inited 方法外，我们还需要实现 disposed 方法。当组件销毁时，我们希望在 disposed

方法中取消组件对 store 中数据变化的监听，同时也需要防止覆盖原始组件类上的 disposed 方法：

```
extProto.disposed = function () {
    store.unlisten(this.__storeListener);
    this.__storeListener = null;

    if (typeof disposed === 'function') {
        disposed.call(this);
    }
};
```

最后，就是 action 的映射了。我们给新组件类 ReturnTarget 的 prototype extProto 上增加 actions 属性。之后遍历 mapActions 上的所有值，生成 store.dispath 的调用函数，一次赋值到 actions 属性上即可：

```
// mapActions
if (!extProto.actions) {
    extProto.actions = {};

    for (let key in mapActions) {
        let actionName = mapActions[key];
        extProto.actions[key] = function (payload) {
            return store.dispatch(actionName, payload);
        };
    }
}
```

以上就是我们的 connector 实现。我们通过 extends 方法扩展了一个新的类，并通过 inited 钩子函数将 store 中的数据映射到组件的 data 中，并将 actions 映射到新组件类 prototype 上的 actions 属性中，供组件内部逻辑调用。

在 store 和 connector 实现完成后，我们的状态管理库 san-store 的功能就已经完成了。现在，我们可以通过 san-store 方便地组织整个应用的数据流。不过，别忘了还有一个关键的库 san-update。san-update 可以用来以不可变的形式修改数据，是 san-store 的一个组成部分，下面就来介绍。

3.4.4　san-update 库

我们知道，在 san-store 中，我们是以不可变的形式来修改数据的，而 san-update 可以用来简化以不可变的形式修改数据的操作。在介绍 san-update 之前，我们先来介绍数据的不可变性。

数据的不可变性，简单来说就是指数据的内容与结构不能发生变化。而以不可变的形式修改数据，则是指当每次数据发生变化时，不是在之前的数据上修改，而是创建一份新的数据，保持旧数据是不可变的。在前端框架中以不可变的形式修改数据，有很多好处：简化应用中数据流的复杂度、基于数据差异进行性能优化，甚至可以将每次 state 的变化都存起来，创建应用数据的快照，从而实现状态穿梭等功能。以不可变作为第一考虑的设计和实现会让程序普遍拥有更好的可维护性。因此我们希望 san-store 的数据更新也是以不可变的方式实现的。

在 JavaScript 中，数据可以分为两种类型：简单类型，例如 `Number`、`String` 等；引用类型，例如 `Object`、`Array` 等。如果需要以不可变的形式修改数据，简单类型比较简单，直接赋值即可。但对于 Object 与 Array 等引用类型，如果直接赋值，得到的会是同一份数据。因此在以不可变形式修改这些数据时，需要进行更多的操作。

在更新 `Object` 时，我们可以利用 JavaScript 中的展开运算符来进行复制：

```
function immutableUpdate(state) {
    return {
        ...state
    };
}
```

但这里需要注意，展开运算符只会复制一层对象，是浅复制。而我们需要修改的数据可能在一个很深的位置，这时候就不得不逐层调用展开运算符来进行复制了。例如，如果需要修改数据 `state.a.b.c`，就不得不这么写：

```
function immutableUpdate(state) {
    return {
        ...state,
        a: {
            ...state.a,
            b: {
                ...state.a.b,
                c: xxx
            }
        }
    };
}
```

这显然已经过于复杂了，而且还没有考虑数组的情况。对于数组，如果想以不可变的形式修改，那么像 `push`、`shift`、`splice` 这些方法就都不能使用了，因为这些方法会修改原始数组。想要以不可变的形式修改数组，我们可以利用 `slice` 方法先复制一个数组，之后进行修改：

```
function immutableUpdate(state) {
    const newArr = state.arr.slice();

    // 调用 push、shift、splice 等方法，对 newArr 进行修改

    return {
        ...state,
        arr: newArr
    }
}
```

单独修改 `Object` 和 `Array` 已经十分复杂了，如果需要同时修改 `Object` 和 `Array`，显然会更

加复杂。为了简化操作，我们需要一些工具来辅助对数据的不可变修改。

如何简化操作呢？联想我们上面对于数组的修改，如果可以在修改数据前，将所有数据整体复制一遍，得到一份新的数据，就可以在新的数据上随意进行操作了。这里我们需要一个深复制函数，先将数据复制出来，再进行修改：

```
function immutableUpdate(state) {
    const newState = deepClone(state);
    newState.a.b.c = 1;
    return newState;
}
```

但采用深复制方式存在一些严重的问题。

- 性能不好。在只更新一层属性的情况下，原对象的各层属性都要经过复制操作，有大量无谓的遍历和对象创建开销。
- 需要处理循环引用的情况。

有鉴于此，社区上出现了很多以不可变形式修改数据的辅助库，这些库封装了上面的逻辑，且选择了效率最优（仅复制未更新的属性，不需要深复制）的方案。事实上，相关的库非常多，仅仅用于 Redux 的不可变数据更新库就 40 多个。

通常，以不可变形式修改数据的辅助库会提供一些声明式的指令，使用这些指令修改数据，就可以得到数据的副本。例如，san-update 就提供了 `set`、`push`、`remove` 等方法用于数据的修改。它是这样使用的：

```
import {update} from 'san-update';

let source = {
    name: {
        firstName: 'Navy',
        lastName: 'Wong'
    }
};
let target = update(source, {name: {firstName: {$set: 'Petty'}}});

console.log(target);
// {
//     name: {
//         firstName: 'Petty',
//         lastName: 'Wong'
//     }
// }
```

此外，基于 JavaScript 中的 `Proxy` 特性，可以通过钩子的方式记录 state 的修改状态，再根据这些修改信息以不可变的形式修改数据。使用这种方式，我们可以直接用原生 JavaScript 以可变的方式对数据进行修改：

```
import produce from "immer"

const nextState = produce(baseState, draft => {
    draft[1].done = true
    draft.push({title: "Tweet about it"})
});
```

这样做的好处显而易见，用户不再需要学习复杂的声明式指令，可以使用已经熟悉的 JavaScript 语法；但缺点是需要基于 Proxy 来实现，兼容性不好，而且在生产环境下不能直接使用。

因此，我们在当前实现中还是使用声明式的方式对数据进行操作。san-update 提供了大量方法，使得我们可以方便地更新数据。san-update 对于属性提供了 set、defaults、apply、omit、merge 等方法，对于函数提供了 composeBefore、composeAfter 等方法，而对于数组则提供了 push、unshift、pop、shift、removeAt、remove、splice、map、filter、reduce 等方法。

此外，san-update 还提供了链式更新对象的方法，可以使用 chain 或者 immutable 来引入这一函数，使用方法如下：

```
import {immutable} from 'san-update';

let source = {
    name: {
        firstName: 'Navy',
        lastName: 'Wong'
    },
    age: 20,
    children: ['Alice', 'Bob']
};
let target = immutable(source)
    .set('name.firstName', 'Petty')
    .set('age', 21)
    .push('children', 'Cary')
    .value();

console.log(target);
// {
//     name: {
//         firstName: 'Petty',
//         lastName: 'Wong'
//     },
//     age: 21,
//     children: ['Alice', 'Bob', 'Cary']
// }
```

链式调用后的对象每次调用对应的更新方法（如 set、push 等），都会得到一个新的对象，原有的对象不会受影响，比如：

```
import {immutable} from 'san-update';

let source = {
```

```
    name: {
        firstName: 'Navy',
        lastName: 'Wong'
    },
    age: 20,
    children: ['Alice', 'Bob']
};
let updateable = immutable(source);

let nameUpdated = updateable.set('name.firstName', 'Petty');
let ageUpdated = nameUpdated.set('age', 21);

console.log(nameUpdated.value());
// 注意 age 并没有受影响
//
// {
//     name: {
//         firstName: 'Petty',
//         lastName: 'Wong'
//     },
//     age: 20,
//     children: ['Alice', 'Bob']
// }
```

chain 是延迟执行的，所以假设已经对 foo 进行了操作，再对 foo.bar（或更深层级的属性）进行操作会出现不可预期的行为，如以下代码所示：

```
import {immutable} from 'san-update';
// 也可以使用以下别名，为同一个函数
// import {chain} from 'san-update';

let source = {
    name: {
        firstName: 'Navy',
        lastName: 'Wong'
    },
    age: 20,
    children: ['Alice', 'Bob']
};

let target = immutable(source)
    .set('ownedCar', {brand: 'Benz'})
    .merge('ownedCar', {type: 'C Class'})
    .value();
// 注意 ownedCar.type 并没有生效
//
// {
//     name: {
//         firstName: 'Navy',
//         lastName: 'Wong'
//     },
//     age: 20,
//     children: ['Alice', 'Bob'],
```

```
//     ownedCar: {
//         brand: 'Benz'
//     }
// }
```

这并不会给你预期的结果，所以在使用链式调用的时候要注意每个指令的路径。

回忆我们在 san-store 中修改数据的书写方式：

```
store.addAction('changeUserName', function (name) {
    return builder().set('user.name', name);
});
```

这利用了 san-update 中使用 `builder` 构建更新函数的特性。当对于直接调用提供的方法修改数据，san-update 同时提供了 `builder` 功能来声明更新的函数。`builder` 的使用方式和链式调用相似，区别在于构造时不需要传入待更新的对象，而其最终返回的函数则是一个接收待更新对象的函数。

```
import {builder} from 'san-update';
// 也可以使用以下别名，均为同一个函数
// import {macro} from 'san-update';
// import {updateBuilder} from 'san-update';

// 构建一个用于升级当前角色的函数
let levelUp = builder()
    .apply('level', level => level + 1)
    .apply('hp', hp => Math.round(hp * 1.19)) // 增加 19%的 HP
    .apply('str', str => str + 2) // 增加 2 点力量
    .apply('int', int => int + 1) // 增加 1 点智力
    .apply('agi', agi => agi + 5) // 增加 5 点敏捷
    .apply('bag.capacity', capacity => capacity + 2) // 背包增加 2 格空间
    .set('debuff', []) // 清除所有负面状态
    .build(); // 最终生成更新的函数

let hero = game.getMyHero();
console.log(hero);
// {
//     level: 1,
//     hp: 100,
//     str: 4,
//     int: 2,
//     agi: 5,
//     bag: {
//         items: [],
//         capacity: 12
//     },
//     debuff: []
// }

hero = levelUp(hero);
console.log(hero);
// {
//     level: 2,
```

```
//     hp: 119,
//     str: 6,
//     int: 3,
//     agi: 10,
//     bag: {
//         items: [],
//         capacity: 14
//     },
//     debuff: []
// }

hero = levelUp(hero);
console.log(hero);
// {
//     level: 3,
//     hp: 142,
//     str: 8,
//     int: 4,
//     agi: 15,
//     bag: {
//         items: [],
//         capacity: 16
//     },
//     debuff: []
// }
```

builder#build 返回的更新函数上还附有 withDiff 函数，可以使用该函数生成差异对象。除此之外，也可以使用 builder#buildWithDiff 直接返回带有差异功能的更新函数。

```
import {builder} from 'san-update';
// 也可以使用以下别名，均为同一个函数
// import {macro} from 'san-update';
// import {updateBuilder} from 'san-update';

let source = {
    name: {
        firstName: 'Navy',
        lastName: 'Wong'
    }
};

let update = builder().set('name.firstName', 'Petty').build();
let target = update.withDiff(source);
// 也可以这么写：
// let withDiff = builder().set('name.firstName', 'Petty').buildWithDiff();
// let target = withDiff(source);

console.log(target);
// {
//     name: {
//         firstName: 'Petty',
//         lastName: 'Wong'
//     }
```

```
// }

console.log(diff);
// {
//     name: {
//         firstName: {
//             $change: 'change',
//             oldValue: 'Navy',
//             newValue: 'Petty'
//         }
//     }
// }
```

事实上，这里的 `diff` 信息会被用于 San 组件的更新，我们根据全局 state 的 `diff` 信息来判断哪些组件用到了变化后的数据，并触发视图的相应更新。

3.4.5　实例

接下来，我们将基于一个实例来学习在使用 san-store 之后，数据流程发生的变化。我们还是使用 RealWorld 应用来进行演示。上一章实现了文章列表的展现功能，下面将实现以下两个功能：

- 异步请求文章列表数据并加载；
- 点赞功能。

首先是异步请求文章列表并加载的功能。我们先来进行组件的修改，第一个要修改的组件是 san-realworld-app-with-store/src/pages/index/containers/app.js。我们将 store 中的 `fetch` action 注入组件：

```
export default connect.san({},
    {
        fetch: ActionTypes.FETCH
    }
)(class App extends Component {
    static components = {
        'ui-header': Header,
        'ui-article-list': ArticleList
    }
    static template = `
        <div class="main">
            <ui-header/>
            <div class="article-list-wrapper">
                <ui-article-list/>
            </div>
        </div>
    `;
    attached() {
        this.actions.fetch();
    }
});
```

fetch action 用于在组件加载时拉取文章列表，我们将在后面具体实现它。这里可以注意到，我们只进行了数据拉取工作，并不需要将结果传递给子组件使用。那么子组件是如何使用文章列表数据的呢？我们来看 san-realworld-app-with-store/src/components/article-list/index.js 组件：

```
export default connect.san(
    {
        list: 'articles'
    }
)({
    components: {
        'ui-article': Article
    },
    template: `
        <div>
            <ui-article
                s-for="item in list"
                s-bind="{{ item }}"
            />
        </div>
    `
});
```

这里通过 san-store 的 connect 方法，将 store 中的数据 articles 注入了组件，并命名为 list。当我们调用 fetch action 请求服务器获取文章列表数据后，就会将其存储到 store 中的 articles 字段。这里不再需要将 articles 从父组件层层传递给子组件，而是直接在子组件中使用 store 中的数据。我们将 store 中的 articles 字段映射为了组件中的 list 字段，并通过 s-for 方法使用 ui-article 组件对文章列表进行渲染。

讲完组件是如何使用数据的，接下来就是 action 的具体实现了。我们新建 action 文件 san-realworld-app-with-store/src/action.js，将新增 action 的相关逻辑写在这个文件中：

```
export const Types = {
    FETCH: 'articleFetch',
    FETCH_FILL: 'articleFetchFill'
};
store.addAction(Types.FETCH, function (payload, {dispatch}) {
    return service.fetch().then(response => {
        dispatch(Types.FETCH_FILL, response.data);
    });
});

store.addAction(Types.FETCH_FILL, function ({articles, articlesCount}) {
    return updateBuilder()
        .set('articles', articles)
        .set('articleCount', articlesCount)
});
```

这里创建了 Types.FETCH action，由于要异步获取文章数据，因此它是一个异步 action。需要注意，异步 action 没有更新应用状态的能力。如果想要更新应用状态，必须分发同步 action。这里的 Types.FETCH 在数据返回后触发了同步的 Types.FETCH_FILL action，更新了 store 中的 articles。

在我们的实践中，通过父组件触发了 fetch action，异步获取并更新了 store 中的数据。而子组件直接通过 store 中数据的映射来使用数据。

可以看到，相对于将数据从父组件逐层传递给子组件，子组件通过映射直接使用 store 数据极大降低了使用数据的复杂度。这种使用方式改变了数据的流向，将数据从父组件到根组件的树形传递，改为了数据 store 到各个组件的单一映射。

接下来，就要实现文章的点赞功能了。我们使用 Types.ADD_FAVORITE 和 Types.REMOVE_FAVORITE 这两个 action 来分别处理点赞和取消点赞的功能，并将其与组件 san-realworld-app-with-store/src/components/article/index.js 进行绑定：

```
export default connect.san({},
    {
        like: ActionTypes.ADD_FAVORITE,
        dislike: ActionTypes.REMOVE_FAVORITE
    }
)({
    template: `
        ...
    `,
    handleClick: function (e) {
        if (this.data.get('favorited')) {
            this.actions.dislike(this.data.get('slug'));
        }
        else {
            this.actions.like(this.data.get('slug'));
        }
    }
});
```

actionTypes.ADD_FAVORITE 和 Types.REMOVE_FAVORITE 也是需要发请求的，因此也是异步 action。我们需要使用同步的 action Types.SET_LIST_ITEM 来设置被操作的单条文章：

```
store.addAction(Types.ADD_FAVORITE, function (slug, {dispatch}) {
    return service.addFavorite(slug).then(
        ({data}) => {
            dispatch(Types.SET_LIST_ITEM, data.article);
        }
    );
});

store.addAction(Types.REMOVE_FAVORITE, function (slug, {dispatch}) {
    return service.removeFavorite(slug).then(
        ({data}) => {
            dispatch(Types.SET_LIST_ITEM, data.article);
        }
    );
});
```

```
store.addAction(Types.SET_LIST_ITEM, function (article, {getState}) {
    let articles = getState('articles');

    if (articles) {
        for (let i = 0; i < articles.length; i++) {
            if (articles[i].slug === article.slug) {
                return updateBuilder().set('articles[' + i + ']', article);
            }
        }
    }
});
```

在 Types.ADD_FAVORITE 和 Types.REMOVE_FAVORITE 中，我们首先请求服务器设置点赞、取消点赞，服务器会返回当条结果修改后的内容，之后调用 Types.SET_LIST_ITEM 更新该条结果的状态即可。

以上就是在使用 store 后，事件响应方式的变化。在 store 中，我们通过触发 action 来修改数据，从而可以方便地追踪数据变化的源头，避免了各处修改数据使状态混乱的问题。

3.5 小结

在本章中，我们学习了 San 中与数据处理有关的逻辑：首先，实现了从数据发生变化到视图触发更新的整个过程；其次，了解了组件中常见的几种数据类型及其实现原理；最后，实现了 San 的状态管理机制。

在数据的响应式原理中，我们探讨了业内常见的数据变化追踪方法，并通过 Data 类以及不可变的方式实现了主动式数据变化追踪。通过将 Data 类与组件实例进行绑定，我们实现了 San 中的数据依赖收集工作。最后，我们探讨了在数据发生变化后，如何触发对应视图的更新。

在 3.2 节中，我们实现了视图更新的整个流程，数据变化后的差异信息从对应组件节点往下层层遍历至需要修改的子节点，从而完成视图的更新。通过 ANode 预处理的方式，我们使视图节点遍历可以提前中断，优化了视图更新的效率。

在 3.3 节中，我们一起学习了组件中数据的常见形式，包括 initData、props 和 computed。在实现了上述形式的组件数据后，我们引入了数据校验机制。通过 DataTypes 给数据增加类型信息，就可以让 San 对数据进行校验，使得业务代码更加稳健。

在 3.4 节中，我们引入了状态管理机制。状态管理机制可以在应用变得复杂后有效提升数据流转状态的清晰度。在学习了 san-store 的使用方式后，我们一起实现了它，并通过一个实例学习了引入状态管理机制前后数据流转的区别。

在第 4 章中，我们将基于本章中与数据相关的知识，学习组件的高级内容。

第 4 章

组件进阶，构造复杂的前端应用

在前两章中，我们已经初步了解了组件，并学习了组件中的数据是如何发挥作用的。在本章中，我们将一起学习组件的高级用法。

要完成一个完整的页面，需要多个组件共同合作，而组件之间是可以相互引用的。为了完成文章列表页，我们在第 2 章完成了文章项的开发。接下来，我们需要开发一个文章列表组件，它将引用文章项组件：

```
// 文章组件
const Article = san.defineComponent({
    template: `
        <div
            class="article"
        >
            ...
            <div
                s-if="title"
                class="title"
            >
                {{ title }}
            </div>
            <div
                s-if="desc"
                class="desc"
            >
                {{ desc }}
            </div>
            ...
        </div>
    `,
    initData: function () {
        return {
            title: '文章标题',
            desc: '文章描述',
            ...
```

```
        };
    },
    ...
});

// 文章列表
const ArticleList = san.defineComponent({
    components: {
        'ui-article': Article
    },
    template: `
        <div>
            <ui-article
                s-for="item in list"
            />
        </div>
    `,
    initData: function () {
        return {
            list: [
                {}, {}, {}, {}
            ]
        };
    }
});

const articleList = new ArticleList();
articleList.attach(document.body);
```

我们新定义了一个 ArticleList 文章列表组件，在使用 san.defineComponent 创建的、需要传入该组件的对象里，多了一个 components 参数。这个参数称为**组件声明**，在其中定义需要引用的组件之后就可以使用了。

我们将之前定义好的文章项组件 Article 放入其中，并将键值设定为 ui-article。在视图模板中使用以该组件键值作为名称的 HTML 标签，就可以使用该组件了。

在文章列表组件的 template 参数里，使用 ui-article 引用文章项组件，并使用循环指令。这里先使用一个长度为 4 的空数组，此时文章项组件使用的仍然是组件内部的数据，因此显示的内容都是一样的。

页面效果如图 4-1 所示。

图 4-1　文章列表

组件引用已经完成了，但使用文章项组件内部的数据显然是有问题的。正确的做法是在文章列表组件内汇总要展示的数据列表，再将这些数据逐个传递给不同的文章项组件。那么应该怎么做呢？

这就涉及组件间的数据通信了。

4.1　组件间通信

本节完整代码参见 chapter4/4.1 组件间通信/文章列表.html。

组件之间的关系有很多种（见图 4-2）：

- 父子组件
  - A 和 B
  - C 和 D
- 兄弟组件
  - B 和 C

- 隔代组件
  - A 和 D
- 同根组件（没什么关系，但根节点是同一个组件）
  - B 和 D

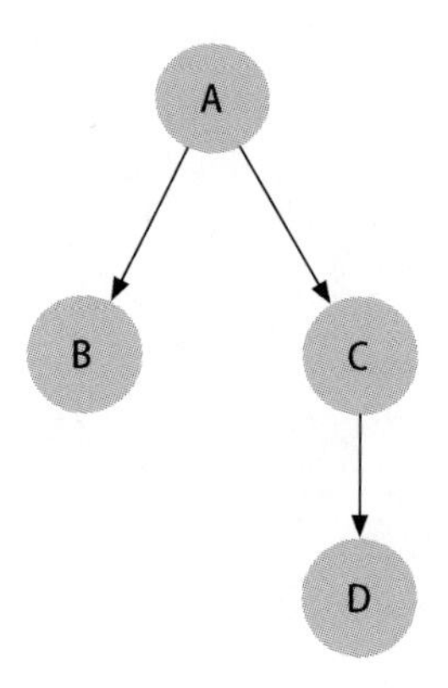

图 4-2　组件间关系示意图

文章列表和文章项的关系是最简单的父子组件关系。

4.1.1　父子组件通信

我们希望将数据维护在文章列表中，然后传入文章项，而不是使用文章项自带的数据。因为后端接口通常会返回一个数组格式的文章数据，所以放在列表组件中好维护一些。

这时数据的流向为**父组件到子组件**。

1. 父组件到子组件

父子组件的通信相对来说是最简单的，我们将使用 `props` 属性机制来实现。

- **`props` 属性机制**

San 内置了 `props` 机制，用于实现父子组件间的通信。上一章提到了组件中数据的常见形式，即 `initData`、`props` 和 `computed`。我们换个角度再来审视一下 `props`。

- 从语义上看：`props` 是 properties 的缩写，而 properties 是 property（属性）的复数形式。顾名思义，`props` 代表属性集。
- 从功能上看：组件在概念上就是一个函数，可以接收一个参数作为输入值，这个参数就是 `props`，所以可以把 `props` 理解为从外部传入组件的数据。

简单地说，`props` 就是组件提供给外界的输入接口。

以文章项这个组件为例，它的标题、描述等相关信息都可以作为 props 从外界传入。

为了在文章项组件中使用外部数据，我们将代码改写如下：

```
// 文章组件
const Article = san.defineComponent({
    template: `
        <div class="article">
            ...
            <div
                s-if="title"
                class="title"
            >
                {{ title }}
            </div>
            ...
        </div>
    `,
    ...
});

// 文章列表
const ArticleList = san.defineComponent({
    components: {
        'ui-article': Article
    },
    template: `
        <div>
            <ui-article
                s-for="item in list"
                title="{{ item.title }}"
                desc="{{ item.desc }}"
                more="{{ item.more }}"
                like-num="{{ item.likeNum }}"
                author="{{ item.author }}"
            />
        </div>
    `,
    initData: function () {
        return {
            list: [
                {
                    title: '文章标题',
                    desc: '文章描述',
                    more: '查看更多',
                    likeNum: 1,
                    author: {
                        avatar: 'https://static.productionready.io/images/smiley-cyrus.jpg',
                        name: '用户名',
                        date: 'July 6, 2021'
                    }
                },
                {
```

```
                    title: '文章标题 2',
                    desc: '文章描述 2',
                    ...
                },
                ...
            ]
        };
    }
});

const articleList = new ArticleList();
articleList.attach(document.body);
```

在文章项中，将作为 props 的参数全部从 initData 中去除。

在文章列表项中补充 list 数组的数据，并通过属性绑定语法传入文章项子组件。

注意

San 中不需要显式声明 props，在视图模板中使用就可以了。

页面效果如图 4-3 所示。

图 4-3　使用 props 数据的文章列表

页面展示的内容已经变为在文章列表项中维护的数据。

- **ref 引用机制**

除了 props，San 还提供了其他手段来辅助父子组件的通信。

San 允许通过 ref 获取子组件的实例。通过这个子组件的实例，可以手动调用 this.data.set 来更新子组件的数据，或者直接调用子组件声明时定义的成员方法。

那么 ref 是什么呢？

ref 是 reference（引用）的缩写。引用的是什么呢？是组件实例。在 San 的实现中，组件实例是一个 JavaScript 对象。

简单概括一下，ref 是一种可以获取组件实例的机制。这样，就可以在父组件中获取子组件的实例，从而完成通信。

下面我们来看它的用法：

```
class Son extends san.Component {
    static template = `
        <div>
            <p>Son's: {{firstName}}</p>
        </div>
    `;
};

class Parent extends san.Component {
    static template = `
        <div>
            <input value="{= firstName =}" placeholder="please input">
            <button on-click='onClick'>传给子组件</button>
            <ui-son san-ref="son"/>
        </div>
    `;
    static components = {
      'ui-son': Son
    };
    onClick() {
      this.ref('son').data.set('firstName', this.data.get('firstName'));
    }
}
```

这里需要注意的是，如果在普通的 DOM 元素上使用 ref，引用指向的就是 DOM 元素；如果在子组件上使用，引用指向的是组件实例。

既然已经有了“父组件到子组件”的通信，那么也应该有“子组件到父组件”的通信，此时应该怎么做呢？

2. 子组件到父组件

假设我们现在有这样一个需求：在文章列表中统计所有文章的总点赞数。

这个时候的交互逻辑就变为，在文章项中点赞（子组件），在文章列表中计算总数据并更新（父组件）。这就是一个“子组件到父组件”的通信需求。

文章项维护了它当前的点赞状态。当点赞状态改变时，它的父组件文章列表是不知道的。如何才能让父组件也知道呢？我们可以通过事件机制来实现这个功能。

- **自定义事件**

当文章项的点赞数变化时，我们在文章项组件中派发一个自定义事件。文章列表作为父组件可以监听这个事件，就像在 HTML 里监听按钮点击事件一样。这样，当子组件变化的时候，父组件也就接收到了通知。

San 中提供了 `fire` 方法，可以很方便地派发自定义事件。

我们在文章项中使用该方法：

```
const Article = san.defineComponent({
    template: `
        <div class="article">
            <div class="author">
                ...
                <div
                    class="like"
                    on-click="handleClick"
                >
                    ❤ {{ likeNum }}
                </div>
            </div>
            ...
        </div>
    `,
    handleClick: function (e) {
        let likeNum = this.data.get('likeNum');
        likeNum++;
        this.data.set('likeNum', likeNum);
        // 派发自定义事件 change，并传入点赞数 likeNum 作为参数
        this.fire('change', likeNum);
    }
});
```

`fire` 方法的第一个参数为自定义事件的名称，后续可以接收任意个参数，并且会一并派发。上述代码将点赞数 `likeNum` 作为了参数。

那么接下来，就需要在父组件中监听该自定义事件了。

在父组件里，可以使用与绑定 DOM 事件同样的方式绑定自定义事件，也就是使用 on-前缀加上自定义事件名：

```
const ArticleList = san.defineComponent({
    components: {
        'ui-article': Article
    },
    template: `
        <div>
            <ui-article
                s-for="item in list"
                ...
                on-change="handleChange"
            />
        </div>
    `,
    initData: function () {
        return {
            list: [...]
        };
    },
    handleChange: function (params) {
        console.log('handleChange params', params);
    }
});
```

我们在 ArticleList 文章列表组件里引用了 Article 文章项组件，并且使用 on-前缀绑定了 change 事件。

在页面中预览效果，如图 4-4 所示。

图 4-4　父子组件通信，自定义 change 事件

当点击文章项中的点赞按钮时，ArticleList 文章列表组件中的 handleChange 事件监听器就被触发了，所接收参数 params 的值为改变后的点赞数 2。父组件成功收到了子组件传递的消息。

目前，消息确实被接收到了，但是无法区分是哪一个 Article 文章项发送的。我们还需要每个文章项的标识，例如第一个文章项、第二个文章项，等等。

在 San 中，a-for 指令可以提供循环遍历的功能，也可以提供循环时的索引。我们可以使用循环时的索引来区分不同的文章项：

```
const ArticleList = san.defineComponent({
    components: {
        'ui-article': Article
    },
    template: `
        <div>
            <ui-article
                s-for="item, index in list"
                ...
                on-change="handleChange($event, index)"
            />
        </div>
    `,
    initData: function () {
        return {
            list: [...]
        };
    },
    handleChange: function (params, index) {
        console.log('handleChange params', params, 'index', index);
    }
});
```

我们在 a-for 循环指令里增加了 index 来表示循环的索引，并将其放在 handleChange 的第二个参数位置。这也是一种表达式语法。在 San 的视图模板语法里，可以使用循环指令里声明的索引变量。

对于 handleChange 的第一个参数，我们则传入了$event。这是什么呢？

这个$event 的功能其实类似于 JavaScript 中函数内部的 arguments 对象，指代事件派发过来的原始参数。在本例中，它就是 Article 文章项派发的 change 事件中的参数，就是点赞数 likeNum。

预览改造后的代码，效果如图 4-5 所示。

图 4-5　父子组件通信，通过参数区分

从日志中可以看到，params 的值即为点赞数，而 index 则是文章项在列表中的索引。这样就可以将文章项区分开了。

- **消息机制**

除了 ref 之外，父组件在接收子组件向上传递的消息时，也可以获取子组件的实例。

San 提供了消息机制，可以让组件派发消息。通过 dispatch API，可以在子组件中派发消息至父组件。

```
class Son extends san.Component {
    static template = `
        <div>
            <p>Son's name: {{firstName}}</p>
            <button on-click='onClick'>I want a name</button>
        </div>
    `;

    onClick() {
        this.dispatch('son-clicked');
    }
};

class Parent extends san.Component {
    static template = `
        <div>
             <input value="{= firstName =}" placeholder="please input">
             <ui-son/>
        </div>
    `;

    // 声明组件要处理的消息
    static messages = {
        'son-clicked': function (arg) {
            let son = arg.target;
            let firstName = this.data.get('firstName');
            son.data.set('firstName', firstName);
        }
    };

    static components = {
        'ui-son': Son
    };

    initData() {
        return {
            firstName: 'trump'
        }
    }
};
```

4.1.2 更多组件通信方式

下面介绍一下其他的组件通信方式。

1. 通过中间组件通信

通过中间组件进行的通信方式如下（见图 4-6）。

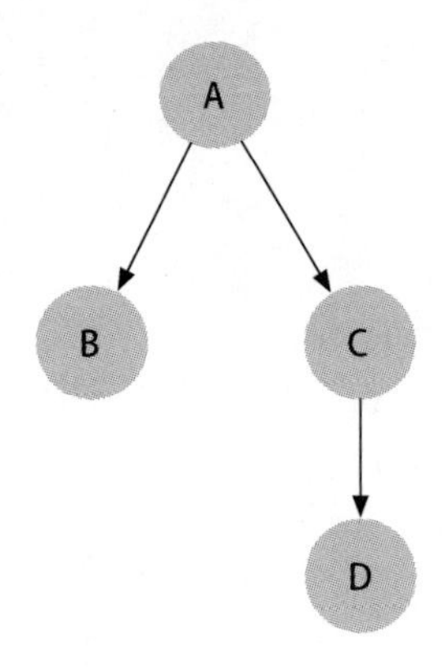

图 4-6　组件间关系示意图

A 和 D 不是直接的父子组件关系，而是“爷孙”关系。这个时候，如果两个组件之间需要传递消息，那么可以使用 C 这个组件作为中转站。C 既是 A 的子组件，也是 D 的父组件，因此可以通过上述机制完成 A 和 D 的通信。

这种方式理论上可以完成所有组件间的通信，但是相当麻烦。在实际的项目中，组件树不会很简单，需要进行组件间通信的情况也非常多，所以通过中间组件中转的方式并不合理。

有没有更简单的方法呢？

2. EventBus

EventBus 从英文直译过来是“事件公共汽车”。这个名字其实挺形象的，因为所有事件都能通过这辆“公共汽车”去任何要去的地方。

实际上，EventBus 的正式中文译名是**事件总线**。总线（bus）是计算机科学中的一个名词，是指在计算机各种功能部件之间传送信息的公共通信干线。EventBus 的功能与之类似，是前端程序中为各个组件传递信息的公共模块。

EventBus 是对发布–订阅模式的一种实现。它在 Android 开发中用得较多，但是其思想同样适用于前端开发。

3. 状态管理

第 3 章提及的状态管理是 San 中组件间通信的最常用方式。你可以回顾一下第 3 章的内容，思考如何利用 san-store 进行组件间的通信。

4.2 插槽

插槽（slot），顾名思义，就是留给外部的槽位，用于插入内容。在组件内预留一个或多个槽位，在该组件被其他组件引用时，就可以根据实际情况动态地传入不同的内容。

在视图模板中，可以通过 slot 标签声明一个插槽的位置，该位置可以由外层组件定义。

下面来看一下它的用法：

```
const Card = san.defineComponent({
    template: `
        <div>
            <slot/>
            <div>内容区</div>
            <div>脚注区</div>
        </div>
    `
});

const App = san.defineComponent({
    components: {
        'ui-card': Card
    },
    template: `
        <div>
            <ui-card>我来组成头部！</ui-card>
        </div>
    `
});

const app = new App();
app.attach(document.body);
```

页面效果如图 4-7 所示。

我来组成头部！
内容区
脚注区

图 4-7　使用了 slot 标签的页面效果

父组件的自定义内容被渲染在了子组件使用 slot 标签预留的位置上。那么问题来了：为什么不直接写在子组件里呢？

接下来就讲一下插槽的优势在哪里。

4.2.1　数据环境

插入插槽部分的内容，其数据环境为**声明时的环境**。

我们一般是在父组件中使用插槽的，也就是说，插槽可以直接获取父组件中的数据：

```
const Card = san.defineComponent({
    template: `
        <div>
            <slot/>
            ...
        </div>
    `,
    initData: function () {
        return {
            text: '子组件的文案'
        };
    }
});

const App = san.defineComponent({
    components: {
        'ui-card': Card
    },
    template: `
        <div>
            <ui-card>{{ text }}</ui-card>
        </div>
    `,
    initData: function () {
        return {
            text: '父组件的文案'
        };
    }
});
```

我们在代码里使用了组件内部的数据，并且在父组件和子组件内都设置了相同的变量名 `text`。

从如图 4-8 所示的预览效果可以看到，插槽使用的是父组件的 `text`。

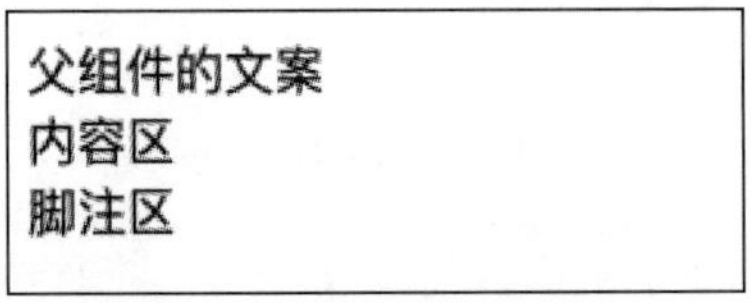

父组件的文案
内容区
脚注区

图 4-8　插槽的数据环境

所以插槽就有了第一个优势：它可以使用父组件的数据。但是，这也可以通过 `props` 将父组件的数据传入子组件来实现。在这里，插槽只是简化了数据通信，其他方式也可以实现。

确实。那么我们再来看一下插槽的核心优势：它可以让父组件修改子组件的 DOM 结构。父组件可以灵活地控制插槽中的 DOM 结构，以实现不同的功能和样式。而对于 props，在大部分情况下，子组件的 DOM 结构是预设好的。虽然有一种通过 props 传入 HTML 代码并直接显示在页面上的方法，但是由于不太优雅，而且有安全风险，所以并不推荐使用。

在组件库的设计中，经常需要一些暴露部分自定义区域的组件，例如弹窗组件。组件内部只需要定义外壳的部分，中间的内容区则需要开发者根据业务需求来定制。这时就非常适合使用插槽暴露自定义区域给开发者了。

4.2.2 命名

上面是只使用一个插槽的情况。如果想使用多个插槽呢？

以弹窗组件为例，假设开发者想自定义顶部的标题区域、中间的内容区和底部的按钮区（见图 4-9）。

图 4-9 弹窗组件样式

这时候就需要一种机制给每个区域的插槽做标识，以区分内容的位置。

San 提供了命名机制，通过 name 属性可以给插槽命名。一个视图模板的声明可以包含一个默认插槽和多个命名插槽。

内层组件可以通过 name="xxx"来给插槽区域命名，而外层组件通过 slot="xxx"的属性声明来指定内容所在的插槽：

```
const Inner = san.defineComponent({
    template: `
        <div>
            <slot name="title"/>
            <slot/>
            <slot name="footer"/>
        </div>
    `,
    initData: function () {
        return {
            text: '子组件的文案'
```

```
        };
    }
});

const Wrapper = san.defineComponent({
    components: {
        'ui-inner': Inner
    },
    template: `
        <div>
            <ui-inner>
                <div slot="title">自定义标题</div>
                <div>内容区</div>
                <div slot="footer">自定义脚注</div>
            </ui-inner>
        </div>
    `,
    initData: function () {
        return {
            text: '父组件的文案'
        };
    }
});
```

页面效果如图 4-10 所示。

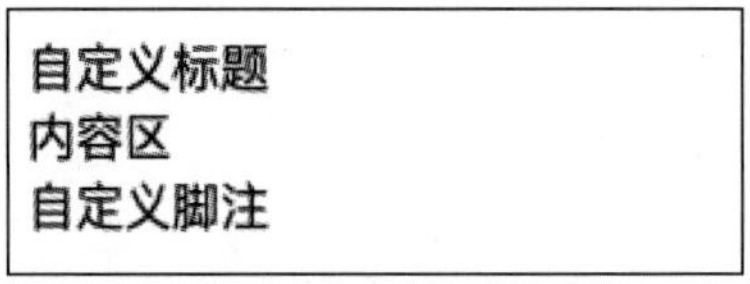

自定义标题
内容区
自定义脚注

图 4-10 命名插槽的页面效果

我们在 `Inner` 组件中使用 `name="title"`和 `name="footer"`属性给插槽命名，并在中间留了一个默认的插槽作为内容区。在外层的 `Wrapper` 组件中，使用 `slot="title"`和 `slot="footer"`属性给 DOM 指定对应的插槽，而未指定的 DOM 则被直接渲染在了默认的插槽位置上。

注意

对于外层组件的替换元素，只有在直接子元素上才能声明 `slot="xxx"`指定自身的插入点。

下面例子中的 `a` 元素无法被插入 `title` 插槽：

```
var Tab = san.defineComponent({
    template: `<div>
        <header>
```

```
            <slot name="title"/>
        </header>'
        <main>
            <slot/>
        </main>'
    </div>`
});

var MyComponent = san.defineComponent({
    components: {
        'ui-tab': Tab
    },
    template: `<div>
        <ui-tab>
            <h3 slot="title">1</h3>
            <h3 slot="title">2</h3>
            <p>two
                <a slot="title">slot fail</a>
            </p>
        </ui-tab>
    </div>`
});
```

动态命名

在插槽声明中，组件可以使用当前的数据环境进行命名，从而提供动态的插槽。插槽的动态命名常用于**根据数据生成组件结构**的场景，比如列表或者表格组件等。

4.2.3 作用域插槽

如果插槽声明包含 `s-bind` 或一个以上 `var-`数据前缀声明，那么它就是作用域插槽（scoped slot）。作用域插槽具有独立的**数据环境**。

作用域插槽通常用于组件的视图部分期望由**外部传入视图结构**的情况，渲染过程使用组件内部数据。

> **注意**
>
> 作用域插槽不支持双向绑定。

1. s-bind

`s-bind` 的作用域数据的声明形式为 `s-bind="expression"`：

```
var A = san.defineComponent({
    template: `<div>
```

```
        <slot
            s-bind="{
                name: item.name,
                email: item.email
            }"
        >
            <div>{{n}},{{email}}</div>
        </slot>
    </div>`
});

var B = san.defineComponent({
    components: {
        'ui-a': A
    },
    template: `<div>
        <ui-a data="{{info}}" s-ref="a">
            <div>{{n}},{{email}}</div>
        </ui-a>
    </div>`
});

var comp = new B({
    data: {
        info: {
            name: 'Tom',
            email: 'tom@163.com'
        }
    }
});
```

2. var-

var-的作用域数据的声明形式为 var-name="expression"：

```
var A = san.defineComponent({
    template: `<div>
        <slot var-name="item.name" var-email="item.email">
            <div>{{n}},{{email}}</div>
        </slot>
    </div>`
});

var B = san.defineComponent({
    components: {
        'ui-a': A
    },
    template: `<div>
        <ui-a data="{{info}}" s-ref="a">
            <div>{{n}},{{email}}</div>
        </ui-a>
    </div>`
});
```

```
var comp = new B({
    data: {
        info: {
            name: 'Tom',
            email: 'tom@163.com'
        }
    }
});
```

需要注意，当 `s-bind` 和 `var-` 并存时，`var-` 将覆盖整体绑定中相应的数据项。

4.3 路由

路由这个词是比较抽象的。从字面意义上来讲，可以将其解释为：路，由哪里来。在计算机科学中，路由一般是指网络信息分发。

下面这句话摘自维基百科：

> 路由就是通过互联的网络把信息从源地址传输到目的地址的活动。

从该定义中可以看到，路由起到的是分发网络资源的作用。

在 Web 技术中，路由一般指代 URL 的分发。用户输入不同的 URL，进入不同的页面，请求不同的资源，这些工作就称为路由。

Web 系统的早期路由是由后端实现的，服务器根据 URL 来重新加载整个页面。这种做法使浏览器端缺少页面间的状态信息，在一些情况下不能提供更好的用户体验，而且随着页面变得复杂，服务器端的压力也会变大。

随着 Ajax 的广泛应用，页面能够做到无须刷新浏览器也可更新数据，这也给单页应用和前端路由的出现奠定了基础。因此，在单页应用系统中使用前端路由也十分常见，很多前端框架提供或者推荐了配套使用的路由系统。

san-router 是 San 框架的官方路由器，以便用户基于 San 构建单页或同构应用。

san-router

使用 san-router 和 San 构建单页应用的系统主要是基于路由和组件的。

路由在浏览器端直接响应浏览器地址的变化，并选择对应的路径。之后，通过加载相应的组件，替换需要改变的部分，就能向用户呈现对应的界面。

1. 路由配置

在单页应用中创建一个入口 JavaScript 文件（main.js）：

```
/**
 * @file main.js
 */
import san from 'san';
import {router} from 'san-router';
import App from './App.san';
import Home from './Home.san';
import A from './A.san';
import B from './B.san';

// 附加（attach）根组件 App
new App().attach(document.getElementById('app'));

// 路由规则
const routes = [
    {
        rule: '/',
        Component: Home
    },
    {
        rule: '/a',
        Component: A
    },
    {
        rule: '/b',
        Component: B
    }
];

// 将路由规则的 target 属性设置为根组件中的标签
routes.forEach(item => {
    router.add({
        ...item,
        target: '#main'
    });
});

// 设置路由模式'html5 | hash'
router.setMode('html5');

// 设置路由监听
router.listen((e, config) => {
    // 在路由发生变化时触发
    console.log(e);
    console.log(config);
});

// 启动路由
router.start();
```

2. 根组件

根组件对整个系统界面不需要更新的部分进行布局，搭建出了系统界面的骨架。对于那些需要更新的部分，则会在 App 组件被附加到页面后，通过启动路由来加载不同的逻辑组件，从而将其渲染到路由规则 target 属性对应的标签里：

```
// App.san

// san-router 提供的 Link 组件
import {Link} from 'san-router';

class App extends san.Component {
    static components = {
        'router-link': Link
    };
    static template = `
        <div class="container">
            <div class="menu">
                <ul>
                    <li><router-link to="/">Home</router-link></li>
                    <li><router-link to="/list">List</router-link></li>
                    <li><router-link to="/about">about</router-link></li>
                </ul>
            </div>
            <!-- 逻辑组件渲染处 -->
            <div id="main"></div>
        </div>
    `;
}
```

3. 路由组件

路由组件是指根据路由匹配规则被渲染到页面中的业务逻辑组件。这些组件是按照业务逻辑由基础组件库中的组件组装而成的，会在匹配到对应路由时进行初始化和渲染。

路由组件是正规的 San 组件，每一个逻辑子组件可以放在一个单独的文件里，通过调用基本组件库来组装可以设置在不同生命周期阶段想要处理的业务：

```
// A.san
class A extends san.Component {
    static template = `
        <div>A 组件</div>
    `;
}

// B.san
class B extends san.Component {
    static template = `
        <div>B 组件</div>
    `;
}

// Home.san
class Home extends san.Component {
    static template = `
```

```
        <div>Home 组件</div>
    `;
}
```

4.4 动画和过渡

在实际的项目中，我们经常会遇到使用动画的场景，使页面交互逻辑更顺滑、用户体验更好。大部分动画需求并不复杂，一般采用简单的过渡效果即可。所谓的过渡效果，就是从一个值到另一个值的转变过程。例如，高度从 10 像素变为 100 像素，颜色从红变为蓝，透明度从 100%变为 50%，等等。这些值的变换如果不加任何效果而直接完成，会显得比较生硬、突兀。加上过渡效果，就会有一个变化的过程，给用户更好的观感。

对于前端开发者而言，直接将页面呈现给用户、实现功能很重要，用户体验同样很重要。平滑的过渡动画能够帮助我们以较低的成本较大幅度地优化用户体验。

假设现在有这样一个需求：页面上有两个按钮，分别是 A 和 B。按钮 A 是开关，点击它会将 B 的状态切换为显示或隐藏。

先写一个不带过渡动画的版本（见图 4-11）：

```
san.defineComponent({
    template: `
        <div>
            <button on-click="handleClick">
                按钮 A
            </button>
            <button s-if="isShowBtnB">
                按钮 B
            </button>
        </div>
    `,
    initData: function () {
        return {
            isShowBtnB: true
        };
    },
    handleClick() {
        const isShowBtnB = this.data.get('isShowBtnB');
        this.data.set('isShowBtnB', !isShowBtnB);
    }
});
```

按钮 A　按钮 B

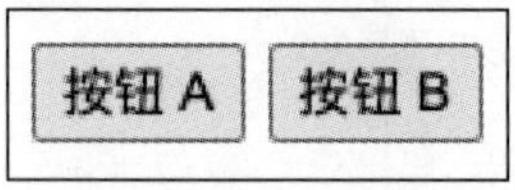

图 4-11　按钮的页面效果

4.4.1 s-transition

为了节省开发者实现动画的成本，San 提供了 s-transition 指令来帮助实现过渡效果。它和 s-if、s-for 指令类似，都是直接在 DOM 元素上使用的。

> **注意**
>
> s-transition 只能应用在具体的元素中。在 template 这种没有具体元素的标签上应用 s-transition 没有效果。

它可以声明**动画控制器**：

```
san.defineComponent({
    template: `<button s-transition="opacityTransition">按钮</button>`,
    opacityTransition: {
        ...
    }
});
```

其中的 opacityTransition 就是动画控制器，和 template 属性同级，定义在组件中。

因为过渡一般伴随着状态改变，所以 s-transition 要配合条件或循环指令一起使用。

将它应用在按钮 B 上：

```
san.defineComponent({
    template: `
        <div>
            ...
            <button
                s-if="isShowBtnB"
                s-transition="opacityTransition"
            >
                按钮 B
            </button>
        </div>
    `,
    ...
    opacityTransition: {
        ...
    }
});
```

4.4.2 动画控制器

动画控制器是一个包含 enter 和 leave 方法的对象。

- enter：进入，在 s-if 判断条件为 true 时触发。
- leave：离开，在 s-if 判断条件为 false 时触发。

它们是回调函数，接收两个参数 el 和 done：

```
opacityTransition: {
    enter: function (el, done) {
        console.log('enter');
    },
    leave: function (el, done) {
        console.log('leave');
    }
}
```

第一个参数 el 是使用 s-transition 指令绑定了动画控制器的 DOM 元素，而第二个参数 done 则是一个函数，在完成动画后手动执行，告诉 San 过渡动画已完成。

将动画控制器也应用在按钮 B 上：

```
san.defineComponent({
    template: `
        <div>
            ...
            <button
                s-if="isShowBtnB"
                s-transition="opacityTransition"
            >
                按钮 B
            </button>
        </div>
    `,
    ...
    opacityTransition: {
        enter: function (el, done) {
            let steps = 20;
            let currentStep = 0;

            function goStep() {
                if (currentStep >= steps) {
                    el.style.opacity = 1;
                    done();
                    return;
                }

                el.style.opacity = 1 / steps * currentStep++;
                requestAnimationFrame(goStep);
            }

            goStep();
        },
        leave: function (el, done) {
```

```
            let steps = 20;
            let currentStep = 0;

            function goStep() {
                if (currentStep >= steps) {
                    el.style.opacity = 0;
                    done();
                    return;
                }

                el.style.opacity = 1 - 1 / steps * currentStep++;
                requestAnimationFrame(goStep);
            }

            goStep();
        }
    }
});
```

在 `enter` 和 `leave` 回调函数里，通过 `requestAnimationFrame` API 重复执行 `goStep` 变更函数，将透明度一点儿一点儿提高或降低，实现了平滑的过渡效果。

San 把动画控制器留给应用方实现，框架本身不内置动画控制效果。应用方可以：

- 使用 CSS 动画，在 `transitionend` 或 `animationend` 事件监听中回调；
- 使用 `requestAnimationFrame` 控制动画，完成后回调；
- 在旧浏览器中使用 `setTimeout` 和 `setInterval` 控制动画，完成后回调；
- 发挥想象力，实现天马行空的动画效果。

4.5 APack

在之前的章节中，我们了解了 ANode，可以通过它来清晰地描述组件的结构。可以发现，在信息表达上，ANode 比较烦冗，用它来代替 `template` 虽然减少了解析时间，但会增大代码体积。有没有一种方式可以对 ANode 进行压缩呢？这里就要引入 APack 的概念了。

APack 是 abstract node pack 的缩写，字面意思是对抽象节点打包。它就是 ANode 的压缩格式。ANode 是一个对象，经过 JSON 字符串化后体积较大，因此需要设计一种压缩方式，让其体积更小、网络传输成本更低。APack 应运而生。

通过观察 ANode 的结构可以看出，它的字符数其实很多，而且大部分为了进行更好的语义化而使用了枚举，但是枚举的值实际上是数，所以有很大的压缩空间。

和 ANode 相比，APack 在体积和传输上有较大优势，在解压上也比 `template` 解析快得多。

我们使用同样的 `template`：

```
san.defineComponent({
    template: `
        <p>Hello {{ name }}!</p>
    `
});
```

APack 的结构如下：

```
[1,"p",4,2,"class",7,,6,1,3,"class",1,8,6,1,3,"_class",,2,"style",7,,6,1,3,"style",1,8,6,1,3,"_sty
le",,2,"id",6,1,3,"id",,9,,2,3,"Hello ",7,,6,1,3,"name",]
```

它是一个数组，里面只有数和字符串。这相当于把 ANode“拍扁”了：从 JSON 对象变为一维数组。

APack 通过数组顺序把 ANode 里定义的层级对应起来，将枚举值和大部分对象名替换为数，极大地压缩了代码体积、提高了解析性能。

4.6　小结

在本章中，我们学习了组件的高级用法，包括组件间通信的实现和应用、通过自定义插槽扩展组件的功能、通过配置路由实现页面切换，以及通过动画控制器方便地实现简单的动画效果。最后，通过对 ANode 和 APack 的介绍，我们还了解到如何进一步优化浏览器端性能，以及 ANode 在服务端渲染中的用途。

组件间通信是使用组件化搭建 Web 应用的必经过程。

- 父组件使用 `props` 属性机制给子组件传递消息。父组件也可以通过 `ref` 的方式获取子组件实例，调用子组件中的方法，引用子组件中的数据。
- 子组件可以通过自定义事件和 San 自带的消息机制，传递消息至父组件。
- 非父子组件之间的消息传递，可以通过中间组件逐步实现。这既可以通过 EventBus 搭建单独的事件通路来完成，也可以使用状态管理器，维护 Web 应用内部复杂的状态。

插槽的使用让组件变得更加灵活，还提升了组件的适用性。

- 在使用插槽时，要注意插槽的数据环境：一般是引用时的数据环境，而非定义时的。
- 当一个组件中有多个插槽时，使用命名插槽来区分不同的插槽。命名可以是动态的。
- 插槽可以指定作用域。作用域插槽拥有独立的数据环境，通常由 `s-bind` 和 `var-` 传入数据。

前端路由可以将页面管理从后端移至前端，是单页应用的基础设施。使用 San 官方提供的路由库 san-router，开发者可以通过简单的 API 方便地进行路由控制。

前端页面在一些交互逻辑上使用简单的动画，从而显著地提升了用户的使用体验。

- San 内置 `s-transition` 指令，配合动画控制器，可以方便地实现动画过渡效果。通过钩子函数，可以对动画进行精细控制。
- 可以配合 CSS 动画、`requestAnimationFrame`、`setTimeout` 和 `setInterval` 等 API 实现更加多样、灵活的动画效果。

APack 是 ANode 的压缩版本，对 ANode 进行了精简优化。它的可读性虽然低，但是大大增强了传输性，大幅提升了服务端渲染的性能。

我们接下来进入第 5 章，系统、深入地学习服务端渲染。

第 5 章

服务端渲染

服务端渲染作为在单页应用中广泛应用的一项技术，在 San 生态中也很重要。借助服务端渲染，单页应用可以像用普通模板引擎渲染的页面或静态页面一样，具有很快的加载速度。

前面的章节已经介绍了如何编写一个 San 组件，以及如何在浏览器中把你搭建的单页应用运行起来。但相比由模板引擎渲染的传统多页应用，用户在首次访问这样的单页应用时会感到明显的延迟。这是因为传统的多页应用在 HTTP 请求过程中，已经开始逐渐渲染页面内容；而单页应用需要在 San 框架和组件的 JavaScript 都加载完成后，才能开始渲染页面内容。

本章要介绍的**服务端渲染**（server-side rendering，SSR）技术就旨在解决这样的性能问题，它会在服务端执行 San 组件代码，完成渲染后，再把页面发送给浏览器加载。下面会分别介绍服务端渲染的用途，如何使用 San SSR 做服务端渲染，以及服务端渲染的一些最佳实践。

5.1 服务端渲染的用途

5.1.1 单页应用的问题

到目前为止，在我们用 San 创建的单页应用中，DOM 由浏览器端的 JavaScript 生成。在浏览器通过 HTTP 请求内容的过程中，服务器返回静态的 HTML 代码，一个典型的响应内容如下：

```
<!DOCTYPE html>
<html lang="en">
<head>
    <meta charset="UTF-8">
    <meta http-equiv="X-UA-Compatible" content="IE=edge">
    <meta name="viewport" content="width=device-width, initial-scale=1.0">
    <title>San App</title>
</head>
<body>
    <!--注意这里是空的-->
    <div id="root"></div>
    <script src="https://cdn.jsdelivr.net/npm/san@3.10.6/dist/san.dev.js"></script>
```

```
    <script src="app.js"></script>
    <script>new App();</script>
</body>
</html>
```

浏览器会在得到这个响应后，再去下载 san.dev.js 和 app.js，前者包含 San 框架代码，后者是业务逻辑的代码包（bundle）。这时的页面是空白的，因为此刻的 HTML 确实不包含任何与业务逻辑相关的 DOM。这一点可以在检查器和性能控制台里确认。

在开发这个页面时，你不会感受到这样有什么问题。但是真实用户（尤其是在使用移动设备时）的网络可能不够稳定，设备性能也可能较差，因此他们可能会长时间停留在这个空白页面上，等待脚本加载和执行完成。对于新闻、广告等落地页来讲，这样的等待时间很容易耗光用户的耐心。也就是说，将这样的单页应用作为落地页的技术选型，可能会造成大量用户流失。

此外，这样的空白页面对于搜索引擎的爬虫也不够友好。虽然目前的搜索引擎都有能力执行你的页面脚本，但搜索引擎上的执行效果是否正确，脚本资源的静态服务是否足够稳定可靠，种种因素都会给你的网站排名带来不确定性。

5.1.2 引入服务端渲染

上述问题的根本原因是，我们用空白页面作为第一次 HTTP 响应的内容。因此解决问题的思路是把这个空白页面改成有内容的页面。基本上，有以下两种方式来直接提供渲染好的 HTML 页面。

- 落地页不采用单页应用架构。这比较适用于 Dashboard[①]类站点的落地页，整体站点仍然采用前端渲染的单页应用架构，但将重要的落地页替换为静态、有内容的页面。这样，第一次访问的未登录用户和搜索引擎可以更快地看到落地页内容。这一方法比较简单，但是给静态页面和单页应用之间的代码复用和风格统一带来了挑战。
- 引入服务端渲染。所有页面都仍然采用单页应用的架构，但是在服务端执行单页应用的业务逻辑，渲染得到 HTML 后再发送给浏览器。浏览器先渲染 HTML 让用户看到内容，再继续启动浏览器端的单页应用，给渲染好的 DOM 绑定数据并注册事件。

San 单页应用的服务端渲染就是第二种方式。无论是 San，还是 React 和 Vue，这些 JavaScript 框架的服务端渲染的主要卖点就是前后端同构，即浏览器中组件封装的业务逻辑同样可以在服务端运行起来。因此可以在用户请求特定页面时，在服务端执行业务逻辑并产生渲染完成的 HTML，并把这个带有内容的 HTML 页面发送给浏览器。这样，单页应用的首页就不再是空白的了。例如，经过服务端渲染之后，返回的 HTML 代码像下面这样：

① Dashboard（管理看板）是将多个图表、报表等组件内容整合在一个面板上综合显示的功能模块。——编者注

```
<!DOCTYPE html>
<html lang="en">
<head>
    <meta charset="UTF-8">
    <meta http-equiv="X-UA-Compatible" content="IE=edge">
    <meta name="viewport" content="width=device-width, initial-scale=1.0">
    <title>San App</title>
</head>
<body>
    <!-- 注意这里被 SSR 填充了页面内容 -->
    <div id="root"><!--s-data:{"name":"harttle","title":"Click the button!","clickCount":0}-->
        <h1>Click the button!</h1>
        <p>harttle clicked 0 times</p>
        <button>Click Here</button>
    </div>
    <script src="https://cdn.jsdelivr.net/npm/san@3.10.6/dist/san.dev.js"></script>
    <script src="app.js"></script>
    <script>new App({el: root});</script>
</body>
</html>
```

在采用服务端渲染的情况下，还有一种特殊的场景，就是**预渲染**。预渲染是指在用户请求页面之前就把可能请求的页面渲染好并存放起来，然后在用户请求时直接把对应的 HTML 发送给浏览器。预渲染仍然采用服务端渲染的工具链，仍然在 Node.js 环境里执行业务逻辑组件，只是预渲染通常在编译期进行。

5.1.3　应用场景评估

如上所述，我们看到引入服务端渲染可以带来一些显而易见的好处。

- 用户能在第一时间看到内容。也就是说，最终用户在页面性能方面会有更好的体验。不同的场景或团队可能会采用不同的方式来衡量最终用户对页面性能的体验，通常有如下两个指标，服务端渲染可以用来提升第一个。
  - 一是视觉渲染完成，即用户看到了内容（此时可能还不可交互，比如按钮点击无响应），通常用**首屏**、首次内容绘制（first contentful paint，FCP）、首次有意义绘制（first meaningful paint，FMP）、视觉完成时间（time to visually ready，TTVR）这些时机来标记。
  - 二是可交互，即页面已经可以响应用户交互事件了，通常用 `componentDidMount`（React）、`mounted`（Vue）、`DOMContentLoaded`（纯 JavaScript）这些时机来标记。
- 对 SEO 友好，HTML 直接输出对搜索引擎的抓取和理解更有利。对于现在包括谷歌、百度在内的搜索引擎而言，在其 bot（机器人）索引页面时，就已经可以先渲染客户端页面了。但服务端渲染的页面仍然在 SEO 方面有很多好处。
  - 客户端渲染受制于网络、JavaScript 异常。比如，如果遇到网络出错或 JavaScript 运行时错误，客户端渲染可能会出现失败或不完整的情况，但服务端渲染返回的 HTML 代码总是可以被 bot 稳定解析。

- bot 所处的环境不同于用户环境和开发环境。bot 的 UserAgent、网络环境、JavaScript 运行时或渲染引擎可能与你开发时的不同，也可能与用户环境中的不同。因此客户端渲染的页面虽然看起来可以正常渲染，但在 bot 里的效果仍然不可预测。
- 客户端渲染会影响网站被检索的效率。搜索引擎在索引网站时，通常会根据网站权重设置一定的资源配合。使用 bot 进行客户端渲染要比直接解析服务端器渲染好的 HTML 代码消耗更多资源。因此，这可能会导致索引任务积压，使得网站的部分页面无法被成功索引，或者不能够被及时索引。

但是使用服务端渲染也会带来一些问题。

- 更高的成本。虽然我们开发的是组件，但是需要考虑其运行时是 Node.js 和浏览器双端的，需要考虑在服务端渲染要提前编译，需要考虑组件的源码如何输出到浏览器端，需要考虑开发组件的浏览器兼容性，还需要考虑到底要写旧浏览器兼容性好的代码还是先按 ESNext 编写再通过打包编译时进行转换。这依然增加了维护成本，即使不太多。
- 用户可交互的时间不一定更早。交互行为是由组件管理的，而组件从当前视图反解出数据和结构需要遍历 DOM 树，反解的时间不一定比在前端直接渲染快。

所以当使用服务端渲染时，需要进行全面评估，只在必需的场景下使用。一般来讲，适合使用服务端渲染的场景有如下两种。

- 侧重内容展示的页面（比如新闻文章、feed 详情页、“关于”“联系我们”页）。这类页面给用户带来的核心价值是内容，而非交互。因此，能够更快地看到内容比完整加载 JavaScript 要更重要。
- 落地页（比如广告落地页、下载页面）。落地页通常承担引流的作用，一般是用户首次访问的地方。因此，能够快速地展现内容非常重要，而且最好能够被搜索引擎索引。

一般来讲，不适合服务端渲染的场景包括如下两种。

- 后台系统（CMS、MIS、DashBoard 之类）单页应用。因为用户要在页面里进行操作，所以首屏时间并不重要，也不需要被搜索引擎索引。
- 功能型页面（比如“个人中心”“我的收藏”）。它们通常和用户相关，不需要搜索引擎索引，也基本不会被用作落地页。

5.2 如何做服务端渲染

既然我们有时需要进行服务端渲染，那么本节就来介绍如何使用 san-ssr 包来在服务端渲染

San 应用。我们也会对 San SSR 的设计和优化进行深入的介绍，从而让你更好地理解启用服务端渲染的利弊，以及启用服务端渲染后的编码最佳实践。

5.2.1　立即使用 San SSR

San SSR 的功能主要由 san-ssr 包来提供，源码维护在其 GitHub 代码库中。推荐参考其代码库中的描述文件 README.md 来使用，大概有以下几个步骤。

- 准备工作。首先需要有一个可以正常工作的 San 应用，以及 Node.js 环境（包含 node 和 npm）。
- 在你的仓库中安装 san-ssr，建议同时安装 San 的最新版本：

```
npm i san@latest san-ssr@latest
```

- 创建一个服务端文件，例如 render.js，在其中加载你的 San 应用根组件，以及需要渲染的数据，并调用 san-ssr 提供的方法渲染得到最终的 HTML 代码：

```
const { SanProject } = require('san-ssr')
const App = require('src/component.js')  // 你的入口 San 组件

const project = new SanProject()
const render = project.compileToRenderer(App)

console.log(render({name: 'harttle'})) // 传入入口 San 组件对应的数据
```

上述 console.log 就可以打印出渲染得到的 HTML 代码了。对于典型的后端服务，还需要把上述逻辑封装到请求处理函数中，并且把得到的组件 HTML 代码嵌入最终的 HTML 文件。最终的 HTML 文件一般还包含样式、脚本等静态资源，以及在浏览器端启动 San 应用的入口逻辑。最终的 HTML 文件一般像下面这样：

```
<!DOCTYPE html>
<html lang="en">
<head>
    <meta charset="UTF-8">
    <meta http-equiv="X-UA-Compatible" content="IE=edge">
    <meta name="viewport" content="width=device-width, initial-scale=1.0">
    <title>SSR Basic</title>
</head>
<body>
    <!-- 把 render 返回的 HTML 代码嵌入这里 -->
    <div id="root"><!--s-data:{"name":"harttle","title":"Click the button!","clickCount":0}-->
        <h1>Click the button!</h1>
        <p>harttle clicked 0 times</p>
        <button>Click Here</button>
    </div>

    <!--页面需要的静态文件，包括 san.dev.js-->
```

```
    <script src="https://cdn.jsdelivr.net/npm/san@3.10.6/dist/san.dev.js"></script>

    <!--入口 San 组件的定义-->
    <script src="app.js"></script>

    <!-- 在浏览器端启动 San 应用 -->
    <script>
    new App({
        // 传入服务端渲染得到的 HTML 根元素，San 将根据此元素进行反解，得到可交互的 San 应用
        el: root
    });
    </script>
</body>
</html>
```

上面就是一个简单的 san-ssr 调用过程，演示了如何安装、使用 san-ssr，并将其返回客户端进行反解。对于我们的示例项目来讲，这个过程中的步骤被封装到了 webpack 插件和服务端代码里。

在本书源码文件 chapter5/ssr-basic 中有一个完整的示例，可以通过以下命令启动：

```
cd chapter5/ssr-basic     # 进入示例代码目录
npm install               # 安装依赖
npm start                 # 启动服务
```

然后用浏览器访问 http://127.0.0.1 即可看到 SSR 得到的结果。可以从 DevTools 的 Source 面板看到服务端返回的 HTML 代码已经包含了页面的内容（见图 5-1）。

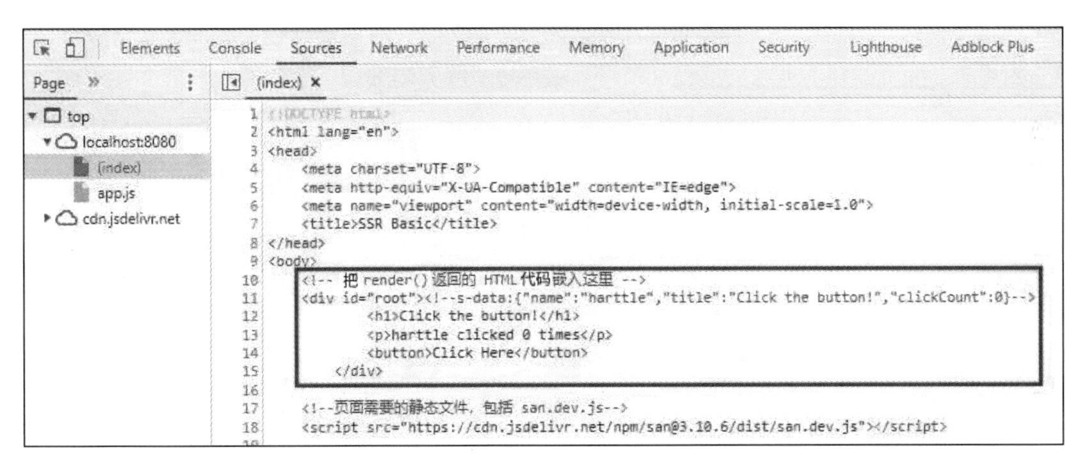

图 5-1　服务端返回的 HTML 代码

在 san-realworld-app-ssr 目录中，包含一个较为完整的 SSR 项目示例，其中有 webpack 配置和服务端代码，也有单元测试、代码风格检查等配置，可以作为真实项目的起点。它在 san-realworld-app 的基础上，做了如下改动。

- 引入服务端入口 src/server.js。该入口基本上只做两件事：

  - 把 san-realworld-app 构建得到的静态文件即时共享（serve）出来，例如 CSS、JavaScript 等文件；
  - 在 san-realworld-app 构建得到的 index.html 中填充 SSR 渲染（这里调用了上面的 `compileToRenderer`）得到的内容。

- 在浏览器端编译配置之外（client.webpack.js），引入服务端编译配置（server.webpack.js）。
- 在浏览器端的入口文件启动应用时，从已有 DOM 反解，即从 `new App().attach({el})`变为 `newApp({el})`。

5.2.2 开发支持 SSR 的组件

就像我们引入的其他所有技术一样，在架构某些方面上的提升总会付出其他方面的代价。引入服务端渲染可以提升首屏性能，但也限制了业务代码的灵活性，并且引入了额外的维护成本。也就是说，你编写的 San 组件需要能够同时在浏览器端和服务端正常运行。

引入 SSR 之后，业务组件不仅要在客户端正常渲染，也需要在服务端正常渲染。这意味着组件的单元测试不仅要在浏览器环境下正常运行，也需要在 Node.js 环境下正常运行；集成测试或 E2E 测试不仅要确认浏览器端渲染的效果，也需要确认服务端渲染的效果；前端不再仅仅需要发布静态资源，还需要维护渲染服务的可用性。

这些都是服务端渲染在工程上带来的额外成本。此外，它在模块设计和编程实践上也会带来额外的挑战。浏览器环境（网页编程）和服务器环境（服务端编程）中的编程最佳实践有很大的区别，在我们编写只在浏览器端运行的 San 组件时，可以完全不去考虑这些区别，但是在引入服务端渲染时，就需要认真考虑了。下面我们来分析几个重要的方面。

1. API 的使用

在编写 San 组件时，我们默认可以直接使用 BOM API 或 DOM API，比如读取 `location.href` 或调用 `document.createElement`。Node.js 下不存在 `location` 和 `document` 等变量，因此在服务端执行这些调用会得到 `TypeError`。

事实上，在引入服务端渲染之后，只有两个平台同时支持的 API 才可以被安全地直接使用。其他 API 则需要封装或模拟（mock）之后才能使用。你使用的第三方 npm 包也一样，需要提供服务端版本或者 mock 版本。限制不使用它们显然不总是可行的办法，我们需要提供额外的模拟或封装来进行使用。下面举两个例子。

- 引入环境初始化脚本进行必要的模拟。在执行所有组件的服务端渲染之前，引入一段脚本来设置一些全局变量，模拟浏览器端环境。这通常需要从触发服务端渲染的 HTTP 请求中获取一些信息，比如：

```
global.location = {
    href: req.url,
    search: req.query,
    // 通过请求对象 req 来模拟一个较为完整的 location 对象
}
```

- 禁用 BOM API 和 DOM API，并提供额外的封装。提供模拟的方式实现起来比较简单，但也存在一些问题。尤其是不容易确保时机正确。例如，在使用 `location` 时，怎样才能确保它已经初始化了呢？这在简单的场景下很容易办到：把初始化代码放到最前面即可。如果存在并发呢？有多个请求执行服务端渲染的话，它们都会设置全局变量，从而相互干扰。当然，你可以牺牲一些性能，控制并发数为 1，让所有请求顺序执行。但有些 API 是无法完美模拟的，这时我们希望控制对它们的使用，这就需要提供另一个封装好的 API 并提供受控制的类型了（如果你在使用 TypeScript）。

此外，你可能还需要在流水线上做一些检查，确保组件代码在正确地使用模拟，或者确保没人绕开你的封装而直接使用浏览器 API。

2. 并发和时序

在浏览器端代码中，会经常用到全局变量和单例。这样做是合理的。例如在一个浏览器里，当前只有一个用户在使用这个单页应用，那么就有足够的理由把表示用户的变量（或者这个用户的应用配置）设置为全局变量或者单例。但在引入服务端渲染后，同一个 Node.js 进程可能会同时为多个请求渲染页面，这时全局变量或单例就会带来并发问题。例如下面的过程：

- 在时间 00：00，用户 Alice 发起请求，服务端开始渲染页面，执行了设置全局变量 `user = "Aclice";`
- 在时间 00：01，用户 Bob 发起请求，服务端开始渲染页面，执行了设置全局变量 `user = "Bob";`
- 在时间 00：02，Alice 的页面继续渲染，需要读取用户信息并插入页面中，得到 `user === "Bob"`。

Alice 发起的请求在页面中应该插入的用户是`"Alice"`，但由于并发的存在，页面中的内容变成了`"Bob"`。这个例子表明，全局变量在存在并发的服务端渲染中会存在读写一致性的问题。问题的本质在于多个服务端渲染过程在同一个进程中，共享同一个事件循环、同一份内存。因此，单例、类的静态属性、模块级别的局部变量都会有同样的问题。

Vue SSR 提供了 `runInNewContext` 选项来隔离多个请求的服务端渲染，为每个请求提供全新的上下文。但考虑到使用 Node.js 的虚拟机会对性能产生明显的影响，San 的目标是创建高性能的单页应用，因此 San SSR 暂未支持此功能，推荐的最佳实践仍然是改造所有的全局变量和单例。

3. CPU 和内存

除了全局变量和单例这些设计问题之外，在将浏览器端代码移植到 Node.js 时通常还会引发性能问题。这也体现于在这两个环境中编程有不同的最佳实践。因此，在让本来只用于浏览器端的 San 组件在服务器上运行时，需要额外注意它的资源开销。

CPU 资源的典型例子是计时器。例如在浏览器中，要实现倒计时和实时数据刷新，常见的实践是启动一个 `setTimeout` 计时器，我们并不需要考虑何时销毁它。因为这个计时器只存在于这个用户的这个浏览器的页面中，而用户随时可能关闭或刷新这个页面，所以这个计时器的生命期一般不会太长。但如果每个服务端请求都启动一个这样的计时器，那么服务器的 CPU 占用比例过不了多久就会上升到 100%。

同样的道理，在浏览器端通常不用考虑内存开销的问题。因为用户在页面的停留时间短暂，我们可以不假思索地把任何需要的东西放在全局变量或者缓存里，让用户在交互时有更流畅的体验。但类似的代码在服务端运行则会让服务器内存占用稳定地升高，以至于很快就需要重启。典型的例子是，可能需要记录某些耗时操作的返回值，以便下次直接获取结果，而不用重新调用计算过程。因为一个用户的数据和交互是有限的，所以将其缓存在浏览器端不成问题，但是如果放到服务端，就会记录请求这个服务的所有用户产生的数据。

不幸的是，不同于 API 或全局变量的使用，CPU 和内存的问题来自每个模块的设计，很难通过工具来静态检测。我们需要类似于火焰图、线上日志、内存转储之类的方式去定位和解决这些问题。

5.2.3　编译到其他语言和平台

有时，我们的后端服务器不是 Node.js（比如是 Java 或者 PHP），那么服务端渲染通常由既有的后端调用新的 Node.js 来完成。这个被调用的 Node.js 可以是一个一次性进程，也可能是一个 HTTP 服务。在这样的设计下，当用户请求后端服务时，后端服务计算得到渲染所需的数据，然后把数据传递给 Node.js，由 Node.js 完成渲染并把 HTML 代码返回给后端，再由后端把 HTML 代码返回给浏览器。

在此设计中，各模块的职责比较独立，San 组件可以运行在完整的 Node.js 环境中。不过，这样也存在性能和自由度上的问题。在性能上，由于数据需要跨进程传递，序列化、反序列化、传输的性能都需要考虑，传统的后端数据可能存在循环引用或同一份数据多份引用。这时就会遇到问题。在自由度上，由于 Node.js 进程独立于后端服务，后端服务上已有的功能（比如工具库、插件等）不能再用于渲染过程，可能需要不少的迁移工作。

因此，我们从 San SSR 出发，给出另外一种设计：通过 San SSR 编译直接得到对应语言（比如 PHP）的 render 函数，让渲染直接运行在 PHP 上，从而避免提供额外的渲染进程以及相应的进程间通信（IPC）。这一设计在性能和灵活性上要好于单独渲染进程的设计，但代价是 San 组件的编写需要同时考虑客户端渲染的 JavaScript 环境和服务端渲染的 PHP 环境。

这两种设计各有适用的场景。例如，如果只运行简单的内容页面渲染，那么采用编译到 PHP 的设计可以得到更好的可维护性和性能；如果组件渲染会大量地使用 JavaScript 语言独有的特性且有大量的组件，那么采用独立的 Node.js 进程能更稳定地执行更动态的 JavaScript。因此，需要结合具体情况进行权衡和选择。下面就后一种设计介绍 San SSR 如何编译到不同的语言和平台，先看看其使用方式。

在 san、san-ssr 之外，还需要安装 san-ssr-target-php：

```
npm i san san-ssr san-ssr-target-php
```

然后在编译时指定目标为 php：

```
import { SanProject } from 'san-ssr'
import { writeFileSync } from 'fs'

const project = new SanProject()
const targetCode = project.compileToSource('src/component.ts', 'php')

writeFileSync('dist/component.php', targetCode)
```

和编译到 JavaScript 类似，得到的 dist/component.php 即为 PHP 版本的 render 函数。关键在于，这是如何实现的呢？San SSR 的设计考虑了跨平台的需求，上述 compile 方法事实上分为两个阶段。

(1) 把组件编译成表示 render 函数的**抽象语法树**（abstract syntax tree，AST），这棵树表示了 render 的函数签名和函数体的结构，比如包含哪些语句、每个语句由怎样的表达式构成，等等。

(2) 调用对应的代码生成器生成具体编程语言的代码，具体使用哪个代码生成器由第二个参数指定（这里是 php）。这个代码生成器遍历 AST 并把表示语法结构的节点逐一翻译成具体的 PHP 代码。

也就是说，第一个阶段是与语言无关的，可以通过第二个阶段挂载不同的代码生成器，生成不同语言的代码。代码生成器的包的命名规则为 san-ssr-target-lang，比如传入 php 就会去找名为 san-ssr-target-php 的包。此外，这个 target 参数的默认值为 js，而 JavaScript 的代码生成器 san-ssr-target-js 就内置在 san-ssr 中，不需要额外安装。

如果你需要把 san-ssr 编译到非 Node.js 平台，只需要找到并挂载一个对应的代码生成器，把上述结构翻译为具体的编程语言。这个代码生成器输出的字符串便会作为 project.compile 的返回值写入 dist/component.php，在 PHP 服务上使用。

本节介绍了 San SSR 的跨平台特性。

- 选择使用独立渲染进程的设计还是直接编译到你的后端语言，取决于项目的具体情况：是性能和简单性更重要，还是完整的语言特性更重要？
- 可以指定具体语言的代码生成器，让 San SSR 的 `render` 函数支持不同的语言，其中 JavaScript 代码生成器已经内置在了 san-ssr 中，不需要额外安装。
- San SSR 通过 AST 表示的中间代码来隔离 SSR 逻辑和代码生成器的逻辑。代码生成器只需要逐句把 AST 表示的语法结构翻译到目标语言中，即可得到具体语言里的 `render` 函数。

5.3 San SSR 的工作原理

前面两节介绍了如何使用 San SSR，以及引入 San SSR 后编写组件需要注意的问题。本节将着重介绍 San SSR 内部的设计和实现，在对服务端渲染过程的实现有更进一步的了解后，再继续介绍如何进行“服务端渲染的性能优化”。

5.3.1 San 服务端渲染过程

1. 服务端渲染和客户端渲染的区别

服务端渲染和客户端渲染类似，都需要用数据把编写好的 San 组件渲染出来，得到浏览器能够解析和绘制的 HTML 代码。下面简要介绍其不同之处。

- 在进行服务端渲染时没有浏览器环境，因此不能通过 DOM 操作（比如 `document.createElement`）来让浏览器帮忙生成 HTML 内容，只能通过字符串的拼接来生成 HTML 字符串。
- 服务端渲染不需要考虑更新 DOM 和绑定事件。因为产出是 HTML 字符串，所以在渲染过程中不需要关心 DOM 频繁更新、DOM 事件绑定等问题，也不需要执行任何处理 DOM 事件的组件代码。比如 `attached`、`detached` 和 `click` 等事件在服务端永远不会发生，处理这些事件的代码自然也不需要执行。
- 在服务端，组件只存在于 compiled 和 inited 这两个生命周期阶段中；而在 San SSR 中，我们只会执行组件中的 `inited` 钩子函数。

出于这些原因，单页应用框架通常通过一个独立于核心的服务端程序来提供服务端渲染功能，也通常发布到一个新的 npm 包。比如 san-ssr 运行在服务端，提供服务端渲染；而 San 运行在浏览器端，提供浏览器端的运行时。

2. 服务端渲染过程

我们已经了解到，使用 san-ssr 的过程大概包括：(1) 调用 SSR 编译（比如 `compileToRenderer`）得到 `render` 函数，(2) 用具体的数据调用该 `render` 函数得到 HTML 代码，(3) 把 HTML 代码发送给浏览器进行渲染和客户端反解。第(2)步调用的 `render` 函数其实也是第(1)步生成的，所以关键在于 SSR 编译。接下来就来着重介绍 SSR 编译过程。

5.3.2 组件信息解析

San 应用的入口组件是 SSR 编译的输入，因此可以从入口组件开始递归解析。每个组件的子组件定义在 `components` 字段中，因此递归地遍历 `components` 的值即可得到组件信息的树。

严谨的你可能已经发现了：如果组件 `List` 引用组件 `ListItem`，组件 `ListItem` 又引用组件 `List`，那岂不是会进入无限循环？事实上，在解析过程中，后向边（back edge）会停止递归，直接使用已经解析过的节点。

在这一步得到的树中，每个节点都保存有组件的信息，叫作 ComponentInfo。我们得到的组件树可能有类似这样的结构：

```
{
    // 根组件 App 的信息
    componentClass: App,
    template: "<div id=\"root\">\n    <h1>Click the button!</h1>...",
    computed: [],
    filters: {},
    children: {
        // 名为 s-list 的子组件的信息
        "s-list": {
            componentClass: List,
            template: "<ul><li s-for=\"item in list\">{{item | upper}}</li><slot/></ul>",
            computed: [],
            filters: {
                upper: str => str.toUpperCase(str)
            }
        },
        // 其他子组件
        {
            // ...
        }
    }
}
```

从树中每个 ComponentInfo 的模板（`template`），可以得到一棵 ANode 树。这棵树表示了该组件由哪些 HTML 元素组成，在哪些地方插入数据，在哪些地方插入表达式，以及在哪些地方插入子组件。可以借助 `san` 提供的 `parseTemplate` 工具来从 `template` 得到对应的 ANode 树，请看下面的示例：

```
import {parseTemplate} from "san"

// template === "<div id=\"root\">\n    <h1>Click the button!</h1>..."
const aNode = parseTemplate(template)
```

得到的 aNode 是一个树状的结构。你可以在 AST Explorer 上选择语言 San，在左侧输入 San 组件模板，那么在右侧就可以看到这棵树的可视化输出，类似这样：

```
- div  {
     directives: { }
   + props: [1 element]
     events: [ ]
   - children:  [
      + {textExpr}
      + h1 {directives, props, events, children, tagName}
      + {textExpr}
      + p {directives, props, events, children, tagName}
      + {textExpr}
      + button {directives, props, events, children, tagName}
      + {textExpr}
     ]
     tagName: "div"
 }
```

5.3.3　编译到 render AST

注意区分组件树和每个组件里的 ANode 树：

- **组件树**表示组件的基本信息和组件之间的引用关系，其节点为 ComponentInfo 对象；
- **ANode 树**表示组件模板的 DOM 结构和子组件的嵌入位置，其节点为 ANode 对象。

接下来，我们需要把**组件树**里的每个组件编译为一个 render 函数。这些 render 函数可能会相互调用，调用点定义在 ANode 树中。例如，对于 ListItem 组件<li><s-button></li>，它的 ANode 中会存在对组件 Button 的引用，那么生成的 render 函数也需要在同样的地方引用组件 Button 对应的 render 函数。

注意，这一步要计算的并不是 render 本身，而是表示 render 函数的 AST。这棵语法树表示 render 函数的结构，即由哪些语句构成、每个语句又由哪些表达式构成等。引入这一步抽象的目的有两个。

- 容易做统一的优化。在生成具体的代码字符串之后再做优化比较困难，例如移除未使用的变量需要结构化的数据。
- 支持编译到其他语言。对于 5.2.3 节介绍的 PHP 下的 San SSR，只需要替换代码生成器即可完成从 render AST 到 PHP 代码的转换。这样，ComponentInfo 树的生成和 render AST 的生成就都不需要替换了。

render AST 的生成过程较为复杂，但原理很简单：遍历上述 ANode 树，把每个 ANode 翻译为对应的语句。下面是一段示意性的代码，输入为 ComponentInfo 上的 ANode，输出为 render 函数体的 AST：

```
compileToRendererAST(aNode) {
    let funcAST = [];
    dfs(aNode)
    return funcAST()

    function dfs(aNode) {
        if (isATextNode(aNode)) {
            funcAST.push(HTMLAppend(aNode.textExpr))
        } else if (isAIfNode(aNode)) {
            // 递归地编译 s-if 的内容
            funcAST.push(IF(aNode.directives.if, dfs(aNode.body)))
        } else if (isAForNode(aNode)) {
            // 递归地编译 s-for 的内容
            funcAST.push(FOR(aNode.directives.for, dfs(aNode.body)))
        }
        // 对于每一种 aNode 类型，做特定的编译
    }
}
```

事实上，除了 ANode 之外，还需要 ComponentInfo 来提供组件的 filters 等元信息及子组件的信息，才能生成完整的 render AST。最终得到的 render AST 表示了 render 函数的抽象结构，类似这样：

```
{
  "kind": "FunctionDefinition",
  "name": "render",
  "args": [
    { "kind": "VariableDefinition", "name": "data" },
    {
      "kind": "VariableDefinition",
      "name": "noDataOutput",
      "initial": { "kind": "Literal", "value": false }
    },
    {
      "kind": "VariableDefinition",
      "name": "parentCtx",
      "initial": { "kind": "Null" }
    },
    {
      "kind": "VariableDefinition",
      "name": "tagName",
      "initial": { "value": "div", "kind": "Literal" }
    },
    {
      "kind": "VariableDefinition",
      "name": "slots",
      "initial": { "kind": "MapLiteral", "items": [] }
```

```
    }
  ],
  "body": [
    { "kind": "ImportHelper", "name": "_" },
    { "kind": "ImportHelper", "name": "SanSSRData" },
    {
      "kind": "VariableDefinition",
      "name": "instance",
      "initial": {
        "kind": "CreateComponentInstance",
        "info": { /* ... */ }
      }
    },
    {
      "kind": "AssignmentStatement",
      "lhs": {
        "kind": "BinaryExpression",
        "lhs": { "kind": "Identifier", "name": "instance" },
        "op": ".",
        "rhs": { "kind": "Identifier", "name": "data" }
      },
      "rhs": {
        "kind": "NewExpression",
        "name": { "kind": "Identifier", "name": "SanSSRData" },
        "args": [
          { "kind": "Identifier", "name": "data" },
          { "kind": "Identifier", "name": "instance" }
        ]
      }
    }
  ]
}
```

顶层是一个 `FunctionDefinition`，表示 `render` 是一个函数定义；`args` 字段显示它有 4 个参数，即 `data`、`noDataOutput`、`tagName` 和 `slots`；`body` 字段表示它的函数体。前面有两个文件导入，接着是 `instance` 变量的定义语句。ANode 编译得到的语句在所有初始化语句之后、函数 `body` 的内层。

5.3.4　render 的代码生成

对上述 `render` 的 AST 进行必要的优化（比如去除没有引用的变量、合并字面量等）之后，就可以把它翻译成可执行的 JavaScript 代码了。从 `render` AST 到具体 `render` 代码的翻译由**代码生成器**完成，它在 san-ssr 中叫作 `Emitter`。它是可替换的，比如挂载 `JSEmitter` 就能生成 JavaScript 代码，挂载 `PHPEmitter` 就能生成 PHP 代码。

AST 到 JavaScript 代码的翻译过程类似于 ANode 到 AST 的翻译，只需要按照类型应用不同的翻译方式并且递归下去即可。例如，生成 JavaScript 代码的 `JSEmitter`：

```
export class JSEmitter extends Emitter {
    public writeSyntaxNode (node: Expression | Statement) {
        switch (node.kind) {
        case SyntaxKind.ReturnStatement:
            this.nextLine('return ')
            this.writeSyntaxNode(node.value)
            this.feedLine(';')
        case SyntaxKind.Literal:
            return this.writeLiteral(node)
        case SyntaxKind.ConditionalExpression:
            this.writeSyntaxNode(node.cond)
            this.write(' ? ')
            this.writeSyntaxNode(node.trueValue)
            this.write(' : ')
            this.writeSyntaxNode(node.falseValue)
            break
        case SyntaxKind.ArrayIncludes:
            this.write('_::contains(')
            this.writeSyntaxNode(node.arr)
            this.write(', ')
            this.writeSyntaxNode(node.item)
            this.write(')')
            break
        case SyntaxKind.FunctionCall:
            this.writeSyntaxNode(node.fn)
            this.write('(')
            this.writeExpressionList(node.args)
            this.write(')')
            break
        case SyntaxKind.Null:
        case SyntaxKind.Undefined:
            this.write('null')
            break
        case SyntaxKind.NewExpression:
            this.write('new ')
            this.write(node.name.name)
            this.write('(')
            this.writeExpressionList(node.args)
            this.write(')')
            break
        case SyntaxKind.If:
            this.nextLine('if (')
            this.writeSyntaxNode(node.cond)
            this.write(') ')
            this.writeBlockStatements(node.body)
            break
        /* 更多的语法结构 */
        default: assertNever(node)
    }
}
```

由这个 `Emitter` 写出的 JavaScript 代码字符串即为 `render` 函数。一个生成好的 `render` 函数类似这样：

```
function (data, noDataOutput = false /* 供组件之间传递信息的其他参数 */) {
    // 一些初始化工作
    let html = ""
    html += "<div id=\"root\">";
    if (!noDataOutput) {
        html += "<!--s-data:";
        html += JSON.stringify(/* 数据 */);
        html += "-->";
    }
    html += "Name: " + _.output(ctx.data.name, true);
    html += "</div>";
    return html;
});
```

该函数的返回值是 HTML 字符串。它会先把 `html` 初始化为空字符串，再根据 ANode 树的结构，生成每种 ANode 对应的 HTML 代码。对于子组件节点的 ANode，则递归地调用那个组件对应的 `render` 函数。

至此，我们已经得到了 `render` 函数的源码。可以把这些代码写入文件，并在后续调用 SSR 时通过 `require` 来使用，也可以直接在 `new Function` 之后在当前进程里直接使用。调用这个函数即可生成渲染好的 HTML 代码。

5.4 客户端反解

5.3 节介绍了如何得到 `render` 函数，现在用具体的数据调用这个 `render(data)`就可以得到生成的 HTML 代码并把它发送给浏览器。这样，浏览器即可在执行任意 JavaScript 代码之前，为用户渲染首屏内容。我们已经达到了最初引入服务端渲染的性能优化目标，还有重要的最后一步：让 San 组件运行起来。

5.4.1 组件反解的概念

这时用户已经可以看到 HTML 的效果了，但 San 组件的脚本仍然没有开始执行，页面仍然无法响应用户交互。因此，我们需要让 San 组件运行起来。你可能有很简单的办法：直接使用 `new App` 不就可以了？

这个问题比看上去复杂得多：在纯浏览器端渲染时，使用 `new App({ el })`传入空的 `el` 作为组件根 DOM 元素即可；但引入 SSR 后，`el` 已经填充了服务端给的内容，San 应该怎么处理这些内容呢？不外乎以下这些方式。

- 移除这些内容，重新渲染。这是最差劲的方式。重新渲染需要时间，更糟糕的是页面可能会重新变成空白的。因此，这种方式一定不可取。

- 重新渲染，和服务端渲染的结果对比，并打补丁（patch）上去。Vue 和 React 都采取这种方式（叫作 Hydration）。这种方式的好处是简单，可以确保客户端状态的一致性。但是这也有问题：如果客户端渲染和服务端渲染结果不一致，怎么办？比如由于时间、异步等外部状态区别，两个渲染结果都是有效的，那么替换掉服务端的结果也会让用户感受到页面闪动。
- 直接采用服务端的渲染结果来初始化客户端的状态。San 就采用了这种方式，也就是从渲染好的 HTML 代码结合组件代码（`template`、`data`）解析得到 ANode。这一方法的优点是客户端可以完全继承服务端的状态和视图。在理想情况下，用户不会看到任何闪动，因为不需要重新打补丁，所以理论上速度也更快。缺点则是，如果发生逻辑问题会比较难以追溯，出现错误时的结果也难以预期。

这个从 HTML 到 ANode 的过程叫作浏览器端**组件反解**。为什么叫反解呢？我们再回忆一下“正常的解析”过程。

- 我们编写的组件代码，用 `template` 描述了 HTML 的结构。
- 把它解析为 ANode，得到结构化的嵌套对象（这个对象可以序列化为 JSON，也可以压缩得到 APack）。
- 再用这一对象递归地渲染每个节点，即可得到最终的 HTML 代码，交给浏览器来展现。

这个从 `template` 到 ANode 再到 HTML 的过程，就是所谓的“正解”，一般称为**编译**或**构建**。之前从 HTML 到 ANode 的做法则是将这个过程倒了过来。

5.4.2 数据注释

组件的反解除了需要 HTML 代码之外，也需要组件的数据。数据可以通过 `new App` 传入，也可以直接嵌入服务端渲染好的 HTML 代码。初始数据标记是一个以 `s-data:`开头的 HTML 注释，在注释内容中声明数据。

例如，对于下面的组件代码：

```
var MyComponent = san.defineComponent({
    template: ''
        + '<a>\n'
        + '    <span title="{{email}}">{{name}}</span>\n'
        + '</a>'
});
```

服务端渲染得到的 HTML 代码如下（注意其中的 `s-data` 部分）：

```
<a id="wrap"><!--s-data:{email: 'tom@qq.com', name: 'tom'}-->
    <span title="tom@qq.com">tom</span>
</a>
```

注意

San SSR 在默认情况下就会嵌入这样的数据。也就是说，在默认情况下，引入 San 服务端渲染后，使用 new App 不再需要传入 data。

San 的组件反解过程基于数据和组件模板进行视图结构反推与匹配。除了 s-data 之外，San 服务端渲染还会输出一系列注释标记。这些标记对于组件反解是必要的。比如对于模板中的 s-if 条件进行视图反推，如果没有正确的注释标记，反推就会因为元素对应不上，而得不到期望的结果。

5.4.3　复合插值文本

另一个重要的标记是 s-text。San 支持在插值文本中直接输出 HTML 代码，此时插值的语法结构和最终 DOM 中的 TextNode 可能并非一一对应。例如，一个 DOM TextNode 可能包含多个连续插值语法结构产生的结果。对于这种情况，San 会在必要时（注意并不总是这样，例如在不存在连续文本结构的情况下不需要特殊标记）在每个插值语法前后各添加一个注释做标记。

- 文本前的注释内容为 s-text，代表插值文本片段开始。
- 文本后的注释内容为/s-text，代表插值文本片段结束。

例如，对于下面的组件代码：

```
var MyComponent = san.defineComponent({
    template: ''
        + '<a>\n'
        + '    <span>Hello {{name|raw}}!</span>\n'
        + '</a>'
});
```

服务端渲染得到的 HTML 代码如下（注意其中的 s-text 部分）：

```
<a id="wrap"><!--s-data:{name: 'new <b>San</b>'}-->
    <span>Hello <!--s-text-->new <b>San</b><!--/s-text-->!</span>
</a>
```

5.4.4　调用组件反解

组件反解的原理虽然复杂，但是需要用户做的却很简单：在创建 San 应用的时候，传入服务端渲染好的元素即可。

```
var App = san.defineComponent({ /* 入口 San 组件的定义 */ })
var app = new App({
      el: document.getElementById('app')  // 传入服务端渲染得到的 HTML 根元素，San 将根据此元素
                                          // 进行反解，得到可交互的 San 应用
});
```

在组件初始化时传入 `el`，其将作为组件根元素，并以此反解析出视图结构。如上文所述，当我们以 `el` 初始化组件时，San 会尊重 `el` 的现时 HTML 形态，不会执行任何额外影响视觉的渲染动作：

- 不会使用预设的 `template` 渲染视图；
- 不会创建根元素；
- 直接到达生命周期的 compiled、created、attached 阶段。

到现在为止，我们已经走完了服务端渲染的整个流程：

- 从应用分析得到组件信息树，并通过每个组件的模板计算对应的 ANode 树；
- 把每个组件编译成对应的 `render` AST；
- 再调用挂载的代码生成器，用 `render` AST 生成具体的 `render` 源码；
- 在运行时调用 `render` 函数，得到 HTML 代码并发送给浏览器端；
- 在浏览器端对服务端生成的 HTML 代码进行反解，得到可响应用户交互的 San 应用。

5.5 服务端渲染优化

在引入服务端渲染之后，前端代码（尤其是 JavaScript）不再是静态文件，而是需要在服务端执行；前端服务也不再是静态服务，而是需要基于 Node.js 的 Web 服务器。因为服务端不再仅仅发送静态文件给浏览器，所以需要像浏览器端一样去执行 San 应用的组件代码。因此前端性能优化也开辟了一片新的战场：服务端渲染性能优化。

高性能是 San SSR 最重要的设计目标之一。 San 服务端的渲染速度和模板引擎近似，通常比其他 MVVM 框架快一个量级。它在设计上的主要优化之处包括以下几点。

- 编译期计算。San SSR 把大量的计算提前，放在编译期。比如 ANode 树（即将来的 DOM 结构）的遍历完全提前到了编译期，包括根据节点类型选择相应的编译方法、简单的字面量和表达式的编译期求值等。能做到这些优化也得益于 San 的设计舍弃了一些动态的组件特性。尽量在编译期计算的设计，使得 San SSR 在运行时只需要做很少的工作，所以 SSR 的性能能够接近模板引擎。
- 线性的 HTML 拼接。这一点不同于 Vue，San 在 SSR 运行时的执行期间没有 ANode 树可用，因为树的遍历已经在编译期完成，运行时不再需要递归 ANode 树，渲染执行的逻辑只是一系列的 `html += "..."`。如此设计的一个代价是，服务端执行的组件代码（比如 inited 生命周期阶段里的代码）无法访问 ANode。
- AST 优化。如前所述，San SSR 引入 AST 主要解决的是编译到不同语言的问题。但同时，AST 比具体的代码更加结构化，也方便了在代码生成之前做进一步的编译优化，比如合并字符串字面量、移除没有用到的变量及其初始化工作等。例如：

```
// 优化前
html += "<div";
var attrs = 'name="' + data.get('name') + '"'  // 注意：变量 attrs 后续并未使用
html += ' class="foo"'
html += ">"

// 优化后
html += '<div class="foo">'
```

除此之外，在引入 San SSR 渲染组件代码时，各种具体业务场景还有很多可以做的性能优化，因为所有性能优化都需要结合架构自身的设计和业务情况，综合地进行分析和拆解。本节只是从 San SSR 的角度介绍一些比较通用的实践方法。这些优化有架构设计上的，比如通过预渲染优化，把在线计算改为离线计算；也有工程上的，比如提取运行时，把公共代码取出以减少内存占用。

5.5.1　预渲染优化

预渲染是比较简单、也比较激进的优化手段。它的原理是：离线地枚举所有可能的数据；对一个组件进行服务端渲染，得到一组 HTML 代码；再把这些代码发布到服务器上；在服务器运行时不再执行 San SSR 逻辑，而是根据不同的用户请求直接选择对应的 HTML 代码并返回给浏览器。这也就是把 SSR 的工作从运行时转移到了离线的脚本或流水线上。

因为在用户发起请求之前就完成了所有的服务端渲染工作，所以运行时的响应时间可以缩减到非常短，甚至接近静态服务的性能。

虽然预渲染优化可以产生立竿见影的优化效果，但缺点是**适用场景**比较窄。如果数据不可枚举，或者数据是动态的，比如与用户、时间等因素都相关，那么预渲染优化方式就不再可行。适用于预渲染的典型页面是内容发布类的页面、广告物料、产品落地页等。这些页面通常是静态的，数据也比较单一，呈现效果和具体的用户关系不大。

对于非常动态的页面，只要数据大小可控，也可以采用类似的优化方式：虽然我们无法枚举所有可能的数据，但可以缓存其中较常见的数据。比如对于新闻站点，存在大量的新闻落地页需要渲染且新闻可能动态新增或修改，因此无法直接采用预渲染优化。但是观察到热点新闻在所有新闻中只占很小的比例，且这些热点新闻的流量巨大，我们可以引入类似 LRU（least recent used，最近最少使用）缓存来存储每次 SSR 的结果，这样也可以起到降低服务端时间的效果。

对于不适用与预渲染和 LRU 缓存的其他的页面，根据你对具体业务的观察，仍然有可能采用类似的优化手段。比如按照组件粒度进行缓存，或者改善设计，分离动态组件和静态组件。

5.5.2 正确使用 render

在上面的 San SSR 示例中，我们通过 compileToRenderer 得到了 render 函数并直接使用它进行服务端渲染。注意 render 是可以在不同的数据上重复调用的，不必每次渲染都重新使用 compileToRenderer。

例如，在下面的 Express Server 中，我们把 San 组件 App 编译成 render 函数，并在用户每次请求时调用 render 进行渲染：

```
const { SanProject } = require('san-ssr')
const express = require('express')

// SSR 编译，从 App 得到 render 函数
const project = new SanProject()
const App = require('src/component.js')
const render = project.compileToRenderer(App)  // 注意 compileToRender 只调用了这一次

// Express 应用
const app = express()
app.get('/', (req, res) => {
    const data = {name: 'harttle'}  // 可能根据不同的 req 获取不同的数据
    const html = render(data)      // render 可以重复使用
    res.send(html)          // 可能还需要对 HTML 代码进行加工，比如插入静态文件等
})

app.listen(3000)          // 在端口 3000 上启动应用
```

注意，在上面的代码中，我们只在启动时执行了一次编译，后续发生的每次用户请求都只执行 render 而不重新编译。作为对比，下面的代码会降低性能：

```
const { SanProject } = require('san-ssr')
const express = require('express')

// SSR 编译，从 App 得到 render 函数
const project = new SanProject()
const App = require('src/component.js')

// Express 应用
const app = express()
app.get('/', (req, res) => {
    const data = {name: 'harttle'}
    // 注意每次用户请求，都会调用一次 compileToRender()，得到的 render 没有复用
    const render = project.compileToRenderer(App)
    const html = render(data)
    res.send(html)
})

app.listen(3000)
```

5.5.3 编译到源码

上面介绍了如何在运行时复用 render 函数来减少处理时间，但细心的读者可能还会注意到另一个问题：compileToRenderer 虽然只执行一次，但仍然是在运行时执行的。当我们有大量的组件需要渲染时，这会拖慢整个 Node.js 进程的启动速度。另外，进行组件渲染的 Node.js 服务需要依赖 san-ssr 及必要的代码生成插件，这会在运行时递归地引入很多 npm 包，进而增加 Node.js 服务的内存占用。有没有更加干净的做法呢？

在 San SSR 中，除了 compileToRenderer 之外，Project 上还提供了 compileToSource，后者支持直接产生 SSR 代码。可以在编译期执行它并得到 render 函数的源码，在运行时只需要引用这份编译得到的代码，不再依赖 san-ssr。例如，下面的编译代码把 src/component.ts 编译到 dist/component.js：

```
import { SanProject } from 'san-ssr'
import { writeFileSync } from 'fs'

const project = new SanProject()
const targetCode = project.compileToSource('src/component.ts')
writeFileSync('dist/component.js', targetCode)
```

dist/component.js 就是 san-ssr 的编译产物。它的内容虽然有点复杂，但大致就是一个 render 函数，类似这样：

```
module.exports = function render(data) {
    let html = "";
    // html += ...
    return html;
}
```

有了这份代码，我们在运行时只需要引用这个 render 就行了。仍然以上面的 Express Server 为例，采用编译后的 dist/component.js 来做服务端渲染：

```
const express = require('express')
const render = require('dist/component.js')  // 这是上一步的编译产出

// Express 应用
const app = express()
app.get('/', (req, res) => {
    const data = {name: 'harttle'}  // 可能根据不同的 req 获取不同的数据
    const html = render(data)      // render 可以重复使用
    res.send(html)          // 可能还需要对 HTML 代码进行加工，比如插入静态文件等
})

app.listen(3000)          // 在端口 3000 上启动应用
```

注意在上面这份代码中，我们只是通过 require 引入了 dist/component.js 文件，并没有依赖 san-ssr。因此这种使用 compileToSource 的方式可以把编译和运行两个阶段彻底分离，减少了运

行时的依赖，也减少了运行时的内存占用。

唯一需要注意的是：如果存在多个相互引用的组件，编译时需要注意它们的相对路径和文件名保持不变。因为 `render` 函数也会像组件一样相互引用，所以编译过程要保持目录结构不变，例如：

```
编译前
src
├── a.ts
├── b.ts
└── bar
    └── c.ts
编译后
dist
├── a.js
├── b.js
└── bar
    └── c.js
```

本书源码文件 chapter5/compile-to-source 包含了编译到源码的完整示例，你可以通过下面的命令完成：

```
cd chapters/compile-to-source     # 进入示例代码目录
npm install                       # 安装依赖
npm run build                     # 构建：SSR 编译到源码
```

`npm run build` 会把组件 app.js 编译为 `render` 函数的源码并写入 app.render.js 文件，再执行 `npm start` 即可启动应用。用浏览器访问 http://127.0.0.1 即可看到使用 app.render.js 渲染的页面。

5.5.4 复用运行时工具库

我们知道 San SSR 会把每个组件编译成一个 `render` 函数。观察 `compileToSource` 得到的 JavaScript 文件，可以发现这些文件里存在很多重复的代码。这些代码在 San SSR 中叫作工具函数或者 helper。`compileToRenderer` 不存在这样的问题，也不需要进行优化，因为它们已经在使用同一份 helper 了。但是在 `compileToSouce` 编译一个 San 组件时，San SSR 无法得知你是否还在编译其他的 San 组件，以及从哪里找 helper 来用。因此，简单起见，每次调用 `compileToSource` 都会生成一份 helper。

San SSR 也提供了把这些 helper 抽取出来的方式：让每个组件的 `render` 共用同一份 helper 代码。这样做减少了产出的代码量，也进一步降低了运行时的内存占用。此外，由于复用了大量代码，增加了代码执行上的局部性，因此理论上也会增加 V8 和 CPU 缓存命中率和推测执行的命中率，也就是说理论上运行时速度会更快。接下来就来看看如何做这个优化。

第一步是产出一份 helper，把它存起来供 `render` 函数调用：

```
import { SanProject } from 'san-ssr'
import { writeFileSync } from 'fs'

const project = new SanProject()
const helpersCode = project.emitHelpers('js')
writeFileSync('dist/helpers.js', helpersCode)
```

上述代码最终会产生一个 dist/helpers.js 文件，里面包含 San SSR 的 helper 工具库。接着在编译 San 组件时，通过 `importHelpers` 参数指定你提供的 helper 工具库路径，让 `render` 函数使用外部工具库，而不自己生成：

```
import { SanProject } from 'san-ssr'
import { writeFileSync } from 'fs'
import { resolve } from 'path'

const project = new SanProject()
const targetCode = project.compileToSource('src/component.ts', {
    // 指定刚才的 helper 路径
    // 注意：如果编译环境和运行环境路径不同，这里需要是运行时的实际路径
    importHelpers: resolve(__dirname, 'dist/helpers.js')
})
writeFileSync('dist/component.js', targetCode)
```

因为指定了 `importHelpers` 参数，所以 dist/component.js 就不会再包含重复的 helper 工具库，而是直接通过 `require(<importHelpers>)` 来使用。

5.6　小结

本章介绍了 San 的服务端渲染技术，包括服务端渲染的适用场景，如何使用 San SSR 在服务端渲染 San 组件，以及引入服务端渲染之后如何进一步优化性能。

引入服务端渲染（SSR）技术是为了解决单页应用框架遇到的性能问题。

- 性能问题是指在首次访问时先得到空白页面，再由浏览器端脚本渲染该机制造成的页面加载速度慢的问题。
- 由于可以在服务端直接展示出渲染好的页面，因此 SSR 技术也可以用于 SEO，对辅助性技术（accessibility technology，AT）也更友好。
- 引入 SSR 也会带来额外的维护成本和灵活性的降低。一般而言，侧重内容展示的页面更适合 SSR，比如新闻页、落地页、下载页等；后台系统、控制台等页面则不适合 SSR。

可以通过 san-ssr 来完成 San 组件的服务端渲染。

- 它的原理是接收 San 组件作为输入，输出一个 `render` 函数。该函数接收数据并返回渲染好的 HTML 代码，然后发送给浏览器，再用服务端渲染好的 DOM 元素来启动 San 引用即可完成反解，从而得到可交互的 San 组件。

- 引入 SSR 对 San 组件的开发提出了更多要求：业务代码只能使用 Node.js 和浏览器宿主环境中的公共 API；因为单个进程会同时执行多份渲染，所以还需要考虑并发和时序问题；此外，由于 SSR 运行在 Node.js 服务上，还需要调整面向浏览器的编程实践来避免 CPU 和内存的问题。
- San SSR 还可以通过 AST 抽象方便地编译到非 Node.js 环境中。只需要挂载合适的代码生成器即可生成对应平台的代码，但这也会对 San 组件的开发带来更多限制。请明智地使用 SSR 和跨平台编译！

在引入服务端渲染的同时，我们也开辟了性能优化的新战场。虽然性能优化是 San SSR 的主要设计目标之一，不过仍然存在很多基于业务特点的性能优化方式。

- 预渲染优化。可以通过事先枚举可能的数据，在线下把页面渲染好，运行时直接读取渲染好的页面并返回即可。这适用于数据比较单一（尤其是和用户无关）的页面。
- 复用 `render` 函数。编译得到的 `render` 可以对不同的数据重复使用，避免在每次请求时重新执行 San SSR 编译。
- 编译到源码。通过 `compileToSource` 把组件直接编译到源码可以进一步降低运行时的内存占用，减少运行时依赖。
- 复用运行时工具库。通过 `importHelpers` 可以提取出 San SSR 的工具库并在组件之间进行复用，进一步减小 `compileToSource` 得到的产物，降低运行时的内存占用。

第 6 章

San 命令行工具

在 Web 前端开发中，我们编写的代码通常需要经过构建工具的处理才能真正部署到生产环境中，前端工程师不可避免地要熟悉构建流程中的这些工具及其配置。随着 Node.js 的出现和发展，前端的构建工具也从用其他语言实现（例如，早期 Java 实现的 YUI Compressor、PHP 实现的 FIS 1.0 等）变为使用 Node.js 来实现，真正实现了前端的问题前端自己解决。现在，前端工程师的日常开发、调试、检查代码质量、打包、上线部署都离不开 Node.js 编写的命令行工具。

本章将通过 San CLI 的实现，介绍如何设计一个服务于 San 且可扩展的命令行工具，来解决前端开发流程中的问题。

6.1 为什么需要 San CLI

回顾近 10 年来的 Web 前端发展，前端工程化的探索和工具的迭代从未停止：从早期的 FIS 提供的前端集成方案和 Gulp 提供的工作流构建方案，到 webpack 资源模块化管理和打包方案，再到 Vite 提出的现代 Web 构建方案。构建系统逐渐变成了前端项目开发中不可或缺的一部分。早期使用 PHP、Java 或 shell 写构建脚本，抑或前端写模板、后端套页面的开发方式，现在看来仿佛是在“石器时代”。如今，前后端分离已成为标准的工程化方案，而随着 Serverless 的发展，前端工程师也可以轻松地实现服务器接口，真正实现了全栈开发。

进入新时代之后，前端应用的构建流程变得越来越复杂。在开发方式、工程化和构建工具等领域，前端工程师也开始面临新的挑战。

- 随着 ES、TypeScript 等的发展，我们将 ES 和 TypeScript 代码编译成对应浏览器可以执行的代码，从而解决 ES2015+的新规范在各浏览器下的兼容性问题。同时，我们也需要通过代码压缩、按需加载、tree-shaking 等方法来优化代码体积。
- 需要使用 Sass 和 Less 等 CSS 预处理框架解决 CSS 的弱编程能力问题，也需要 PostCSS 来做浏览器适配、样式代码优化等工作。

- 还需要一个本地服务器，来提供本地开发环境、Mock API 接口数据，以及进行线上接口代理服务等。
- 为了实现团队代码规范化和项目标准化，需要提供统一的 Lint 工具和开发环境，等等。

抛开业务逻辑，从本质上来看，Web 前端的开发流程需要做 3 件核心的事情：项目创建、项目开发和项目上线。

- **项目创建**：在项目伊始，团队需要统一目录结构、代码规范及开发工具和命令。这时候需要一套约定俗成的规范或者项目脚手架。
- **项目开发**：这个过程几乎是前端工程师每天都在做的事情，拆开来说就是开发、测试、联调。我们需要提供高效的开发工具和研发体验。
- **项目上线**：完成源码到生产环境代码的转换，完成代码打包上线。

前端工程能力建设就是围绕上述 3 个流程，把相关的开发工具和基础能力整合到一起，从而将这些复杂、重复和烦琐的事情流程化、工具化和自动化。由于每个 JavaScript 框架都有自己的功能和特点，对应的构建工具和配置方法又很烦琐，于是越来越多的 JavaScript 框架会提供自己的前端构建工具，比如 Vue 框架的 vue-cli、React 框架的 creat-react-app（react-scripts）和 Angular 框架的 angular-cli。相应的，San 框架也提供自己的 CLI 工具：san-cli，其本质作用是屏蔽构建系统底层的复杂度。

San CLI 从前端研发流程入手，提供了项目创建命令 `init`、本地开发命令 `serve`、项目构建命令 `build`，以及灵活的插件系统，以满足团队的定制化需求。接下来，本章将一一讲解这些这些概念及其实现。

6.2 命令行工具的实现

在介绍 San CLI 的功能和实现之前，我们先来介绍 Node.js 的命令行实现。

Node.js 在诞生之初，其轻量、高效、非阻塞的 I/O 处理能力令业界为之惊叹。随着大前端的发展，它有了更多的应用场景：从前端构建工具到跨平台开发，从传统网站 Web 服务器到 WebSocket 即时通信，从命令行工具到基于 Electron 的编辑器，都有 Node.js 的身影。这里主要聊聊 Node.js 命令行工具的实现。

6.2.1 解析命令行参数

命令行程序通常需要接收参数。例如，按照惯例，`--help` 参数是获得帮助信息，`--version` 是获取版本号信息；`--`后面跟着参数的全名，而`-`后面要跟一个字母，代表参数的缩写。命令行的全部参数都可以从 `process.argv` 数组中获取，这个数组是运行命令时传给 shell 的字符串。

打开命令行，创建一个 cmd.js 文件：

```
$ echo 'console.log(process.argv);' > cmd.js
```

执行命令行脚本：

```
$ node cmd.js --name username -n 8
```

将会输出以下信息：

```
[
  '/Users/xxx/.nvm/versions/node/v14.16.1/bin/node',
  '/Users/xxx/chapter6/cmd.js',
  '--name',
  'username',
  '-n',
  '8'
]
```

`process.argv` 提供的信息虽然全，但是显得不够直观。一旦参数多了，获取起来就变得比较麻烦。我们可以借助 npm 提供的第三方包来解决这个问题，最常用的是 yargs 和 commander。

修改 cmd.js 的内容如下：

```
console.log(require('yargs').argv)
```

再次执行（注意，需要安装 yargs 的依赖）

```
$ node cmd.js --name username -n 8
```

将会输出以下信息：

```
{ _: [], name: 'username', n: 8, '$0': 'cmd.js' }
```

yargs 生成的对象比 Node 自带的命令行参数显得更加直观。除此之外，yargs 还默认提供了更美观的用户交互界面。

另外，我们可以为脚本指定解释程序为 `node`，在 cmd.js 的文件的第 1 行加上

```
#!/usr/bin/env node
```

就可以直接在命令行执行 cmd.js 文件了。

```
$ ./cmd.js
```

6.2.2　命令行工具的发布和调试

如同普通的 npm 包一样，命令行工具要提供给他人使用，首先得发布到 npm 仓库。要想让 npm 把它当作命令行程序，还需要在 package.json 中添加 `bin` 域，告诉 npm 当前的包提供哪些可执行命令。如果在安装时用了`--global` 参数，npm 会将这个可执行命令安装到全局环境中。

下面是命令行工具的 package.json 示例。

```
{
  // ...
  "bin": {
    "san": "cmd.js"
  },
  // ...
}
```

`npm link` 和 `yarn link`

当我们开发一个库的时候，通常需要在本地调试完成以后再发布，而 npm 和 yarn（Facebook 发布的 npm 包管理工具）都提供了 `link` 命令以方便本地调试。`link` 命令的本质就是软链接，即为本地正在开发的包创建快捷方式，使得每次重新构建库之后无须发布，应用方（dependent）就可以立即看到效果，从而实现快速的本地开发。

6.2.3　基于 yargs 的命令行模块

复杂的命令行工具，往往不只是一个命令，而是命令的集合。例如，San CLI 这个构建工具包含 4 个命令。

- `san init` 命令：通过脚手架初始化项目。
- `san serve` 命令：用于开发阶段的构建。
- `san build` 命令：用于生产环境的构建打包。
- `san ui` 命令：CLI 之上的可视化界面。

这 4 个命令虽同属于 San CLI 工具，有一些共同的依赖包，但彼此基本完全独立。那么要如何组织代码，来实现命令行的模块化和解耦呢？

不难发现，要抽象描述一个独立的命令信息，应该有以下内容：

- 命令名称；
- 命令描述信息；
- 参数描述信息，包括参数名称、参数类型、默认值、描述信息；
- 命令执行逻辑。

命令名称和描述信息比较简单，定义一个字符串就可以了。**参数描述信息**涉及参数的说明和校验，其数据结构稍微复杂一些，大概是这样的：

```
const myCommand = {
  builder: {
    force: {
      // 参数类型
```

```
      type: 'boolean',
      // 参数别名（缩写）
      alias: 'f',
      // 参数默认值
      default: false,
      // 参数描述
      describe: 'Forced coverage',
    },
    username: {
      type: 'string',
      alias: 'u',
      default: '',
      describe: 'Specify the username used by git clone command',
    },
  },
};
```

命令执行逻辑显然是一个方法，它的参数是用户传入的参数对象：

```
const myCommand = {
  builder: {
    // ...
  },
  handler(argv) {
    // 在命令行中，获取用户传入的参数
    const {force, username} = argv;

    // 命令执行逻辑
    // ...
  },
};
```

因此，我们可以这样定义一个标准的命令模块：

```
module.exports = {
  command: 'myCommandName',
  desc: 'myCommand description',
  builder: {
    // ...
  },
  handler(argv) {
    console.log('My name is ${argv.username}');
    // ...
  },
};
```

有了命令模块，再看看如何将其载入，重新修改我们的 cmd.js：

```
#!/usr/bin/env node
const myCommand = require('./myCommand');
const version = require('./package.json').version;
const name = process.argv[1].replace(/^.*[\\\/]/, '').replace('.js', '');
const commandName = process.argv[2];
```

```
// 打印命令的版本号
console.log(`${name} ${commandName} ${version}`);

// 获取命令行参数
const originArgv = process.argv.slice(3);

// 收集命令行参数，转化为对象
const argv = {};
for (let i = 0; i < originArgv.length; i++) {
  const current = originArgv[i];
  const next = originArgv[i + 1];
  if (!/^-/.test(current)) {
    continue;
  }
  const key = current
    .replace(/^-+/, '')
    // 按照惯例，把分词符转为驼峰式写法
    .replace(/-+(\w)/g, (sv, v) => {
      return v.toUpperCase();
    });
  if (next && !/^-/.test(next)) {
    argv[key] = next;
    i++;
  } else {
    argv[key] = true;
  }
}

if (commandName === myCommand.command) {
  myCommand.handler(argv);
}
```

这里需要注意的是，限于篇幅，上述代码暂时忽略了参数的校验。

上面是不使用任何第三方包的实现，如果基于 yargs 来实现则更加简洁：

```
#!/usr/bin/env node
const yargs = require('yargs');
const myCommand = require('./myCommand');
yargs.command(myCommand).argv;
```

yargs 作为一款强大的命令行基础工具，本身已经做了很多封装，比如默认提供了`.argv`参数来获取`--help`和`--version`等辅助信息，以及大量的实用 API。上面的载入命令如此简洁，也得益于我们的命令模块是遵循 yargs 模块`command` API 的 module 规范来实现的。想了解更多信息可以查看 yargs 官方文档。

6.2.4 命令行插件化的实现

6.2.3 节实现了一个简单的命令模块，通过 yargs 轻松实现了一个命令行命令。但是下面这段代码显得不够灵活：

```
if (commandName === myCommand.command) {
  myCommand.handler(argv);
}
```

如果要加载多个命令模块，难道要写多个 `if` 语句判断？这显然是不太理想的。此外，除了项目初始化、项目构建、生产环境构建打包、可视化界面等 4 个默认命令以外，我们还希望用户可以开发自定义命令插件（或通过 npm 仓库安装，或贡献第三方 CLI 插件），扩展 San CLI 的功能。

为了解决这个问题，San CLI 采用了微内核架构，它包含两部分组件：核心系统（san-cli 模块）和插件模块（命令插件模块），并通过 `commandName` 按需加载插件。

1. 核心系统的实现

要实现通过 `commandName` 按需加载插件，插件就要遵循一定的规范，我们把 San CLI 的每个命令当作一个独立的 npm 包，并且把包名的规范设定为 san-cli-*commandName*。当用户执行 `san x` 命令的时候，就调用 san-cli-*x* 模块。

san-cli 核心的实现逻辑如下：

```
#!/usr/bin/env node
const cmdName = process.argv[2];
try {
  const subPkgName = `san-cli-${cmdName}`;
  const command = require(subPkgName);
  if (command && command.command) {
    require('yargs').usage('$0 <cmd> [args]').command(command).argv;
  }
} catch (e) {
  console.error(chalk.red(`[${cmdName}] command running failed, you may install san-cli-${cmdName}`));
  process.exit(1);
}
```

2. 插件模块的实现

按照核心系统定义了插件化加载机制之后，插件模块只需要遵循两个规范即可。

- npm 包名规范：san-cli-*commandName*。
- npm 包的 main 文件遵循 yargs 模块的 `command` API 的 module 规范。

6.3 打造 San 项目脚手架

随着 Web 应用工程化的日臻完善，前端项目依赖的外部 npm 包也越来越多。一个典型的 San 项目可能包括以下 3 个方面。

一是前端基础库。

- san：基础 MVVM 框架。
- san-router：单页或同构的 Web 应用都需要一个 router。
- san-store：状态管理套件。

二是前端构建系统。

- webpack：静态资源的压缩和打包、devServer。
- san-loader：解析.san 单文件。
- Babel：最新 ES 规范和浏览器的兼容性问题。
- Sass 和 Less：解决 CSS 弱编程能力问题。

三是与工程规范相关的工具。

- ESLint：代码规范检查工具。
- husky 和 lint-staged：代码规范自动检查工具。

把这些基础库、构建系统和工程规范工具整合到一起是一件非常烦琐的事情，除了需要安装大量的 npm 包（例如与 Babel 相关的 npm 包就有 10 多个）以外，研发人员还要花大量时间去配置 webpack、Babel、Less 和 ESLint 等工具库。这个时候，我们可以使用脚手架初始化项目减少重复工作，提升开发效率。

6.3.1 实现简单的项目脚手架

要打造一个项目脚手架，首先需要一个标准化的项目模板。我们可以通过提炼典型的项目文件来作为一个项目模板。标准化的项目模板通常封装了业务初始文件，如构建工具、共享组件库、统一设计规范、项目目录规范、开发调试和工程能力的相关依赖（ESLint、lint-staged 和 husky）等。典型的项目结构大概是这样的：

```
- docs  文档
- src  项目业务文件目录
  - assets
  - components
  - lib
  - pages
- webpack 的相关配置
    - webpack.common.config.js
    - webpack.prod.config.js
    - webpack.ssr.config.js
    - webpack.dev.config.js
- package.json
- README.md
- .babelrc  babel 配置
```

```
- .editorconfig  编辑器规范类的配置
- .npmrc  npm 的 registry 配置
- .prettierrc  代码格式化插件
- .gitignore  配置 git 忽略文件
- .eslintrc  eslint 代码检查配置
```

创建完标准的项目模板以后，我们可以把它放到一个仓库里，在创建新项目的时候通过 `git clone` 命令下载下来。另外，可以把这个流程封装到 san-cli 命令中，这样使用起来会更加方便。

首先，我们把标准的 San 项目推送（push）到一个仓库，这里假设为 https://github.com/ecomfe/san-realworld-app.git。

接着，我们按照 san-cli 的插件规范，创建一个命令插件 san-cli-init 用于初始化项目：

```
/**
 * @file san-cli-init/index.js
 */
const fs = require('fs');
const gitClone = require('git-clone');
const url = 'https://github.com/ecomfe/san-realworld-app.git';
module.exports = {
  command: 'init',
  desc: '初始化项目',
  builder: {
    dest: {
      type: 'string',
      default: 'san-app',
      describe: '初始化的项目目录名称',
    },
  },
  handler(argv) {
    console.log(`[初始化项目] git clone ${url} ${argv.dest}`);
    gitClone(url, argv.dest, (err) => {
      if (err) {
        console.log('项目初始化失败');
      } else {
        fs.rmSync(`${argv.dest}/.git`, {recursive: true});
        console.log('项目初始化成功');
      }
    });
  },
};
```

6.3.2 实现可交互的项目脚手架

上面那种复制项目模板的简单方式显然过于粗暴，存在几个明显的问题。

- 初始化的项目千篇一律，无法定制技术选型。
- 强依赖网络环境，不支持脚手架离线包。
- 定制化程度太低，无法精细化控制模板。

首先看看定制化的实现，我们可以选择开源的 npm 包 inquirer 或 prompts，通过命令行交互式问答获取用户的偏好设置。我们通常需要使用 CSS 框架来解决 CSS 的弱编程能力问题，这里通过一个简单的例子来获取 CSS 预处理器的用户偏好。

```
/**
 * @file prompt.js
 */
const prompts = require('prompts');
(async () => {
  const response = await prompts({
    name: 'cssPreprocessor',
    type: 'select',
    message: '选择 CSS 预处理器',
    choices: [
      {
        title: 'Less（推荐）',
        value: 'less',
      },
      {
        title: 'Sass',
        value: 'sass',
      },
      {
        title: 'Stylus',
        value: 'stylus',
      },
    ],
  });
  console.log(`你的回答: ${response.cssPreprocessor}`);
})();
```

执行 node prompt.js，看一下效果（见图 6-1）。

图 6-1　基于 prompts 命令行交互的简单例子

我们希望根据用户的选择，在脚手架模板的 package.json 中添加对应的依赖。

如果选择 Less：

```
"devDependencies": {
  "less": "^3.11.1",
  "less-loader": "~5.0.0",
}
```

如果选择 Sass：

```
"devDependencies": {
  "sass": "^1.19.0",
  "sass-loader": "^8.0.0",
}
```

如果选择 Stylus：

```
"devDependencies": {
  "stylus": "^0.54.8",
  "stylus-loader": "^4.3.0",
}
```

同时，对应的项目模板中的 CSS 示例文件，也要根据用户的技术选型提供 Less、Sass 和 Stylus 对应的项目初始化文件。在引入 CSS 的 app.js 文件中，需要按照技术选型来导入对应的文件路径。

如果选择 Less：

```
import './app.less';
```

如果选择 Sass：

```
import './app.scss';
```

如果选择 Stylus：

```
import './app.styl';
```

我们的脚手架的实现分为两个部分：项目模板仓库和 `san init` 命令。要实现一个可交互的项目脚手架，我们还需要在项目模板仓库中添加配置的相关信息。改造一下 6.3.1 节中的仓库目录：增加一个 meta.js 来存放模板配置，新增一个文件夹 template，把之前的项目模板文件放到该目录下。新的模板脚手架根目录如下：

```
- template    模板目录
- meta.js     模板配置
- README.md   模板说明文档
```

可交互的项目脚手架的实现包括 3 个核心部分。

- **模板文件**（template）：它可以是一个解决方案，也可以是多个解决方案的集合，模板可以和命令行工具解耦。
- **模板配置**（meta.js）：它和模板是相关的，定义了命令行里的交互逻辑，以及如何根据用户偏好处理模板。
- **命令部分**（san-cli-init）：我们需要一个 `san init` 命令，整合模板和配置，完成通过脚手架初始化项目的处理逻辑。

在模板配置 meta.js 中，我们可以定义 4 类配置。

- prompts：命令行交互的配置。
- filters：文件过滤规则。
- helpers：添加模板处理的自定义方法。
- complete：定义结束时的回调方法。

1. 收集用户的偏好设置

我们可以在模板配置文件 meta.js 中，通过 prompts 字段定义交互式问答来收集用户配置信息。prompts 对象的 key 是配置的名称，value 是配置的信息，后者需要遵循 PromptObjects 字段规范（详见 prompts 的官方文档）。

```
/**
 * @file meta.js
 */
module.exports = {
  prompts: {
    name: {
      type: 'text',
      required: true,
      label: '项目名称',
      default: '{{name}}',
    },
    lint: {
      type: 'confirm',
      message: '是否安装 ESLint？',
    },
    lintHook: {
      when: 'lint',
      type: 'confirm',
      message: '是否安装 ESLint 的 lint-staged？',
    },
    cssPreprocessor: {
      type: 'select',
      message: '选择 CSS 预处理器',
      choices: [
        {
          name: 'less（推荐）',
          value: 'less',
          short: 'Less',
        },
      ],
    },
  },
};
```

有了 meta.js，就可以稍微改造一下本节开头的 prompt.js 了，从而获得一组交互问答的信息。

```
/**
 * @file prompt.js
 */
const prompts = require('prompts');
```

```
const meta = require('./meta.js');
(async () => {
  const answers = {};
  const keys = Object.keys(meta.prompts);
  let name;
  while ((name = keys.shift())) {
    // ❶
    const question = {
      name,
      ...meta.prompts[name],
    };
    const response = await prompts(question);
    answers[name] = response[name];
  }
  console.log('你的回答：', answers);
})();
```

需要注意的是，❶处使用的是 `while` 循环，而不是直接给 `prompts` 方法传递一个包含全部问题的数组，这样做是为了使程序更具灵活性。比如，我们可以根据用户的回答信息来决定是否展示某个问题：

```
/**
 * @file question.js
 **/

module.exports = [
  {
    name: 'demo',
    type: 'confirm',
    message: '安装演示示例？',
  },
  {
    name: 'demoType',
    when: 'demo', // ❷
    type: 'select',
    message: '选择示例代码类型：',
    choices: [
      {
        title: 'san-store（推荐）',
        value: 'san-store',
      },
      {
        title: 'normal',
        value: 'normal',
      },
    ],
  },
];
```

❷处的 `when` 字段是 prompts 包不默认支持的，我们可以自己实现一个：

```
/**
 * @file evaluate.js
 **/
```

```
module.exports = (exp, data) => {
  /* eslint-disable no-new-func */
  const fn = new Function('data', 'with (data) { return ' + exp + '}');
  try {
    return fn(data);
  } catch (e) {
    console.error(`Error when evaluating filter condition: ${exp}`);
  }
};
```

我们补充一下 prompt.js 的相关逻辑：

```
/**
 * @file prompt.js
 */
const prompts = require('prompts');
const evaluate = require('./evaluate.js');
const meta = require('./meta.js');
(async () => {
  const answers = {};
  const keys = Object.keys(meta.prompts);
  let name;
  while ((name = keys.shift())) {
    const question = {
      name,
      ...meta.prompts[name],
    };
    if (question.when && !evaluate(question.when, answers)) {
      // ❸
      continue;
    }
    const response = await prompts(question);
    answers[name] = response[name];
  }
  console.log('你的回答: ', answers);
})();
```

在❸处，当 when 起作用的时候跳过当前的提问。同样，我们还可以根据其他条件来跳过提问，比如如果用户通过命令行参数指定了答案，在这里直接使用就行了。

2. 模板文件的处理

通过 6.3.2 节开头 CSS 预处理器的例子，我们可以看到，针对模板文件的两个属性（路径和内容），脚手架模板的处理逻辑可以分为两类。

- **处理内容**：根据用户偏好，生成对应的文件内容。
- **处理路径**：根据用户偏好，过滤掉一些不需要的文件（或者说只保留需要的文件）。

模板文件内容的处理

我们可以使用开源的 Handlebars 包来实现模板文件的处理。

首先，定义一个 if_eq 方法：

```
const Handlebars = require('handlebars');
Handlebars.registerHelper('if_eq', function (a, b, opts) {
  return a === b ? opts.fn(this) : opts.inverse(this);
});
```

接着，修改模板文件中的 package.json 依赖（为了简洁，这里简化处理）：

```
{
  "devDependencies": {
  {{#if_eq cssPreprocessor "less"}}
    "less": "^3.11.1",
    "less-loader": "~5.0.0",
    {{/if_eq}}
  {{#if_eq cssPreprocessor "sass"}}
      "sass": "^1.19.0",
      "sass-loader": "^8.0.0",
  {{/if_eq}}
  {{#if_eq cssPreprocessor "stylus"}}
      "stylus": "^0.54.8",
      "stylus-loader": "^4.3.0",
  {{/if_eq}}
  }
}
```

最后，根据用户的偏好，获得实际的 package.json 文件：

```
// 读取模板文件
const source = fs.readFileSync('./package.json');
const template = Handlebars.compile(source);

// 假设用户命令行问答选择 Less
const answer = {
  cssPreprocessor: 'less',
};

const result = template(answer);

// 最终的模板文件：
// {
//   "devDependencies": {
//         "less": "^3.11.1",
//         "less-loader": "~5.0.0",
//   }
// }
```

- **模板文件的过滤**

要实现模板文件的过滤，首先需要一个临时目录，把远程仓库的文件存放在里面，再从其中获取模板的配置文件 meta.js 和模板内容文件，进行过滤处理（见图 6-2）。

图 6-2 项目文件生成的流程

我们先在用户目录中创建一个临时文件夹，将它作为 git clone 的存放路径：

```
/**
 * @file tempPath.js
 */
const fs = require('fs');
const os = require('os');
const path = require('path');
const temp = '.san-cli-temp';
const tempPath = path.resolve(os.homedir(), temp);

try {
  fs.accessSync(tempPath);
} catch (err) {
  fs.mkdirSync(tempPath, {
    recursive: true,
  });
}

module.exports = tempPath;
```

谈到根据文件路径过滤，我们需要了解 glob 表达式，它是由普通字符、/、通配字符组成的字符串，用于匹配文件路径。我们可以利用一个或多个 glob 表达式在文件系统中定位文件，它和正则表达式有几分相似（见表 6-1）。

表 6-1 glob 表达式对应的正则表达式

glob 表达式	正则表达式	匹配说明
*	^[^/]*$	零个或多个字符，除了/
**	.*	零个或多个字符，包括/
?	.?	任何一个字符
[abc]	[abc]	任何指定的字符（在本例中是 a、b 或 c）
?(foo)	(foo)?	零个或一个给定模式
*(foo)	(foo)*	零个或多个给定模式
+(foo)	(foo)+	一个或多个给定模式
@(foo|abc)	^(foo|abc)$	完全匹配提供的模式之一（注意：@不是正则元字符）
!(foo)	^(?:(?!(foo)$).*?)$	除了给定的模式以外的任何模式

接下来，我们通过使用 vinyl-fs 这个 npm 包来实现文件的过滤，重新修改 6.3.1 节创建的 san-cli-init 包的 handler 方法，实现从项目模板中过滤掉以.styl 和.scss 为扩展名的文件。

```
/**
 * @file san-cli-init/index.js
 */
const gitClone = require('git-clone');
const vfs = require('vinyl-fs');
const tempPath = require('./tempPath');
const url = 'https://github.com/ecomfe/san-realworld-app.git';
const tempPath = require('./tempPath');
module.exports = {
  command: 'init',
  // ...
  handler(argv) {
    console.log(`[初始化项目] git clone ${url} ...`);
    gitClone(url, tempPath, (err) => {
      if (err) {
        console.log('项目初始化失败');
      } else {
        // 从 tempPath 目录中复制文件，过滤掉以.styl 和.scss 为扩展名的文件
        const src = ['**', '!**/*.styl', '!**/*.scss']; // ❹
        vfs
          .src(src, {
            cwd: tempPath,
          })
          .pipe(vfs.dest(`./${argv.dest}`));
        console.log('项目初始化成功');
      }
    });
  },
};
```

- **在 meta.js 中定义过滤规则**

在上面的代码中，我们在❹处定义了过滤规则。这部分逻辑也可以放到 meta.js 中定义：

```
/**
 * @file meta.js
 */
module.exports = {
  prompts: {
    // ...
  },
  filters: {
    'src/pages/index/**/*.less': 'cssPreprocessor!=="less"',
    'src/pages/index/**/*.scss': 'cssPreprocessor!=="sass"',
    'src/pages/index/**/*.styl': 'cssPreprocessor!=="stylus"',
    'src/pages/demo-store/**': '!demo || (demo && demoType!=="store")',
    'src/pages/demo/**': '!demo || (demo && demoType!=="normal")',
    'src/lib/Store.js': '!demo || (demo && demoType!=="store")',
  },
};
```

我们在 meta.js 中新增 `filters` 对象来定义过滤规则，它的 key 是一个 glob 表达式，`value` 是一个 JavaScript 表达式。还记得前面对 `prompts` 中 `when` 字段的处理吗？这里的逻辑也是类似的。

因为项目模板的大部分文件要保留，所以这里只要判断属性值为 `true`，就将 glob 表达式匹配到的文件过滤掉。

我们来改造❹处的代码：

```
/**
 * @file san-cli-init/index.js
 */

// ...
// const src = ['**', '!**/*.styl', '!**/*.scss'];   // ❹

const src = ['**'];
const evaluate = require('./evaluate.js');
const meta = require(`${tempPath}/meta.js`);
// 假设用户命令行问答选择 Less
const answer = {
  cssPreprocessor: 'less',
};
if (meta.filters) {
  const filters = Object.keys(meta.filters);
  const globs = filters.filter((glob) => {
    return evaluate(meta.filters[glob], answer);
  });

  // 对 glob 表达式取反
  globs.forEach((glob) => {
    src.push(`!${glob}`);
  });
}

// ..
```

6.3.3 脚手架的完整实现逻辑

6.3.2 节详细描述了脚手架的核心逻辑，包括复制远程模板、收集用户偏好设置、处理模板文件等。除此之外，要实现脚手架完成项目的初始化，还要做环境检查（检查缓存模板、目录是否可用）、依赖安装等工作。一个完整的 `san init` 命令流程如图 6-3 所示。

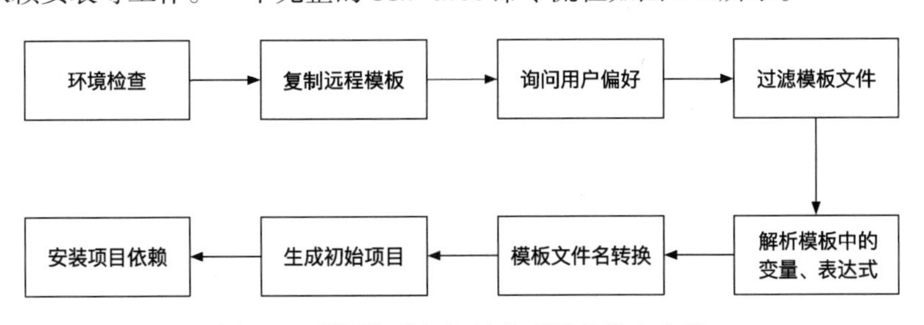

图 6-3　利用脚手架初始化项目的核心步骤

我们可以将其总结为 4 步串行任务。

- **环境检查**：检查目录和离线包是否可用，如果没有本地的脚手架离线包，就去远程拉取。另外，如果 app name 目录已经存在，会提示是否覆盖它。
- **下载脚手架**：把远程的脚手架复制到用户根目录下的临时文件夹中保存起来（这里可以用基于路径生成的 md5 目录，把模板缓存起来；如果已经缓存了，则跳过这一步。也可以通过参数来强制覆盖本地的缓存）。
- **生成项目**：通过命令行交互询问用户偏好，并根据用户的回答把项目脚手架模板从缓存目录遍历处理到开发者指定的项目目录。在此期间会处理脚手架模板，把不需要的文件过滤掉。
- **安装项目依赖**：最后会询问开发者是否安装 package.json 里的依赖；如果选择“是”，则默认使用 yarn 安装项目依赖。

6.3.4　更好地组织代码

6.3.1 节和 6.3.2 节用了不少篇幅来实现下载脚手架和生成项目的逻辑。如果只是把上述代码进行简单的整合，再加上环境检查和安装依赖这两部分的逻辑，那么 `san init` 命令的可读性会极差，后续的维护和升级也会非常棘手。我们需要一种合适的方式，将多个任务解耦，同时将其串联起来。

首先，用一个对象来描述任务。该对象应该包括任务名称（`name`）和任务逻辑（`task`）两个属性：

```
// 包含多个任务的数组
const tasks = [
  {
    // 任务名称
    title: ' Checking directory and offline package status...',
    task() {
      // ...
    },
  },
  // ...
];
```

然后，创建一个 `TaskList` 类，来管理多个串行的任务：

```
class TaskList {
  constructor(tasks, options = {}) {
    this._tasks = tasks;
    this._index = 0;
    this._options = options;
    this._status = 'ready'; // 任务状态：ready、pending、done、fail、running
    this._promise = new Promise((resolve, reject) => {
```

```
      // ❶
      this._resolve = resolve;
      this._reject = reject;
    });
  }
  // 入口方法
  run() {
    this.setStatus('running');
    this._startTask(0);
    return this._promise;
  }
  _startTask(index, {reason, type = ''} = {}) {
    // ❷
  }
  next(reason) {
    this._index++;
    if (this._index >= this._tasks.length) {
      this._done();
    } else {
      this._startTask(this._index, reason);
    }
  }
  _done() {
    // ...
    this._resolve(this._context);
  }
  _fail(err) {
    // ...
    this._reject(err);
  }
}
```

在❶处，我们让 `TaskList` 类返回一个 Promise 对象，同时把它的 `resolve` 和 `reject` 方法暴露到类的方法上。这样可以让 `TaskList` 实例对象下 Promise 对象的状态非常容易被访问和控制。

任务的执行过程如下：

```
const taskList = new TaskList(tasks, options);
taskList
  .run()
  .then((options) => {
    // ...
    process.exit(0);
  })
  .catch((e) => {
    error(e);
    process.exit(1);
  });
```

如何实现任务的精确控制是一个难点。在❷处的 `_startTask` 方法里，可以保证任务开始执行，但这里面临多种情况，举例如下。

- 任务 1 执行成功，接着执行任务 2。

- 任务 1 执行失败，直接终止执行（改变 TaskList 实例的 Promise 状态）。
- 需要跳过任务 1，直接执行任务 2。

如果在_startTask 方法中只是简单地执行任务对象下的 task 方法，是无法实现任务之间的切换的，而在 TaskList 实例中也不太方便直接处理各个任务的执行流程。因此，我们需要实现一个简单的插件机制，把相关的 API 暴露给 task 方法。

1. 新增 Task API 类

我们来定义一个 Task 插件类，它的构造函数接收两个参数，分别是 TaskList 类的实例和任务对象下的 task 方法（这里为了避免混淆，让该参数名为 taskFn）。有了 TaskList 类的实例，就能非常方便地在不同的任务中控制流程了。

```
class Task {
    constructor(taskListInstance, taskFn) {
        this.taskListInstance = taskListInstance;
        this.status = '';
        this.taskFn = taskFn;
    }
    getContext() {
        return this.taskListInstance.getContext();
    }
    run() {
        this.status = 'running';
        this.taskFn(this.getContext(), this);
    }
    skip(skipReason) {
        this.status = 'skiped';
        this.taskListInstance.next(skipReason);
    }
    complete() {
        if (this.status === 'running') {
            this.status = 'done';
            this.taskListInstance.next();
        }
    }
    error(err) {
        if (this.status === 'running') {
            this.status = 'failed';
            this.taskListInstance.fail(err);
        }
    }
}
```

2. 完善 TaskList 类

我们来实现❷处的_startTask 方法，并对 TaskList 类进行一些完善：

```
class TaskList {
  constructor(tasks, options = {}) {
```

```
    // ...
    this._context = Object.create(null);
  }
  getContext() {
    return this._context;
  }
  // ...
  _startTask(index) {
    let {title, task} = this._tasks[index];
    console.log(`正在执行任务: ${title}`);
    this.currentTaskStatus = 'running';
    new Task(this, task).run();
  }
}
```

3. 优化任务对象

```
const myTask = {
   title: 'SOME TASK',
   task(context, taskApi) {
     // 做一些事
   }
};
```

这样一来，就可以在每个任务里通过 `Task` API 类的实例来调用 `complete`、`skip` 和 `error` 等方法，实现调用下一个任务、跳过当前任务或终止流程等功能了。

另外，在各个任务之间，我们可能需要传递一些数据。例如，如果在初始化环境任务中收集到了用户对包管理工具的偏好设置（使用 yarn 还是 npm 来安装依赖），并且最终在安装依赖任务时需要获取这个偏好设置，那么该如何实现呢？

你一定留意到了上面 `TaskList` 类的`_context` 属性。我们首先创建了一个空的对象，然后把它传递给各个任务的 `task` 方法。这样一来，只需要在执行任务的流程中把相关的数据放到 `context` 对象上，就可以实现任务之间的数据共享了。

6.4 San CLI 的构建方案

前端开发的一大便利性就是无须编译，可以直接在浏览器上预览代码的效果。在过去 jQuery 统治前端开发领域的日子里，这种简单的开发方式持续了很长一段时间。随着 Node.js 的兴起，前端领域的工具得到了极大的发展和普及。一方面，我们可以通过工具提升前端语言的能力和可调试性。例如，Less、Sass 等 CSS 框架能解决 CSS 的弱编程能力问题，TypeScript 的类型注解能实现静态类型检查，使用 devServer 及模拟（mock）数据可以实现本地开发调试。另一方面，我们要引入 Babel、PostCSS 来解决 CSS3 和 ES2015+在不同浏览器中的兼容性问题。我们在享受 ECMAScript 新标准的特性和 CSS 框架提供的语法糖的同时，最终还是需要将其编译为 ES5 版本的 JavaScript 和原生 CSS，从而保证在浏览器中的兼容性。

6.4.1 编译与构建

在现代 Web 开发过程中，我们越来越离不开编译（compile）与构建（build）。这里简单地明确一下它们在前端领域的定义。

1. 编译

编译是指将源代码转换为宿主环境（浏览器）可以执行的代码。对于 Web 应用，无论我们在编写代码的时候采用什么形式——无论是 JSX（JavaScript 的一种语法扩展，因 React 框架而流行）、强类型的 TypeScript 编程语言，还是使用 Less、Sass 等 CSS 框架——最后都需要以“HTML + JavaScript + CSS”的形式来运行。

要实现前端资源的编译，我们离不开社区中一些优秀的开源工具和解决方案。

- **Babel**

Babel 是一个 JavaScript 编译器，它提供了一系列工具链，用于将 ECMAScript 2015+代码转换为当前和旧版浏览器或环境中的 JavaScript 向后兼容版本。

- **polyfill**

polyfill 是由 RemySharp 创造的一个术语，指一段帮助开发者“打平”浏览器（或其他宿主）API 环境的代码，代表性的 npm 包是 core-js。

- **Browserslist**

Browserslist 可以在不同前端工具之间共享目标浏览器和 Node.js 版本的配置。当你将以下内容添加到 package.json 中时（或者使用.browserslist 配置文件），所有工具将自动查找目标浏览器：

```
"browserslist": [
    "defaults",
    "not IE 11",
    "maintained node versions"
]
```

开发人员使用类似于前两个版本的查询设置版本列表，以避免手动更新版本。Browserslist 将使用 caniuse 和 caniuse lite 数据进行此查询。

- **PostCSS**

PostCSS 是一个转换 CSS 样式的工具。它会基于 Browserslist 配置的目标浏览器版本，将以最新语法规范编写的 CSS 源代码转换为目标浏览器可用的 CSS 代码，堪称 CSS 界的 Babel。它可以结合其他插件（如 CSS Modules 和 Scope CSS 等）来做很多事情，例如自动添加 CSS 前缀、CSS 规范检查，等等。

- **CSS Modules**

顾名思义，CSS Modules 就是“将 CSS 模块化”，它主要通过将 CSS 类名转换成带有哈希值的新类名，来杜绝 CSS 类名冲突的问题。例如，假设一个组件模板为：

```
<style module>
  .example {
    color: red;
  }
</style>
<template>
  <div class="{{$style.example}}">hi</div>
</template>
```

通过编译，它会被转换成下面这样：

```
<style>
  .example_2dad60b2 {
    color: red;
  }
</style>

<template>
  <div class="example_2dad60b2">hi</div>
</template>
```

- **Scope CSS**

Scope CSS 即作用域 CSS，是 Vue 单文件中引入的一个概念。Scope CSS 使得我们可以避免在各组件中定义的 CSS 产生污染。例如，假设一个组件模板为：

```
<style scoped>
  .example {
    color: red;
  }
</style>
<template>
  <div class="example">hi</div>
</template>
```

通过编译，它会被转换成下面这样：

```
<style>
  .example[data-v-f3f3eg9] {
    color: red;
  }
</style>

<template>
  <div class="example" data-v-f3f3eg9>hi</div>
</template>
```

注意

Scope CSS虽然使用起来更加方便，但是有个小缺陷——它并不能绝对避免CSS冲突。例如，在上面的例子中，如果其他文件中有`.example {color: blue !important;}`，还是会导致样式的覆盖。

前端的编译主要是指将JavaScript、CSS和HTML等源文件转化为宿主环境（浏览器）能识别的代码的过程。

- 对于JavaScript，由于受限于浏览器的支持，需要使用Babel编译器编译为ES5才能在大部分浏览器上运行。如果使用TypeScript，则需要引入TypeScript编译器。
- 对于CSS，情况则更为烦琐一些。CSS的开发通常需要解决3个问题：首先是它的弱编程能力，我们需要引入Less、Sass或Stylus等CSS框架来解决复用、运算问题；其次，CSS的兼容性问题对于一些C端产品[①]来说通常不可忽视，我们需要引入PostCSS来添加兼容性的属性前缀；最后，CSS与生俱来的继承与覆盖特性偶尔会带来一些意外的问题，需要通过CSS Modules或者Scope CSS方案来解决。
- 对于HTML，一种情况是将一些模板语法（例如ejs模板）转换为正常的HTML文件。另外，对于San等框架，HTML其实只是一种语法糖，提前将其编译为JavaScript能提高其执行性能。

2. 构建

构建则是一个更宏大的概念，一般是指从源代码出发，生产出在目标环境下可以使用的代码（编译只是它的子集）。在此过程中，通常有资源编译、依赖打包、文件压缩、包装输出（哈希文件、移动文件到对应目录）等环节。

- **资源编译**

详见本节前半部分，这里不再赘述。

- **依赖打包**

前端模块化已经成为标准，几乎所有的主流框架和库都支持通过npm提供第三方包使用。现在我们无须使用`script`标签直接引入依赖，只需要将特定的库导入模块文件中即可。依赖打包会分析文件的依赖关系，将JavaScript中所有`import`或`require`语句引入的JavaScript依赖文件和npm第三方包添加到适当的范围中，并将其全部打包成一个大的JavaScript文件。

① C端产品是指个人用户或最终用户使用的产品。——编者注

- **文件压缩**

随着大量的文件被打包在一起，最终交付的前端资源文件的体积逐渐膨胀，这也意味着页面加载需要花费更多的时间。代码压缩主要通过去掉没有使用的代码、去掉代码里多余的空格及代码注释、缩短变量名、压缩图片资源等手段来减小代码体积。生产环境下的代码压缩对高流量的站点是非常必要的。

- **包装输出**

在资源编译、依赖打包、文件压缩等步骤完成以后，我们还需要对输出做一些包装和转换工作，下面举 3 个例子。

- 哈希文件：通过为文件添加哈希“指纹”，即根据文件内容的哈希值重新命名，从而最大限度地利用静态资源缓存，从而实现增量更新、文件分包等。
- 代码拆分：通过将代码分割成不同的包，实现按需加载或并行加载。它可以用来实现更小的包，并控制资源加载的优先级。如果使用得当，这会对页面加载性能带来很大程度的优化。
- 把文件移动到符合部署规范的目录中。

除此之外，在实际开发过程中，我们可能还需要构建开发版本的代码，来提升调试效率。

6.4.2 构建方案的技术选型

回顾前端的发展历程，构建工具的变化和迭代非常快。从最初的 Grunt、Gulp 等基于工作流的管理工具，到前端集成解决方案 FIS，到近几年流行的打包工具 webpack、Rollup，再到主打现代 Web 构建的 Vite，前端的构建工具方兴未艾。这里对目前最流行的构建工具进行简单的比较。

- **webpack**

webpack 是现代 JavaScript 应用的静态模块打包工具，提供了模块打包、devServer、tree-shaking（根据静态语法特性删除未被实际使用的代码）、code-spliting（代码分包）、插件系统等强大的功能，同时也支持极为灵活的配置。用户可以通过 webpack 的加载器和插件，利用其内部的 Tapable 事件机制提供的钩子来扩展其编译器和构建流程。

- **Rollup**

Rollup 是一个 JavaScript 模块打包器，首先提出并实现了 tree-shaking，支持导出多种规范语法。Rollup 的插件系统提供对 Babel、terser、TypeScript 等功能的支持。相比 webpack 大而全的前端工程化，Rollup 更适用于纯 JavaScript 项目，通常被用作打包工具库。它产出的代码非常简洁，体积通常比 webpack 略小一些。目前，很多前端库和框架（例如 Vue 和 React）在使用 Rollup 进行打包。

- **Parcel**

Parcel 是一款极速、零配置的 Web 应用打包工具，它利用多核处理提供了极快的速度，并且不需要任何配置。它主要的优点在于零配置，但是扩展性相较于 webpack 偏弱，适合一些构建流程简单的项目，或者用来做一些本地的快速原型开发。

- **Vite**

Vite 是一款更新、更快的 Web 开发工具，由 Vue 的作者尤雨溪开发。它主要面向现代 Web 开发，优势在于快速冷启动、即时模块热更新、真正按需编译。由于发布时间较晚，它在生态上不如 webpack，社区插件较少。

- **esbuild**

esbuild 是近年来备受关注的模块打包工具，主要面向现代 Web 的打包和压缩。它基于 Go 语言编写，在构建性能上有较为明显的优势，同时内置了 JSX、TypeScript 等主流语法扩展的配置。它是 Vite 工具的内置依赖。

目前，San CLI 选择基于 webpack 来实现构建，主要原因在于 webpack 有成熟的插件生态。另外，webpack 本身也在持续迭代。我们通过引入 esbuild-loader 来提升在开发环境下的编译速度，使用封装底层的 webpack 配置来降低一线业务开发人员的配置复杂度。

6.4.3 San CLI 的构建方案

San CLI 的目标是将 San 生态中的工具基础标准化，让用户无须在配置上花太多精力。San CLI 作为一个内置了 webpack 的前端工程化构建工具，在多个版本的迭代过程中主要考虑 3 个因素：开箱即用、良好的扩展性、构建速度（主要是在开发环境下）。

San CLI 的构建（`build` 和 `serve`）流程如下（见图 6-4）。

- 根据构建的命令，执行对应的构建流程。
- 通过 san-cli-service 收集与 webpack 相关的配置，同时结合内置的 san-cli-config-webpack 提供的默认配置。
- 获取完整的 webpack 配置以后，开始调用 webpack 的 compile 或者 devServer 来进入 webpack 的构建。

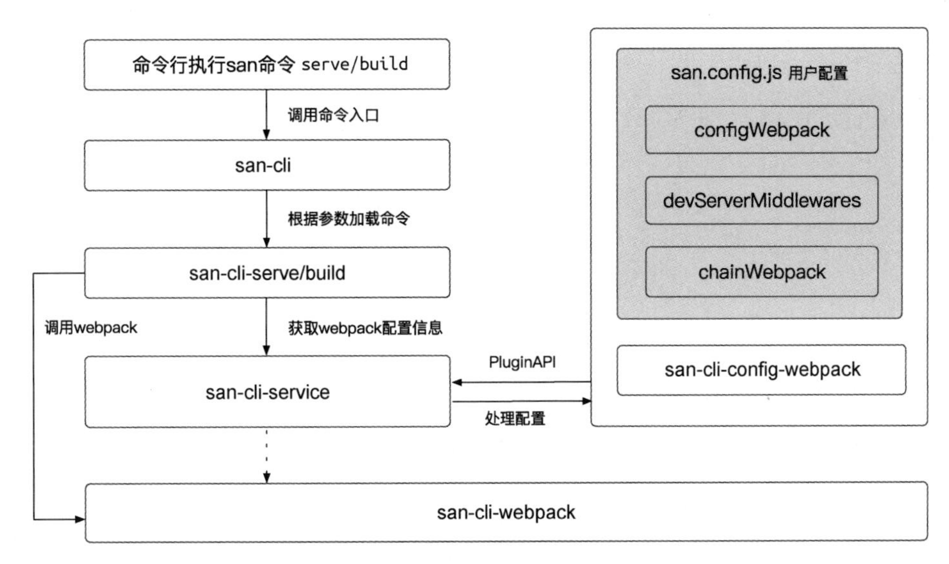

图 6-4 San CLI 的构建流程

1. 实现对 webpack 的封装

前端开发者的核心任务是开发应用，完全不必成为“webpack 配置工程师”。因此 San CLI 首先要将 webpack 包装起来，屏蔽烦琐的内部配置，最终实现对 Babel、TypeScript、ESLint、PostCSS、现代模式、DevServer 等功能开箱即用的支持。

我们看一个简单的例子，实现一个简单的 webpack 配置文件：

```
// webpack.config.js
const path = require('path');

module.exports = {
  entry: './src/index.js',
  output: {
    filename: 'main.js',
    path: path.resolve(__dirname, 'dist'),
  },
};
```

启动构建：

```
npx webpack --config webpack.config.js
```

我们可以通过把 webpack 包装起来，实现自定义的命令。上述代码可以改为

```
// build.js
const path = require('path');
const Webpack = require('webpack');

const compile = webpack({
```

```
  entry: './src/index.js',
  output: {
    filename: 'main.js',
    path: path.resolve(__dirname, 'dist'),
  },
});

compile.run(() => {
  console.log('done');
});
```

启动构建：

```
node ./build.js
```

来看看 san-cli 中对 webpack 的包装，实现 build 命令的核心代码：

```
// san-cli-webpack/build.js
module.exports = class Build extends EventEmitter {
  constructor(webpackConfig) {
    super();
    this.init(webpackConfig);
  }
  init(webpackConfig) {
    const {config, isWatch, watchOptions} = formatConfig(webpackConfig);
    this.isWatch = isWatch;
    this.watchOptions = watchOptions;
    this.compiler = webpack(config);
  }
  run() {
    if (this.inited) {
      return;
    }
    this.inited = true;
    const callback = (err, mulStats) => {
      this.emit('complete', {stats: mulStats});
      // ...
      this.emit('success', {stats: mulStats, isWatch: this.isWatch});
    };

    if (this.isWatch) {
      return this.compiler.watch(this.watchOptions || {}, callback);
    }
    this.compiler.run(callback);
  }
};
```

它的主要实现包括收集 webpack 配置项，调用 webpack 的构建 API，添加构建完成的回调方法。

2. 对 webpack 配置的封装

webpack 提供了灵活的配置项，具备很大的配置空间。我们常用的 webpack 配置项有 mode、

`entry`、`output`、`module`、`resolve`、`devServer`、`plugins` 和 `optimization` 等。同时，我们要考虑在不同模式下使用不同的配置。因此，即使一个项目只具有中等复杂度，配置起来估计也有近千行代码。这极大地提升了 webpack 的上手难度，也不利于项目的复用。

随着前端技术的快速迭代更新，社区呈现出了百花齐放的状态。前端工程师在享受社区丰富生态的同时，也面临着依赖包质量参差不齐、技术选择过于分散、依赖之间不兼容等问题。所以我们更希望底层的依赖选择统一、可靠的技术选型，后续通过 San CLI 来统一迭代升级。下面介绍 San CLI 封装的加载器和插件配置。

- **处理 CSS**

- css-loader
- style-loader
- less、less-loader
- sass、sass-loader
- stylus、stylus-loader
- postcss、postcss-loader
- autoprefixer
- css-minimizer-webpack-plugin（cssnano）
- mini-css-extract-plugin

- **处理 JavaScript**

- babel、babel-loader
- core-js 3.*x*
- terser
- esbuild-loader

- **处理 HTML**

- ejs-loader
- html-loader
- html-minifier-terser
- html-webpack-harddisk-plugin
- html-webpack-plugin

- **处理其他资源**

- url-loader
- file-loader

- ❑ san-loader、san-hot-loader
- ❑ svg-sprite-loader
- ❑ svg-url-loader
- ❑ copy-webpack-plugin

由于做了大量的基础库技术选型，因此我们的配置就不仅是面向 webpack 的配置，而且是面向插件的配置。对于配置文件的设计，我们的思路是默认引入常用的配置方案，通过 san.config.js 配置文件来扩展配置。在使用自定配置的时候，首先要尽量减少配置层级，其次要保证良好的扩展性，保证能配置和扩展几乎所有的 webpack 配置项。

来看一个简单的 San CLI 配置：

```
module.exports = {
  pages: {
    // ...
  },
  outputDir: 'output',
  publicPath: '/',
  copy: {
    // ❶
  },
  splitChunks: {
    cacheGroups: {
      // ❷
    },
  },
  loaderOptions: {
    babel: {
      // ❸
    },
  },
  terserOptions: {
    // ...
  },
  css: {
    cssPreprocessor: 'less',
    cssnanoOptions: {
      // ...
    },
  },
  devServer: {
    port: 8899,
    // ❹
  },
  chainWebpack: () => {
    // ❺
  },
};
```

下面来看看 san.config.js 的配置是如何被转换为最终的 webpack 配置的。

- mode

san-cli 不提供 mode 配置项目，serve 命令默认的模式为开发（development），build 命令默认为生产（production）。同时，可以通过 NODE_ENV 环境变量来指定 mode。

- entry 和 output

默认的 entry 和 output 配置项过于烦琐。san-cli 考虑到多页面的配置，结合 html-webpack-plugin 设计了以下配置结构：

```
// san.config.js
module.exports = {
  publicPath: '/',
  assetsDir: 'static/',
  outputDir: 'dist',
  filenameHashing: isProduction,
  pages: {
    index: {
      entry: './pages/index.js',
      filename: 'index.html',
      template: './assets/index.html',
      chunks: ['index', 'vendors'],
    },
  },
};
```

以上 publicPath、assetsDir、outputDir、filenameHashing 对应着 webpack 的 ouput 配置，其中对于 output.filename 的哈希方案，我们选择的是 contenthash，可以通过 filenameHashing 配置禁用。

- module

在 webpack 中，我们使用最多的是 module.rules。由于 san-cli 已经集成了常用的加载器和插件，因此这里只需要配置相关的参数即可。我们通过 css.cssPreprocessor 来指定 CSS 的预处理器。通过 loaderOptions 参数来覆盖内置的 plugin 的配置（见❸）。

- resolve

在 webpack 中，我们用到的一般是 resolve.extensions 和 resolve.alias。san-cli 内置了常用的 resolve.extensions，同时通过提供 alias 来直接配置 resolve.alias。

- devServer

san-cli 提供了内置的 devServer 配置项，同时支持使用 devServer 进行扩展（见❹）。

- optimization

san-cli 提供了 splitChunks 配置项，提供 optimization.splitChunks（见❷）的扩展实现分包

的自定义配置，通过内置 css-minimizer-plugin、terser-webpack-plugin 和 ESBuildMinifyPlugin（esbuild-loader）来实现资源的优化。

- plugins

因为已经内置了常用的核心插件，所以 san-cli 不再提供直接配置 plugins 的配置项。plugins 参数在 san.config.js 中是定义 san-cli 的 Service 插件（详见本节最后），我们也可以通过 chainWebpack（见❺）来精细地定义 webpack 配置项和 webpack 插件。

注意

❶处内置了 copy-webpack-plugin，用于把不需要构建的文件移动到目标目录下。

3. 封装 webpack 配置的实现细节

上面提到 san-cli 集成了几十个加载器和插件，那么怎样对它们进行封装和管理呢?

首先，利用 webpack-chain 这个 npm 包初始化一个空配置文件，它可以非常方便地使用链式 API 简化对 webpack 配置的增删改；接着，分别利用 san-cli-config-webpack 中的 4 类配置，结合用户配置的 san.config.js，对配置文件进行扩展；最终返回完整的 webpack 配置。内置的 4 类配置如下。

- **基础配置：**configs/base

base 部分主要负责生成常用的 webpack 配置项（例如 output 和 resolve），添加用户常用的 module.rules（例如 html-loader、ejs-loader、url-loader、svg-loader 等），以及注入一些常用的插件。

```
module.exports = (webpackChainConfig, projectOptions) => {
  // 生成 webpack 的 output 配置项
  webpackChainConfig.output
    .path(resolve(projectOptions.outputDir))
    .filename((isLegacyBundle() ? '[name]-legacy' : '[name]') + `${filenameHashing ?
'.[contenthash:8]' : ''}.js`)
    .publicPath(projectOptions.publicPath)
    .pathinfo(false);
  // ...

  // 添加处理 San 的插件
  webpackChainConfig.plugin('san').use(require('san-loader/lib/plugin'));

  // ...
};
```

- **页面级配置**：configs/pages

这里主要内置 HTMLWebpackPlugin，它几乎是前端工程的标配，主要处理 JavaScript、CSS 资源嵌入、HTML 模板文件压缩等。我们还对其进行了扩展，以支持在百度公司一度是主流的 ODP 架构（前端模板是 PHP smarty）方案。除此之外，我们还添加了 html-webpack-harddisk、copy-webpack-plugin 等插件。

```
module.exports = (webpackConfig, projectOptions) => {
  // 单页应用
  if (!projectOptions.pages) {
    htmlOptions.alwaysWriteToDisk = true;
    htmlOptions.inject = true;
    htmlOptions.template = defaultHtmlPath;
    webpackConfig.plugin('html').use(HTMLPlugin, [htmlOptions]);
    useHtmlPlugin = true;
  }
  // 多页配置
  else {
    Object.keys(projectOptions.pages).forEach((name) => {
      // ...
      const [entry, title, filename] = normalizePageConfig(projectOptions.pages[name]);
      const entries = Array.isArray(entry) ? entry : [entry];
      webpackConfig.entry(name).merge(entries.map((e) => resolve(e)));
      // ...
    });
  }
  // ...
};
```

- **CSS 样式配置**：configs/style

这里首先添加 CSS 的常规 module.rules（例如 css-loader），接着根据用户对于 CSS 框架的技术选型（Less、Sass 或 Stylus）添加相应的预处理器；其次，内置 post-loader 来解决 CSS 的兼容性问题；最后，在生产环境下会通过引入 mini-css-extract-plugin 来支持 CSS 外链，通过内置 css-minimizer-webpack-plugin 来实现 CSS 资源的压缩。

```
module.exports = (webpackChainConfig, projectOptions) => {
  // ...
  const loaderOptions = projectOptions.css.loaderOptions
    ? defaultsDeep(projectOptions.css.loaderOptions, projectOptions.loaderOptions)
    : projectOptions.loaderOptions;
  // 添加与 CSS 相关的 module.rules
  createCSSRule(webpackChainConfig, 'css', /\.css$/, {
    extract: shouldExtract,
    useEsbuild,
    loaderOptions,
    sourceMap: false,
  });
  // ...
};
```

- **模式相关配置**：configs/development、configs/production

这里主要是根据用户的 mode 参数（development 或 production）来实现开发环境和生产环境下的配置差异。

在开发环境下，需要重点考虑的是构建速度和调试的便捷性，因此我们内置了 HMR 热替换来提升调试效率，引入 cache 和 esbuild 来提升本地构建速度。

```
// configs/development
module.exports = (webpackConfig, projectOptions) => {
  // ...
  webpackConfig.plugin('hmr').use(require('webpack/lib/HotModuleReplacementPlugin'));
  const {cache, loaderOptions = {}} = projectOptions;
  const esbuild = loaderOptions.esbuild;
  // cache 可以传入 false 来禁止，或者传入 object 来配置
  const cacheOption =
    typeof cache === 'undefined'
      ? {
          type: 'filesystem',
          allowCollectingMemory: true,
        }
      : cache;
  webpackConfig.cache(cacheOption);
  // 实验配置 esbuild
  if (esbuild) {
    jsRule
      .use('esbuild-loader')
      .loader(esBuildLoader)
      .options({
        target: (typeof esbuild === 'object' && esbuild.target) || 'es2015',
      });
  }
};
```

生产环境下的构建则需要重点关注构建的包体积，主要解决方案有分包（通过 runtimeChunk 和 splitChunks 实现）以及静态文件资源压缩（一般基于 TerserPlugin）。San CLI 内置了分包和资源压缩的默认配置，同时在配置文件中提供了 splitChunks 和 TerserPlugin 的配置项，以方便地进行自定义配置。

```
module.exports = (webpackConfig, projectOptions) => {
  const {assetsDir, splitChunks, terserOptions = {}, runtimeChunk, loaderOptions = {}} = projectOptions;
  // ...
  webpackConfig
    .mode('production')
    .devtool(
      projectOptions.sourceMap
        ? typeof projectOptions.sourceMap === 'string'
          ? projectOptions.sourceMap
          : 'source-map'
        : false
```

```
    )
    .output.filename(filename)
    .chunkFilename(filename);

  if (splitChunks) {
    webpackConfig.optimization.splitChunks(splitChunks);
  }

  webpackConfig.optimization.minimizer('js').use(
    new TerserPlugin({
      extractComments: false,
      parallel: true,
      terserOptions: lMerge(defaultTerserOptions, terserOptions),
    })
  );
};
```

4. 项目构建插件化的实现

San CLI 虽然内置了大量开箱即用的优质加载器和插件，但在特定业务场景中难免会有些个性化的需求。为此，San CLI 提供了 Service 插件来满足此类构建流程的实现。不同于 6.2 节中提到的命令行插件，Service 插件会被 san-cli-service 模块调用。

san-cli-service 提供了 `Service` 类，主要用途是对 webpack 的配置进行统一处理和封装。当 `Service` 实例化时，会依次注册执行 Service 插件，对 webpack 的配置进行修改。

`Service` 类的设计如下：

```
class Service extends EventEmitter {
  constructor(cwd, argv) {
    // ❶
    super();
    this.argv = argv;
    this.webpackChainFns = [];
    this.webpackRawConfigFns = [];
    this.devServerMiddlewares = [];
    this.plugins = this.resolvePlugins(plugins, useBuiltInPlugin);
  }
  resolvePlugins(plugins = [], useBuiltInPlugin = true) {
    /* ❷ */
  }
  run(name) {
    this.init(this.args.mode, this.args.configFile);
    return Promise.resolve(this.getApiInstance(`run:${name}`));
  }
  init(mode, configFile) {
    /* ❸ */
  }
  initPlugin(plugin) {
    /* ❹ */
  }
```

```
  getApiInstance(id) {
    // ❺
    return new Proxy(new PluginAPI(id, self), {
      get: (target, prop) => {
        // 传入配置的自定义 pluginAPI 方法
        if (['on', 'emit', 'addPlugin', 'getWebpackChainConfig', 'getWebpackConfig'].includes(prop))
{
          if (typeof this[prop] === 'function') {
            return this[prop]();
          }
          return this[prop];
        }
        return target[prop];
      },
    });
  }
  getWebpackChainConfig() {
    /* ❻ */
  }
  getWebpackConfig(chainableConfig) {
    /* ... */
  }
}
```

对于❶，`Service` 类接收两个参数：`cwd`（当前目录信息）和 `argv`（用户的执行命令的参数）。通过 `cwd` 参数，我们能找到各种配置文件（san.config.js/.env 文件）和本地插件；通过 `argv` 参数，我们可以得到更高优先级的配置信息，包括 san.config 配置文件的路径，以及是否是 watch 模式。

对于❷，San CLI 支持 3 种形态的插件：`Object` 对象、npm 包和本地文件路径。这里利用 `resolvePlugins` 对插件进行格式化，统一转换为对象的形式。

对于❸和❹，`init` 和 `initPlugin` 方法做的事情是把配置信息收集起来，存放到 `webpackChainFns`、`webpackRawConfigFns` 和 `devServerMiddlewares` 中。

```
class Service extends EventEmitter {
  // ...
  init(mode, configFile) {
    this.plugins.forEach((plugin) => {
      plugin && this.initPlugin(plugin);
    });
    if (this.projectOptions.chainWebpack) {
      this.webpackChainFns.push(this.projectOptions.chainWebpack);
    }
    if (this.projectOptions.configWebpack) {
      this.webpackRawConfigFns.push(this.projectOptions.configWebpack);
    }
    return this;
  }
  initPlugin(plugin) {
    let options = {};
    if (Array.isArray(plugin)) {
```

```
      [plugin, options] = plugin;
    }
    const {id, apply} = plugin;
    const api = this.getApiInstance(id);
    apply(api, this.projectOptions, options);
    return this;
  }
  // ..
}
```

对于❹，initPlugin 方法虽然调用插件中的 apply 方法，但最终还是调用了插件的 API，本质上还是在做插件的信息收集工作。

对于❺，getApiInstance 方法的返回值才是这个 Service 实例最终对外暴露的东西，它包含了 Service 对外提供的 API，后续流程通过 getWebpackChainConfig 和 getWebpackConfig 方法获取最终的 webpack 配置信息。

对于❻，getWebpackChainConfig 是对外暴露的 API 之一，它将收集到的用户 San CLI 配置信息与 san-cli-config-webpack 内置的配置相结合，并最终通过 getWebpackConfig 这个 API 转化为 webpack 能支持的配置形式。

```
class Service extends EventEmitter {
  // ...
  getWebpackChainConfig() {
    const projectOptions = normalizeProjectOptions(this.projectOptions);
    const chainableConfig = createChainConfig(this.projectOptions.mode, projectOptions);
    this.webpackChainFns.forEach((fn) => fn(chainableConfig));
    return chainableConfig;
  }
  // ...
}
```

从上面的核心代码中，不难理解 Service 实例主要做了以下工作。

- 加载 san.config.js 和 env 等文件配置来初始化配置。
- 初始化用户定义的插件，并且依次执行 webpackChain 回调栈和 webpackConfig 回调栈。
- 通过 run 方法返回一个 Promise 对象，把收集到的配置信息与 san-cli-config-webpack 提供的内置配置方案相结合，并通过插件 API 传递给下一个构建流程。

Service 插件主要对 webpack 构建流程进行扩展。它和 webpack 插件非常类似，只不过加了一层包装，我们可以在插件中非常方便地调用项目的配置信息。可以利用以下 3 个常用的插件 API 来实现对 webpack 的扩展（见图 6-5）。

- api.chainWebpack：使用链式 API 简化对 webpack 配置的增删改。
- api.configWebpack：使用 webpack-merge 提供一个合并函数，用于连接数组、创建新对象。
- api.middleware：向 webpackDevServer 添加中间件。

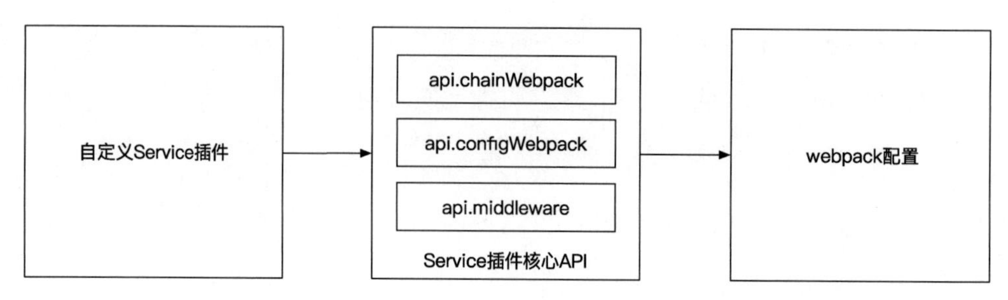

图 6-5　使用 Service 插件处理 webpack 配置

为了保证插件具备操作 webpack 各种配置的能力，以及保证插件本身可定制化，我们为插件注入了如下 3 个参数。

- api：Service 插件提供的 API。
- projectOptions：用户配置的 san.config.js 处理后的项目配置信息。
- options：在调用插件的时候，用户传入的参数。

一个 Service 插件的定义结构如下：

```
module.exports = {
  // 插件 ID
  id: 'plugin-id',
  // 插件的入口函数
  apply(api, projectOptions, options) {
    api.chainWebpack((webpackConfig) => {
      console.log(projectOptions);
      webpackConfig.entry(/*...*/);
    });
  },
};
```

options 参数的例子如下：

```
// san.config.js
module.exports = {
  plugins: [[requie('plugin'), {options}]],
};
// 或者使用 addPlugin
serviceInstance.addPlugin(require('plugin'), options);
```

最后，看看编写好的插件如何使用。我们可以将插件发布到 npm 上（通常使用 san-cli-plugin-*x* 的形式来命名），也可以直接在本地使用。在 san.config.js 的 plugins 字段添加对应的路径或者直接请求即可：

```
// san.config.js
module.exports = {
  //...
  plugins: [
```

```
    // 1. 直接编写插件
    {
      id: 'my-middleware',
      apply(api) {
        api.middleware(() =>
          require('hulk-mock-server')({
            contentBase: path.join(__dirname, './' + outputDir + '/'),
            rootDir: path.join(__dirname, './mock'),
            processors: [
              /* ... */
            ],
          })
        );
      },
    },
    // 2. 请求一个 Service 插件的 npm 包
    require('san-cli-plugin-x'),

    // 3. 这一个是相对路径
    './san-plugin',
  ],
};
```

6.5 San CLI 的整体架构

San CLI 是一个命令行工具，也是一个内置 webpack 的前端工程化构建工具。San CLI 在兼顾 San 生态的同时，尽量做到通用化配置。在设计之初，我们希望不局限于 San 的应用范畴，做一个可定制化的前端开发工具集。San CLI 在架构设计上采取了微核心和插件化的设计思想，我们可以通过插件机制添加命令行命令，也可以通过插件机制定制 webpack 构建工具，从而满足不同 San 环境下的前端工程化需求。

下面是 San CLI 的核心模块（见图 6-6）。

- san-cli：核心模块，负责整合整个工作流程和实现核心功能。
- san-cli-service：主要负责把 webpack 插件和加载器组织起来，最后交给底层的 webpack 进行构建。
- san-cli-webpack：webpack 的 build 和 dev-server 通用逻辑，以及 webpack 自研插件等。
- san-cli-config-webpack：提供常用的 webpack 配置。
- san-cli-init：`init` 命令，通过脚手架初始化项目。
- san-cli-serve：`serve` 命令，启动一个带热更新的开发服务器。
- san-cli-build：`build` 命令，产出用于生成环境的包。
- san-cli-plugin-*x*：对应 Service 插件。
- san-cli-utils：工具类。

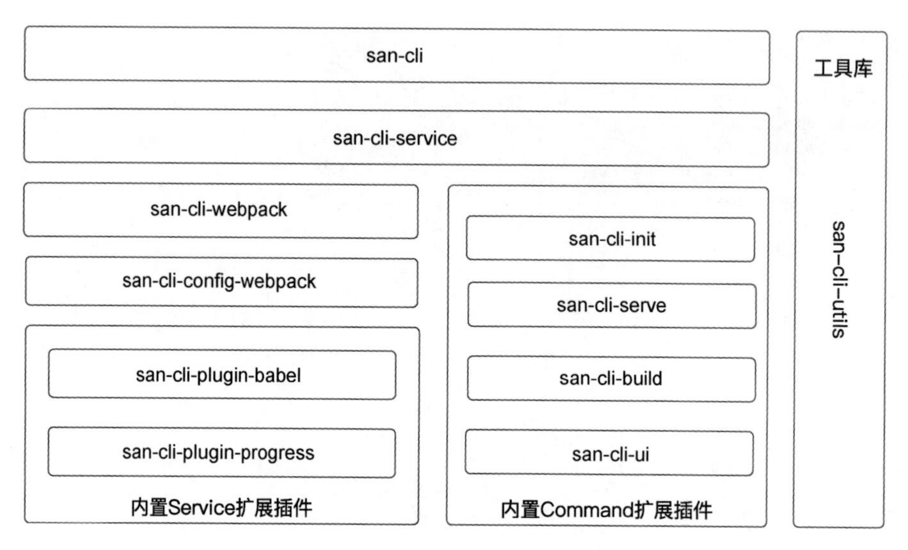

图 6-6　San CLI 的核心模块

San CLI 命令的主要执行流程如下（见图 6-7）。

- 首先初始化环境，做一些环境检查的基础工作（比如 Node.js 版本检查和 CLI 版本检查）并给出一些提示（比如升级提示和版本提示）。
- 然后根据参数把相关的插件加载进来，进行注册，并调用相应的命令模块去执行对应的流程。
- 如果是非构建类的任务，就不需要 webpack 的任务，直接执行任务逻辑就行了。
- 如果是构建类的任务，会加载一遍 Service 插件（也就是经过包装的 webpack 插件）。

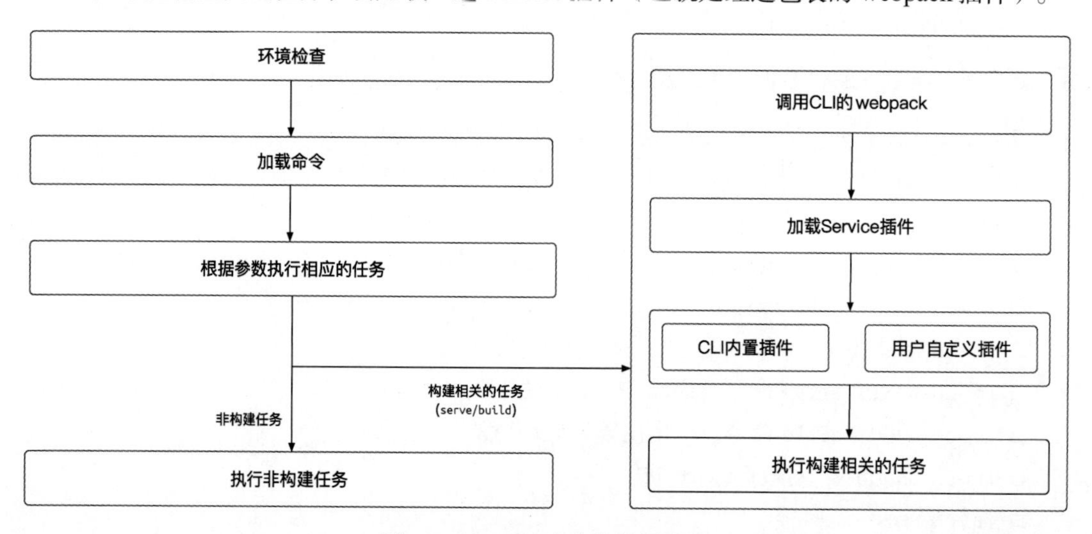

图 6-7　San CLI 命令的执行流程

6.6 开箱即用的最佳实践

San CLI 致力于将 San 生态中的工具基础标准化，让用户无须在配置上面花太多精力，真正做到开箱即用。下面主要就 4 个方面列举 San CLI 提供的一些常用功能。

6.6.1 语言层面的支持

在语言层面，我们主要解决了浏览器的兼容性问题以及 CSS 的弱编程能力问题。

1. CSS 框架和 PostCSS

San CLI 通过内置 css-loader 和 style-loader 来实现 CSS 的开箱即用，通过内置主流的 3 种 CSS 框架（按需引入）来解决 CSS 的弱编程能力问题，通过内置 postcss 和 autoprefixer 来解决 CSS 的某些兼容性问题。相关依赖如下：

- css-loader
- style-loader
- less、less-loader
- sass、sass-loader
- stylus、stylus-loader
- postcss、postcss-loader、autoprefixer

2. babel-loader 和 core-js

由于各大浏览器厂商在早期发展过程中对 Web 标准有不同的实现，因此常常出现一些恼人的兼容性问题。在过去很长一段时间里，低版本 IE 浏览器（如 IE10）占据着较大的市场份额，在 CSS 和 JavaScript 中有着不同于标准的实现。

为了解决浏览器兼容性问题，CSS 常常会用到一些 hack 技术，而 JavaScript 主要用 Shim[①]来解决开发环境和用户浏览器之间的 API 兼容性问题。随着浏览器的升级迭代和移动互联网的兴起，CSS 的兼容性问题变得不再棘手。ECMAScript 标准突飞猛进，给 JavaScript 的兼容性带来了新的挑战。为了弥补旧版浏览器对新特性支持的不足，Shim 和 polyfill 还扮演着重要的角色。有了它们，开发者可以毫无顾虑地使用更新的 JavaScript 特性，而不需要关注浏览器兼容性。

在 webpack 的构建过程中，目前业界最流行的 polyfill 方案是 core-js 包。它是 JavaScript 标准库的 polyfill，支持 ECMAScript 的 polyfill，包括 Promise、Symbol、集合、迭代器/类型数组等很多新特性，ECMAScript 提案，以及一些跨平台的 WHATWG/W3C 特性，如 `URL` 类。对于 core-js，

① Shim 通过加载额外的库来弥补本地 JavaScript 引擎的不足，最有代表性的是 es5-shim。

我们可以只加载需要的功能，也可以在没有全局命名空间污染的情况下使用它。但通常情况下，core-js 会被封装到构建工具中，用户无须显式引入。我们可以在项目的最终构建产物中看到从core-js 中导出的代码。

San CLI 把 babel-loader 和 core-js 封装到了构建流程中，用户可以使用 ES6+编写代码，而无须关心最新 ES 规范和浏览器的兼容性问题。它最终会根据@babel/preset-env 和 browserslist 配置导入 polyfill，这样你就不用再担心依赖的 polyfill 因为包含一些没有用到的 polyfill 而导致包的体积增大了。

在默认情况下，我们会把 `useBuiltIns: 'usage'`传递给@babel/preset-env。这样，它会根据源代码中出现的语言特性自动检测需要的 polyfill，确保最终包里 polyfill 数量的最小化。

`useBuiltIns: 'usage'`能确保包的最小化，然而，这也意味着如果一个依赖需要特殊的 polyfill（比如 promise.finally），那么 Babel 在默认情况下无法将其检测出来。

如果有依赖需要 polyfill，有 3 种选择。

- 如果该依赖基于一个目标环境不支持的 ES 版本撰写：将其添加到 san.config.js 中的 transpileDependencies 选项。这会为该依赖开启语法转换功能，并根据使用情况检测 polyfill。
- 如果显式地列出了需要的 polyfill：将其添加到 san.config.js 中的 loaderOptions.babel.polyfills 选项，预包含所需要的 polyfill。
- 如果使用了 `useBuiltIns: 'entry'`，然后在入口文件添加：

```
import 'core-js/stable';
import 'regenerator-runtime/runtime';
```

这会根据 browserslist 目标导入所有 polyfill，从而不用再担心依赖的 polyfill 出现问题。但因为这包含了一些没有用到的 polyfill，所以最终的包可能会很大。

- **关于 babelrc**

- babelrc 中 target 的优先级低于 browserlist 的优先级。
- babelrc 配置的优先级顺序为（从低到高排列）：babel.config.json、.babelrc、编程选项（programmatic option）。

- **精细化方案**

- 使用默认配置：
  - 使用默认内置 `useBuiltIns: 'usage'`；
  - 通过增加 `exclude` 参数来去掉不需要的 polyfill；

- 通过 `polyfills` 参数强制引入 polyfill（主要解决自动添加存在的一些兼容性问题）。

- 禁用内置的配置：
  - 禁用内置配置，相当于禁用 san-cli 默认提供的 polyfill，由用户自己配置；
  - babel-loader 会自动找到项目目录下的 Babel 配置文件。

3. 一切皆模块

Web 工程通常包含各种静态资源：HTML 模板、CSS 代码、JavaScript 代码、图片、字体、音视频等。对于 webpack 来说，只要引入了对应的加载器，这些静态资源都能被视作模块。

San CLI 内置了各种常用资源的 webpack module.rules，使得我们在开发的时候无须再显式引入额外的加载器，可以像加载 JavaScript 模块一样去加载它们。

6.6.2 开发调试

除了语言层面的支持，开发调试也是 Web 开发过程中不可或缺的一环，对工作效率有直接的影响。下面是前端面临的一些开发调试的痛点。

- 修改代码后，需要频繁刷新页面来查看效果。
- 当前端逻辑依赖服务器端异步接口时，开发环境中的请求跨域问题以及接口有不同返回值的调试问题。
- 环境变量问题，在不同环境（测试环境、开发环境、生产环境）下部署的代码的接口地址、文件路径可能不一样，需要手动修改。
- 需要保证线上路由在调试环境下可用，保证在使用前端路由时，页面在手动刷新时依然可用。
- 在项目不是完全前后端分离时，本地支持服务器端的 HTML 模板的解析。

接下来，我们看看 San CLI 如何基于 webpack 实现本地开发中需要支持的各个功能模块。

1. 动态构建和 HMR

在开发模式下，我们希望不需要通过打包来预览，能实现自动编译、自动刷新浏览器。这一切可以基于 webpack-dev-server 这个 webpack 官方提供的 Node 服务框架来实现，该框架用于搭建本地开发环境。它封装了 express，并内置了 webpack-dev-middleware、http-proxy-middleware 等中间件，提供 devServer（本地开发服务器）、动态构建、HMR（hot module replacement，模块热替换）和 HTTP 代理等功能。

动态构建的主要目的是方便开发者在开发环境下进行调试。配合 webpack 提供的局部 HMR，可以实现在源代码变更后无须刷新浏览器的即时调试功能。San CLI 默认支持热替换，在使用 San

单文件组件进行开发时，可以实现组件级别的局部刷新，提升开发和调试效率。我们会在第 7 章进一步讨论。

2. 数据模拟和代理

mock 指的就是数据模拟，它是支持前后端分离和并行开发的重要功能。在本地实现前后端交互时，我们需要自行模拟数据来展示到页面，从而提高开发效率，同时方便就前后端协同定义统一的数据格式；请求接口的代理（proxy）本质上也属于数据模拟，它通过将一个本地 URL 或者路径转发到提供数据源的接口来解决跨域等问题。

San CLI 通过默认脚手架为 webpack devServer 添加了 hulk-mock-server 中间件，以此简化数据模拟和代理功能的使用。该中间件的功能如下。

- 数据模拟，结合 mock.js 进行 mock 或指向本地文件。
- 接口代理，可以将请求代理到本地文件或转发。
- 自定义预处理器，比如自定义 smarty、artTemplate 等服务端模板的解析。

```
// san.config.js
module.exports = {
  plugins: [
    {
      id: 'hulk-mock-server',
      apply(api) {
        api.middleware(() =>
          require('hulk-mock-server')({
            contentBase: path.join(__dirname, './' + outputDir + '/'),
            // 数据模拟 ❶
            'GET /api/user': {
              id: 1,
              username: 'theo',
              sex: 6,
            },
            // 接口代理 ❷
            _proxy: {
              proxy: {
                '/repos/*': 'https://api.github.com/',
                '/:owner/:repo/raw/:ref/*': 'http://127.0.0.1:2018',
              },
              changeHost: true,
            },
            rootDir: path.join(__dirname, './mock'),
            processors: [
              /*...*/
            ],
          })
        );
      },
    },
  ],
};
```

相较于 webpack 官方提供的 webpack-dev-middleware，hulk-mock-server 主要对以下问题进行了优化。

- 内置对 mocker 文件热更新的支持。
- 通过 JSON 快速轻松地配置 API（见❶）。
- 简化 API 代理的模拟（见❷）。

3. 环境变量

在前端工程化兴起之前，开发环境、测试环境、生产环境的一些配置全靠开发者手动配置和修改，而在 webpack 等构建工具出现以后，就可以用环境变量（通常简称为 env）来解决这个问题了。环境变量常见的使用场景是：当我们要定义一个常量而它需要在线下环境使用不同的值（例如线下请求的数据接口是后端工程师的一个线下地址）时，可以使用环境变量定义常量。

环境变量很容易在部署环境之间改变，应该将其存储在项目代码之外，从而保证项目的配置与其代码逻辑解耦。一些开发者有时候会将一些与环境相关的配置信息存储在业务代码中，但这既不方便扩展，又可能带来潜在的安全风险。

- **env 文件**

San CLI 推荐将环境变量存储在.env 文件中。通过内置的 dotenv 模块（详见 npm 官网），它会将环境变量从.env 文件加载到 process.env 中。它会按照下面的优先级在**项目的根目录**中读取环境变量：

```
.env.${mode}.local
.env.${mode}
.env.local
.env
```

注意

mode 可以取值为 production 和 development。

- **DefinePlugin**

除了在 Node 环境下使用环境变量以外，也可以在前端代码中使用环境变量的值，这离不开 DefinePlugin 这个 webpack 内置插件。它的主要功能是在编译时将代码中的变量替换为其他值或表达式，这在开发构建和生产构建有不同行为时很有用。例如，如果在开发构建中执行调试方法来打印日志，但在生产构建中不执行，我们就可以使用一个全局常量来决定是否执行调试。DefinePlugin 的实现原理其实就是执行文本替换的操作。

San CLI 中约定，在.env 中定义的以 SAN_VAR_*开头的变量会被 DefinePlugin 直接解析成对应的值。例如，在代码中直接使用 `console.log(HELLO)`，经过编译后会变成 `console.log('hello')`。

4. esbuild 和持久化缓存

当有了本地开发服务器、动态构建、HMR、数据模拟等功能以后，影响本地开发和调试效率的就是构建速度了。对于一个大型应用来说，webpack 的冷启动速度和热更新速度为开发体验带来了不小的影响。

- **利用 esbuild 的速度**

esbuild 支持对 ESNext 和 TypeScript 进行极快的编译和压缩。我们在开发环境下可以使用 esbuild-loader 来作为 webpack 构建中 babel-loader/ts-loader 的替代方案，从而使开发环境下的构建速度更快：

```
module.exports = {
  // ...
    module: {
      rules: [
-       {
-         test: /\.js$/,
-         use: 'babel-loader',
-       },
+       {
+         test: /\.js$/,
+         loader: 'esbuild-loader',
+         options: {
+           target: 'es2015'
+         }
+       }
      ],
    }
    // ...
}
```

- **持久化缓存**

在 webpack4 中，我们通常会利用 cache-loader 来对构建产出进行缓存，以此提升二次构建的速度。此外，babel-loader 也自带缓存机制。webpack5 则直接从内部核心代码的层面统一了持久化缓存的方案，从而有效降低了缓存配置的复杂性。由于 webpack 处理的所有模块都会被缓存，二次编译速度会远超 cache-loader。

```
// webpack5 的缓存配置
module.exports = {
  cache: {
    type: 'filesystem',
  },
};
```

通过 esbuild-loader 和 webpack5 的持久化缓存，我们极大地提升了开发模式下的构建速度。

6.6.3 面向项目部署

无论是前后端独立部署还是分开部署，合理利用前端资源缓存，支持版本回滚、灰度发布和多版本共存都是项目部署要考虑的必要因素。San CLI 内置了增量更新、静态资源定位、静态远程部署等功能。

1. 资源增量更新

静态资源的更新方式可以分为两种：覆盖更新和增量更新。覆盖更新显然是有很多弊端的，其中最明显的一个是，必须保证页面文件和静态资源同时部署，否则在二者部署的时间间隔内，新版本的页面可能引入了旧版本的静态资源，或者旧版本页面加载了新版本的静态资源。这都可能会导致页面样式错乱、执行错误或其他意想不到的问题。

增量更新资源是更合理的选择，它主要的实现原理是在编译阶段为输出的静态资源文件添加 hash 指纹（以较短的信息来保证文件名的唯一性），从而保证不同版本的资源文件之间不会出现覆盖的问题。这样只要先部署好静态资源再部署页面，无论是新版本的页面还是旧版本的页面都能正常运行。

增量更新更重要的优势是能高效地利用缓存，我们可以将静态资源配置为超长时间的本地缓存来节省带宽，提高加载性能。通过将静态资源部署到 CDN 来优化网络请求，既能保证用户及时获取最新资源，又能减少不必要的网络资源消耗，提高 Web 应用的执行速度。

- **webpack 实现增量更新**

对于前端开发者来说，资源增量更新的核心点在于为文件添加 hash 指纹。webpack 本身具备计算哈希值的功能，它内置的文件名哈希的配置项有两个。

- `contenthash`：文件内容级别的哈希。只有文件的内容改变了，构建后的文件名称才会改变（在 webpack5 中，只有构建后的内容发生改变，文件的 hash 指纹才会改变）。
- `hash`：工程级别的哈希。修改任何一个文件，构建后的所有文件名称都会改变。

显而易见，将 `contenthash` 作为哈希文件指纹通常是更好的选择。

- `runtimeChunk`

webpack 提供的 `runtimeChunk` 将包含 Chunk 映射关系的列表单独从入口文件里提取出来，因为每一个 Chunk 的文件哈希值基本上都是基于内容哈希出来的，所以每次改动都会影响它。如果不将它提取出来，入口文件每次都会改变，缓存也就失效了。在设置 `runtimeChunk` 之后，webpack 就会生成一个名为 runtime~xxx.js 的文件。然后在每次更改运行时代码文件时，打包构建时入口文件哈希值是不会改变的。这样做的目的是避免文件的频繁变更导致浏览器缓存失效，它更好地利用了缓存，进而提升了用户体验。

San CLI 中内置了实现增量更新的必要工作。

- 构建产出文件 contenthash 指纹，包括：CSS、JavaScript 和图片资源。
- 支持 runtimeChunk。
- 构建更新 HTML 文件对其他静态资源的引用 URL。

2. 为 HTML 文档添加静态资源引用

HTML 文件引用静态资源的定位问题是前端开发乃至前后端协作开发中的一个重要环节。在完成资源的打包以后，我们需要将资源的引用注入前端的 HTML 文件中。San CLI 通过内置的 HTMLWebpackPlugin 提供的钩子方法，分别对构建产出结果的 html 和 assets 进行处理。

构建产出数据中的 html 包含了引用 JavaScript 的 script 标签和引用 CSS 的 link 标签，而 assets 对象包含了构建输出文件的完整信息。在 HTMLWebpackPlugin 并不能完全满足我们需求的情况下，可以通过操作 html 和 assets 数据实现更精细化的控制。

```
function formatData(pluginData, compilation) {
  // ...
}
const name = 'SanHtmlWebpackPlugin';
module.exports = class SanHtmlWebpackPlugin {
    constructor(options = {}) {
        this.options = options;
    }
    apply(compiler) {
        compiler.hooks.compilation.tap(name, compilation => {
            const alterAssetTags = this.alterAssetTags.bind(this, compilation);
            const afterHTMLProcessing = this.afterHTMLProcessing.bind(this, compilation);
            compilation.hooks.htmlWebpackPluginAlterAssetTags.tapAsync(name, alterAssetTags);
            compilation.hooks.htmlWebpackPluginAfterHtmlProcessing.tap(name, afterHTMLProcessing);
        });
    }
    alterAssetTags(compilation, data, cb) {
        // ❶
        data = formatData(data, compilation, this.options);
        typeof cb === 'function' && cb(null, data);
        return data;
    }
    afterHTMLProcessing(compilation, data, cb) {
        // ❷
        data.html = data.html.replace(/* ... */);
        typeof cb === 'function' && cb(null, data);
        return data;
    }
};
```

例如，预取（prefetch）和预加载（preload）是优化网站性能、提升用户体验的常用手段。

```
<link rel="prefetch" herf="URL">
```

在❶处，我们可以通过修改构建的产出的 data 来实现这个功能：

```
function formatData(pluginData, compilation) {
    let publicPath = compilation.outputOptions.publicPath || '';
    if (publicPath.length && !publicPath.endsWith('/')) {
        publicPath += '/';
    }

    function assetsFns(filename, rel = 'preload') {
        const href = `${publicPath}${filename}`;
        const tag = {
            tagName: 'link',
            attributes: {
                rel,
                href
            }
        };
        if (rel === 'preload') {
            tag.attributes.as = isCSS(filename) ? 'css' : isJS(filename) ? 'js' : '';
        }
        return tag;
    }

    for (let [filename, type] of assets) {
        pluginData.head.push(assetsFns(filename, type));
    }

    return pluginData;
}
```

此外，HTMLWebpackPlugin 通常将 JavaScript、CSS 资源链接放到 `head` 和 `body` 标签中。但当我们的 HTML 文档使用了一些支持模板继承的模板引擎以后，子模板可能并不包含 `head` 和 `body` 标签。一种可行的实现方案是在子模板中增加占位的 `head` 和 `body` 标签，然后利用 `htmlWebpackPluginAfterHtmlProcessing` 钩子方法，最终将占位的标签去掉。

在❷处，我们通过定义替换规则来实现自定义的 JavaScript、CSS 资源占位符。

```
const STATIC_BLOCK = /{%block name=(["'])__(body|head)_asset[s]?\1%}(.+?){%\/block%}/g;
// ...
module.exports = class SanHtmlWebpackPlugin {
        afterHTMLProcessing(compilation, data, cb) {
        // 处理 html 中的{%block name="__head_asset"%}中的 head 和 body 标签
        data.html = data.html.replace(STATIC_BLOCK, m => m.replace(/<[/]?(head|body)>/g, ''));
        typeof cb === 'function' && cb(null, data);
        return data;
    }
};
```

3. 远程部署的实现

San CLI 内置了远程部署解决方案，在执行 `san build --remote  REMOTE_NAME` 时，就能将项目本地的编译产出直接部署到远程开发机上。

- **webpack 部署插件**

```
// ...
class Upload {
    constructor(options = {}) {
        this.options = options;
    }
    apply(compiler) {
        const options = this.options;
        compiler.hooks.emit.tap(PLUGIN_NAME, compilation => {
            const targetFiles = Object.keys(compilation.assets).map(filename => {
                const to = /\.tpl$/.test(filename) ? options.templatePath : options.staticPath;
                return {
                    host: options.host,
                    receiver: options.receiver,
                    content: this.getContent(filename, compilation),
                    to,
                    subpath: filename
                };
            });
            upload(targetFiles, {
                host: options.host,
                receiver: options.receiver,
                retry: 2
            }, () => {
                console.log('\n');
                console.log('UPLOAD COMPLETED!');
            });
        });
    }
    getContent(filename, compilation) {
        const isContainCdn = /\.(css|js|tpl)$/.test(filename);
        const source = compilation.assets[filename].source();
        if (isContainCdn) {
            const reg = new RegExp(this.options.baseUrl, 'g');
            return source.toString().replace(reg, this.options.staticDomain);
        }
        return source;
    }
}
```

这个插件的功能是在项目构建完成以后，调用 `upload` 方法将本地文件上传到远程机器。`upload` 方法遵从 RFC 规范，使用 HTTP 的方式进行文件上传。另外，我们需要在远程服务器上部署一个接收服务，来接收在本地发起的上传文件请求。

6.6.4　性能优化

1. 现代模式

在日常开发过程中，大多数团队通常会直接使用 ES2015+语法来编写和维护代码，然后通过

Babel 将 ES2015+语法转成支持旧版浏览器的 JavaScript 代码（包括 6.6.3 节提到的 polyfill）。经过转换后的 JavaScript 代码比转换前的体积更大，而且解析执行效率也有所降低。

- **关于兼容性**

从 Caniuse 网站的数据来看，现在绝大多数浏览器已经对 ES2015+有了很好的支持。从百度 App 的 Webview 浏览器数据来看，国内大概有 74.71%（2020 年的数据，现在的比例应该更高）的浏览器支持 ES2015+代码。这说明有超过 70%的浏览器不再是旧版浏览器，而我们却因为不到 30%的浏览器影响了大多数本来应该更快、更好的现代浏览器。

如果能够在一个网站上自动识别不支持 ES2015 语法的浏览器，为其执行经过 Babel 转换的老式代码，而对于支持 ES2015+的浏览器直接使用 ES2015+代码就好了！好消息是，目前已经有方法可以这样做了。PhilipWalton 在"Deploying ES2015+ Code in Production Today"一文中对此进行了详细的介绍。

San CLI 中也采取了这个方案！只需要执行 `san build --modern` 命令就可以生成对应的代码。

- **实现原理**

在以现代模式（modern mode）打包的时候，会打包两次：第一次正常打包生成旧版浏览器代码，第二次修改 Babel 的 `target='module'`，打包出来的 JavaScript 代码是 ES2015+。然后通过名为 html-webpack-plugin 的插件整合两次打包得到的 JavaScript 文件，生成下面的 HTML 片段：

```
<script type="module" src="/js/modern.js"></script>

<script>!function(){var e=document,t=e.createElement("script");if(!("noModule"in
t)&&"onbeforeload"in t){var
n=!1;e.addEventListener("beforeload",function(e){if(e.target===t)n=!0;else
if(!e.target.hasAttribute("nomodule")||!n)return;e.preventDefault()},!0),t.type="module",t.src="."
,e.head.appendChild(t),t.remove()}}();</script>

<script type="text/javascript" src="/js/legacy.js" nomodule></script>
```

它实现了以下几点。

- 在现代浏览器中通过`<script type="module">`加载 ES2015+的包，同时忽略 `nomodule` 的 `script` 代码。
- 如果旧版浏览器不支持 `type=module` 的 `script` 代码，则会加载 `nomodule` 的 `script` 代码。
- 另外，针对 Safari 10 中的 bug，还会使用一段代码进行修复。

2. JavaScript 打包优化方案

使用 webpack 配置打包时，会默认将所有的 JavaScript 文件全部打包到一个 bundle.js 文件中，但在大型项目中，这个 bundle.js 可能过大。不合理的 bundle（代码包）是致命的，会对页面加载时间带来较大影响。这个时候就需要通过代码拆分功能将文件分割成多个代码块，实现按需加载。

webpack 总共提供了 3 种方式来实现代码拆分。

- **entry 配置**：通过多个 entry 文件来实现。
- **动态加载（按需加载）**：通过在写代码时主动使用 `import` 或者 `require.ensure` 来动态加载。
- **抽取公共代码**：使用 `splitChunks` 配置来抽取公共代码。

在 San CLI 中，可以通过 `splitChunks` 抽取公共代码。`splitChunks` 的配置项跟 webpack 中 `optimization` 的 `splitChunks` 是完全相同的。例如，下面就是它的一个配置：

```
module.exports = {
  // ...
  splitChunks: {
    cacheGroups: {
      vendors: {
        name: 'vendors',
        test: /[\\/]node_modules(?!\/@baidu)[\\/]/,
        // minChunks: 1,
        priority: -10,
      },
      common: {
        name: 'common',
        test: /([\/]src\/components(-open)?|[\\/]node_modules\/@baidu\/nano)/,
        priority: -20,
        minChunks: 1,
        chunks: 'initial',
      },
    },
  },
};
```

3. 代码压缩和优化

代码的压缩和优化是部署生成环境代码的一种常见优化方式，它能减少服务器带宽开销、提升文件资源加载速度，还能在一定程度上对代码加密，进而保护我们的源代码。San CLI 集成 cssnano 对 CSS 文件进行压缩，集成 terserjs 对 JavaScript 文件进行压缩，集成 html-minifier 对 HTML 文件进行压缩。

- **cssnano 默认配置**

```
{
    mergeLonghand: false,
    cssDeclarationSorter: false,
    normalizeUrl: false,
    discardUnused: false,
    // 避免 cssnano 重新计算 z-index
```

```
    zindex: false,
    reduceIdents: false,
    safe: true,
    // cssnano 集成了 autoprefixer 的功能
    // 会使用 autoprefixer 进行无关前缀的清理
    // 关闭 autoprefixer 功能
    // 使用 postcss 的 autoprefixer 功能
    autoprefixer: false,
    discardComments: {
        removeAll: true
    }
}
```

在 San CLI 的配置文件中，所有跟 CSS 相关的配置都放在了 `css` 配置项中，所以对 cssnano 的修改也是在 `css.cssnanoOptions` 中进行的：

```
module.exports = {
  // ...
  css: {
    cssnanoOptions: {
      // 自定义的配置
    },
  },
};
```

- **terserjs 默认配置**

```
{
    comments: false,
    compress: {
        unused: true,
        // 删掉 debugger
        drop_debugger: true,
        // 移除 console
        drop_console: true,
        // 移除无用的代码
        dead_code: true
    },
    ie8: false,
    safari10: true,
    warnings: false,
    toplevel: true
}
```

在 San CLI 的配置文件中使用 `terserOptions` 可以对默认的配置进行修改：

```
module.exports = {
  // ...
  terserOptions: {
    // 自定义的配置
  },
};
```

- **html-minifier 默认配置**

```
{
    removeComments: true,
    collapseWhitespace: false,
    removeAttributeQuotes: true,
    collapseBooleanAttributes: true,
    removeScriptTypeAttributes: false,
    minifyCSS: true
}
```

用户还可以在 san.config.js 的 `pages` 中的 `minifier` 进行配置，具体可以参考 html-minifier 的使用文档。

4. bundle 分析

很多团队在使用 webpack 的时候不关注打包后的性能问题，一般会遇见下面的问题。

- 打入不必要的包，引入过多的内容。比如引入 lodash，需要使用 lodash babel 插件来解决。
- 打包优先级错误，导致本来不需要的包被提前引入。我们可以使用动态加载的方式来引入。
- 在多页面情况下没有进行合理的打包，而是把每个页面拆成一个包。对于这种情况，可以使用 `spiltChunks` 来打包，将公共内容拆成一个包。

San CLI 内置的 webpack-bundle-analyzer 模块可以帮忙排查打包不合理的情况（见图 6-8）。它使用起来也非常方便，只需要在 `san build` 命令中增加`--analyze` 参数即可。

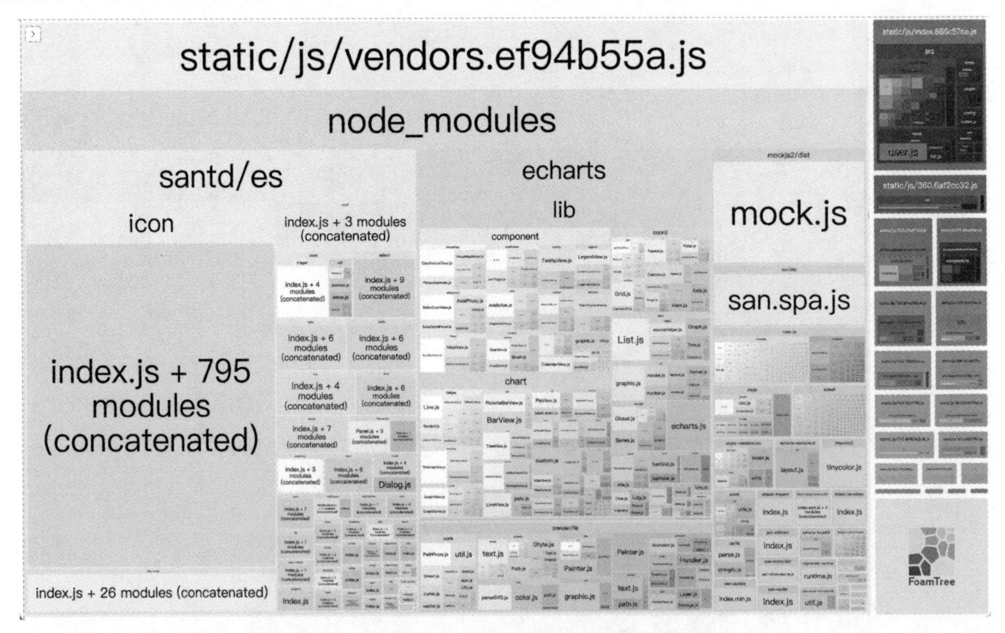

图 6-8　webpack-bundle-analyzer 提供的 bundle 分析

- **分析结果**

除了直接使用 webpack-bundle-analyzer 查看结果，还可以将打包结果保存下来，用于分析和比较两次打包的结果，查看打包是否合理。San CLI 的 build 使用下面两个参数来保存分析结果。

- ❑ `--stats-json` 或 `--stats`：生成构建的统计信息文件 stats.json。
- ❑ `--report`：将包分析报表生成为单个 HTML 文件。

- **打包性能分析**

如果需要排查加载器或者插件的性能问题，可以使用 `san build --profile`，在打包后会出现对应的性能表格（见图 6-9）。

>> Profile results for Build

Stats by Ext

Ext	Requests	Time	Time/Request	Description
js	219	2s	10ms	JavaScript files
less	242	14s	58ms	less files
css	1	2ms	2ms	css files
html	1	160ms	160ms	html files
png	3	77ms	26ms	png files
TOTAL	466	16s		

Stats by Loader

Loader	Requests	Time	Time/Request	Description
babel-loader	219	2s	10ms	Babel Loader
css-loader	300	14s	47ms	Css Loader
postcss-loader	300	14s	47ms	Postcss Loader
less-loader	298	14s	47ms	Less Loader
html-loader	1	160ms	160ms	Html Lloader
url-loader	3	77ms	26ms	Url Loader
TOTAL	1121	44s		

图 6-9　加载器和插件的性能数据

6.7 小结

本章主要围绕 San CLI 介绍了如何基于 Node 从零开始打造命令行工具，以及如何基于 webpack 来实现开发和生产环境下的构建方案。我们首先分析了为什么需要 San CLI 工具包以及它要实现什么功能，然后由浅入深地介绍了如何基于 Node 实现命令行工具打造一个项目脚手架，接着介绍了 San CLI 基于 webpack 的编译与构建方案及其整体架构，最后介绍了 San CLI 开箱即用的最佳实践。

第 7 章

组件编译和 HMR

MVVM 框架将大量的数据交互逻辑转移到了框架内部，让开发者只需要遵循框架的开发范式就能轻松开发出可复用、可测试的前端组件。这显著降低了前端的开发难度，从而帮助开发者提升了开发体验和开发效率。

要开发一个前端 UI 组件，我们通常需要编写 HTML 模板、CSS 样式和 JavaScript 逻辑这 3 个部分的代码。如果按传统的组织方式来开发组件，将 HTML、CSS 和 JavaScript 分散在多个文件中，不仅组件的封装性不好，也不利于细粒度拆分。于是 CSS in JS（将应用的 CSS 样式写在 JavaScript 文件里）、单文件组件的解决思路在前端逐渐流行起来，这便衍生出了组件的编译和组件的 HMR（hot module replacement，热模块替换）等概念。本章要讨论的是，基于 San 的单文件组件是如何实现组件的编译和 HMR 的。

7.1 San 单文件组件

San 提供了一种单文件组件（single file component，SFC）的代码组织方式，包含 `template`、`script` 和 `style` 这 3 个类型的区块。`template` 标签中是 HTML 代码部分，用来定义页面中显示的内容；`script` 标签中是 JavaScript 代码部分，用来定义组件中需要的数据和操作；而 `style` 标签用来定义组件的 CSS 样式。

7.1.1 一个简单的 San 单文件组件

San 单文件组件允许将一个组件的 HTML 模板、JavaScript 逻辑和 CSS 代码编写到同一个文件中，并且将一个.san 文件作为单独的组件，从而实现对组件的封装。这种方式使得组件更具内聚性、更便于维护。

下面是一个简单的 San 单文件组件实例，名为 Hello.san：

```
<template>
    <div class="app">
```

```
        Hello, {{name}}!
    </div>
</template>

<script>
export default {
    initData() {
        return {
            name: 'San'
        }
    },
    attached() {
        console.log('Hello, ', this.data.get('name'));
    }
}
</script>

<style>
.app {
    background: lightgreen;
}
</style>
```

7.1.2　单文件组件的特性

在 San 单文件组件中，我们可以通过标签属性配置参数，扩展组件的能力。

1. src 属性

在单文件组件中，template、script 和 style 模块可以通过 src 属性引入外部资源。

引入模板文件：

```
<template src="./component-template.html"></template>
```

引入样式文件：

```
<style src="./component-style.less"></style>
```

2. module 属性

CSS Modules 是由 css-loader 提供的一个功能，是一个用于模块化和组合 CSS 的流行系统。简单来说，就是将每个 CSS 文件当作一个模块，文件中所有的类名和动画名都默认是组件内范围的，其编写方式与普通的 CSS 文件一样。当从 JavaScript 模块中导入 CSS 模块时，它导出了一个包含所有从本地名称到全局名称的映射的对象。

单文件组件支持基于 css-loader 的 CSS Modules 的特性，在 style 标签中使用 module 属性即可启用，这会在模板中自动注入$style 来获取名称信息：

```
<template>
    <div class="{{$style.wrapper}}"></div>
</template>

<script>
    // ...
</script>

<style module>
    .wrapper {
        color: black;
    }
</style>
```

3. compileTemplate 属性

从本质上来说，单文件组件的HTML模板只是一种语法糖，它在San运行时会被转化为aNode结构，再转换为真实的DOM结构。

我们可以通过对组件的预编译，在定义组件的时候直接使用aNode作为template，这样可以减少组件template的编译时间，提升代码的执行效率。另外，由于转换成aNode结构以后，组件的代码体积会比较大，所以San框架提供aNode的压缩结构aPack来兼顾体积和效率。这部分内容在之前有详细的介绍，这里不再赘述。

compileTemplate属性支持aNode和aPack的配置：

```
<template compileTemplate="aNode">
    <div>{{Hello}}</div>
</template>
```

4. lang 属性

我们将在7.3.3节详细介绍这个属性。

7.2 单文件组件编译的配置

San单文件自定义的.san扩展名不能直接被浏览器识别，因此需要通过webpack或Rollup等构建工具定义构建中的相应处理规则，将其转换为JavaScript文件或者CSS文件。本节以webpack对San单文件的处理为例，介绍单文件组件编译的实现方案。

7.2.1 加载器和插件

在介绍San文件的webpack编译实现之前，我们先来了解webpack加载器和插件的基础知识。

1. 加载器

webpack 默认只支持 JavaScript 和 JSON 模块，借助加载器，可以将非 JavaScript 模块转换为 JavaScript 模块。加载器在本质上是一个函数，这个函数会在加载一些文件时执行，执行的条件是匹配到在 webpack 配置文件中定义的 `module.rules`。

一个加载器可以通过 3 种方式将结果传递到下一个构建流程（可能是另外一个加载器）。

- `this.callback`：这个方法支持同步或异步，有多个返回值时使用。
- `return` **语句**：如果只有一个返回值，可以直接返回它。
- `this.async`：这个方法返回一个 `callback`，用来异步调用。

下面是 style-loader 的一个简单实现：

```
// ./style-loader.js
export default function (source) {
  return `
    let style = document.createElement('style');
    style.innerHTML = ${JSON.stringify(source)};
    document.head.appendChild(style);
  `;
};
```

配置 webpack.config.js：

```
module.exports = {
  module: {
    rules: [
      {
          test: /\.css$/,
          loader: './style-loader.js'
        }
    ]
  }
};
```

- **加载器的执行顺序**

webpack 的加载器会被链式调用，该顺序很重要，因为顺序不对可能导致构建报错或产出不符合预期。比如配置 Less 文件的加载器，它的执行顺序是从右到左的：从 less-loader 到 css-loader，再到 style-loader。第一个加载器的返回值会被下一个加载器继续处理，最后一个加载器返回 webpack 处理的结果。

```
module.exports = {
    module: {
        rules: [
            {
                test: /\.less$/,
                use: ['style-loader', 'css-loader', 'less-loader']
```

```
            }
        ]
    }
};
```

2. 插件

webpack 构建流程是建立在插件系统之上的。插件可以用来执行范围更广的任务，例如打包优化、代码压缩等，它是 webpack 的核心支柱。插件的核心方法是 apply，可以在这个方法中监听 webpack 生命周期广播出的事件，从而在合适的时机结合 webpack 提供的 API 来改变输出的结果。

在开发插件时，我们需要了解 complier 和 compilation 这两个重要的对象，以及内置的 tapable 库提供的 Hook 类，它们是扩展 webpack 的关键所在。

- **compiler 对象**：插件中的 compiler 对象在 webpack 启动的时候就被实例化了，它创建了 compilation 的实例，同时也是整个 webpack 生命周期中任务的调度者，包含选项、加载器和插件等配置信息。
- **compilation 对象**：它包含了当前的模块资源、编译生成资源、变化的文件等。当 webpack 以开发模式运行时，每检测到一个文件变化，就创建一个新的 compilation。compilation 对象提供了很多事件回调供插件做扩展。通过 compilation 也能读取 compiler 对象。
- **Hook 类**：webpack 的核心模块 tapable 是一个重要工具，它提供了多种 Hook 类。这些 Hook 类暴露了 tap、tapAsync 和 tapPromise 等方法，插件可以使用这些方法来向编译过程中注入自定义的构建步骤。webpack 中的 compiler 和 compilation 对象大量使用了这些 Hook 类。

下面是一个简单的插件：

```
class MyPlugin {
  constructor (options) {
    console.log('MyPlugin constructor:', options)
  }
  apply (compiler) {
    // 在 compiler 对象的 run 方法中注册一个名叫 MyPlugin 的回调方法，
    // 这个回调方法将在 compiler 实例中的 run 方法中调用（通过执行 this.hooks.run.call()）
    compiler.hooks.run.tap('MyPlugin', compilation => {
      console.log('The webpack build process is starting!');
    });
  }
}
module.exports = MyPlugin
```

在配置文件 webpack.config.js 中添加插件：

```
const MyPlugin = require('./plugins/MyPlugin')
module.exports = {
```

```
  plugins: [
    new MyPlugin({param: 'Hello Webpack.'})
  ]
};
```

接下来先介绍 san-loader 的使用，再介绍其实现原理。

7.2.2　San 加载器简介

由于我们自定义的单文件的.san 扩展名不能被浏览器识别，因此需要在 webpack 构建中定义处理 San 单文件的加载器。从包名不难看出，san-loader 是用来解决.san 文件的转换问题的，它可以处理单文件中的 `template`、`style` 和 `script` 区块，将其转换为可运行的组件代码。

下面是.san 组件的 webpack 相关配置：

```
const SanLoaderPlugin = require('san-loader/lib/plugin');

module.exports = {
    // ...
    module: {
        rules: [
            {
                test: /\.san$/,
                use: 'san-loader'
            },
            {
                test: /\.less$/,
                use: ['style-loader', 'css-loader', 'less-loader']
            },
            {
                test: /\.html$/,
                use: 'html-loader'
            },
        ]
    },
    plugins: [new SanLoaderPlugin()]
};
```

7.3　单文件组件编译的原理

7.2 节通过 san-loader 实现了 San 单文件组件的编译。本节就来了解一下 San 加载器背后的实现原理。

san-loader 的核心作用是将 San 文件变成 webpack 可处理的 JavaScript 代码，所以上面的 Hello.san 单文件组件：

```
<template>
    <div class="app">
```

```
        Hello, {{name}}!
    </div>
</template>

<script>
export default {
    initData() {
        return {
            name: 'San'
        }
    },
    attached() {
        console.log('Hello, ', this.data.get('name'));
    }
}
</script>

<style>
.app {
    background: lightgreen;
}
</style>
```

经过 san-loader 处理之后，实际上会被转换成如下形式的 JavaScript 代码：

```
// 导入样式（style）
import 'Hello.san 中的 style';
// 导入模板（template）
import template from 'Hello.san 中的 template';
// 导入脚本（script）
import script from 'Hello.san 中的 script';
// 通过特定代码组装出 San 组件
// ...
// 最后导出
export default newSanComponent
```

在转换处理之后，该组件就可以被 webpack 识别成一个 JavaScript 模块代码，并进行后续的打包（比如 Babel 处理）。上面用 `import` 导入的样式、脚本和模板都来自我们最初编写的 Hello.san。

在这里，我们将 san-loader 处理 San 组件的问题转换成 3 个问题。

- 如何提取 San 文件中的模板、脚本和样式，并分别进行处理？
- 如何实现三者的代码组装（从单文件组件到 San 组件），以实现浏览器环境下能运行的 San 组件？
- 如何设计 webpack 的构建流程，使其能协同其他加载器处理更复杂的场景？

7.3.1 提取 San 文件中的模板、脚本和样式

对于模板中的 HTML 语法糖、脚本中的 JavaScript 代码以及样式中的样式代码，webpack 加

载器有不同的处理逻辑，所以 san-loader 首先需要提取单文件中的模板、脚本和样式。这里分为两个步骤：

- 将 San 单文件模板转换为抽象语法树；
- 根据抽象语法树中的结构化代码，重新组织模板、脚本和样式对应的模块代码。

接下来分别看看 San 加载器对这两部分功能的实现。

1. 转换为抽象语法树

本章和接下来的章节都会用到抽象语法树，因此我们来简单地介绍一下它是什么，以及为什么需要它。

- **抽象语法树**

程序通常是由一连串字符组成的，每个字符对我们的大脑来说都有一些视觉意义。我们还可以用缩进、括号、良好的变量名、控制结构甚至一些设计模式使程序更容易理解。然而，这些对计算机来说并不是很有帮助。对它们来说，这些字符中的每一个都只是内存中的一个数值，我们需要一种方法，把代码变成我们可以编程而且计算机可以理解的东西。对于这个问题，抽象语法树是最通用的解决办法，它能将程序源代码转化为树状结构的抽象语法，树上的每个节点都表示源代码中的一种结构。抽象语法树在 JavaScript 引擎的编译、Babel 编译器和 CSS 预处理器中都有广泛的应用。

我们编写一个 `parse` 方法来实现从 San 单文件转化为抽象语法树的功能：

```
const EL_TYPES = ['tag', 'style', 'script'];
// 默认是单文件的 template、script 和 style 这 3 个标签
const EL_TAGS = ['template', 'style', 'script'];

function parse(source, tagNames) {
    // 通过 htmlparser2 解析器将单文件组件的文本内容转换为抽象语法树
    let ast = require('htmlparser2').parseDOM(source, {
        recognizeSelfClosing: true,
        withStartIndices: true,
        withEndIndices: true,
        lowerCaseAttributeNames: false
    });
    let descriptor = {};
    for (let node of ast) {
        if (EL_TYPES.indexOf(node.type) > -1 && EL_TAGS.indexOf(node.name) > -1) {
            if (!descriptor[node.name]) {
                descriptor[node.name] = [];
            }
            descriptor[node.name].push(node);
        }
    }
    return {descriptor, ast};
};
```

parse的代码逻辑其实就是通过htmlparser2解析器将单文件组件的文本内容转换为抽象语法树（AST）。这里的ast是转换后的完整AST对象，descriptor是从ast转换得到的经过重新组织的模板、脚本和样式信息。

对Hello.san文件进行上述处理后，我们得到的descriptor对象如下：

```
{
  template: [
    Element {
      type: 'tag',
      startIndex: 0,
      endIndex: 79,
      name: 'template',
      attribs: {}
    }
  ],
  script: [
    Element {
      type: 'script',
      startIndex: 82,
      endIndex: 271,
      name: 'script',
      attribs: {}
    }
  ],
  style: [
    Element {
      type: 'style',
      startIndex: 274,
      endIndex: 326,
      name: 'style',
      attribs: {}
    }
  ]
}
```

2. 生成模板、脚本和样式对应的模块代码

有了描述模板、脚本和样式信息的descriptor对象，我们就可以结合文件的源代码通过startIndex和endIndex截取模板、脚本和样式对应的代码块了。

首先，编写一个getContent方法来实现这个功能：

```
const MagicString = require('magic-string');

/**
 * 将模板、脚本和样式内容块从文档中截取出来
 *
 * @param {string} source  源文件
 * @param {Object} descriptorItem  要截取的内容块所在的节点
 * @param {string} resourcePath  源文件的文件路径
*/
```

```
function getContent(source, descriptorItem, resourcePath) {
    let {startIndex, endIndex} = descriptorItem;
    // 截取对应的代码块
    let code = source.substring(startIndex, endIndex + 1);

    // 生成 sourceMap
    let ms = new MagicString(code);
    let map = ms.generateMap({
        file: path.basename(resourcePath),
        source: resourcePath,
        includeContent: true
    });

    return {
        code: ms.toString(),
        map: JSON.parse(map.toString())
    };
}
```

注意

这里暂时忽略 sourceMap 设置和添加文件名、扩展名等细节功能。

我们利用 magic-string 包，实现了文件的 sourceMap 功能。

接下来，利用 parse 和 getContent 方法来获取各个代码块：

```
const {descriptor} = parse(source);

function getTemplateCode(descriptor, resourcePath}) {
    // template 代码块只有一个
    let template = descriptor.template[0];
    return getContent(source, template, resourcePath);
}

function getScriptCode(descriptor, resourcePath}) {
    // script 代码块也只有一个
    let script = descriptor.script[0];
    return getContent(source, script, resourcePath);
}


function getStyleCode(descriptor, resourcePath}) {
    // style 代码块可以有多个
    let style = descriptor.style[query.index];
    return getContent(source, style, resourcePath);
}
```

7.3.2　从单文件组件到 San 组件

在 7.3.1 节中，我们获得了 San 单文件中各个模块的代码，但是并没有 San.js 这个 MVVM 框架的任何代码。在最终产出的代码中，组件是如何运行起来的呢？

要保证 San 组件的正常工作，我们需要隐式地添加 San 运行时的代码。这个工作是由 San 加载器在构建过程中额外添加 normalize.js 运行时代码来完成的。

1. 运行时 normalize 的实现

要实现 San 运行时代码注入，我们先来回顾一下用 JavaScript 语法定义组件的方式：

```
import san from 'san';
export san.defineComponent({
  template: '...',
  initData() {
    return {
      // ...
    }
  }
})
```

所以运行时 normalize 要做的就是导入 san 的依赖，然后注入 san.defineComponent 需要的参数。我们再来看看 normalize.js 的核心代码：

```
// normalize.js
var san = require('san');
module.exports = function (script, template, injectStyles) {
    // ❶ 该函数的参数来源于解析单文件的 3 类标签块
    var dfns = componentDefinitions(script);
    for (var i = 0; i < dfns.length; i++) {
          // ❷ 注入模板信息
        if (template) {
            if (typeof template === 'string') {
                dfns[i].template = template;
            }
              // 这里省略 aNode 和 aPack 的处理逻辑
        }
        // ❸ 收集 injectStyles 信息，这里是为了实现 CSS Modules（详见 7.3.4 节）
        if (injectStyles.length) {
            injectStylesIntoInitData(dfns[i], injectStyles);
        }
    }
      // ❹ 最终导出的是一个类，它是由 san.defineComponent 定义的，或者本身就是继承自 San 的组件类
    return typeof script === 'object' ? san.defineComponent(script) : script;
};

// ❺ 考虑 script 标签块导出的多种情况，可以是对象、函数类或 ES6+类
function componentDefinitions(cmpt) {
    var dfns = [cmpt];
```

```
    if (typeof cmpt === 'function') {
        dfns.push(cmpt.prototype);
        if (cmpt.prototype.constructor) {
            dfns.push(cmpt.prototype.constructor.prototype);
        }
    }
    return dfns;
}
```

normalize 方法的 script、template 和 injectStyles 这 3 个参数是解析单文件的 script 标签、template 标签和 style 标签得到的。该方法先收集 script 导出的组件对象或类的原型，然后向 script 中注入 template 信息以及 injectStyles 信息（为了实现 CSS Modules）。最后，San 单文件导出的是一个类，它是由 san.defineComponent 定义的，或者本身就是继承自 San 的组件类。

2. 模板、脚本和样式区块代码的组合

我们提取了模板、脚本和样式等各个区块的代码，也有了 normalize 运行时，接下来要做的就是整合它们。在这里，san-loader 先把各个区块的代码导入进来，然后导出一个完整的组件：

```
module.exports = function (source) {
    const loaderOptions = loaderUtils.getOptions(this);
    const {descriptor, ast} = parse(source, SAN_TAGNAMES);
    let templateCode = generateTemplateImport(descriptor, options);
    let styleCode = generateStyleImport(descriptor, options);
    let scriptCode = generateScriptImport(descriptor, options);
    let normalizePath = loaderUtils.stringifyRequest(this, require.resolve('./runtime/normalize'));
    let code = `
      import normalize from ${normalizePath};
      ${styleCode}
      ${templateCode}
      ${scriptCode}
            export default normalize(script, template, injectStyles);
    `;
      this.callback(null, code);
}
```

这里，我们以 generateScriptImport 为例，看看如何根据 San 单文件信息生成对应 script 部分的 import 代码：

```
function generateScriptImport(descriptor, options) {
    if (!descriptor.script || !descriptor.script.length) {
        return 'var script = {};';
    }
    let script = descriptor.script[0];
    let resource;

    if (script.attribs.src) {
        resource = script.attribs.src;
    }
```

```
    else {
        let resourcePath = options.resourcePath.replace(/\\/g, '/');
        let query = Object.assign({},
            options.query,
            script.attribs,
            {
                san: '',
                type: 'script'
            }
        );
        resource = `${resourcePath}?${qs.stringify(query)}`;
    }
    // export *是为了使.san 文件的具名 export 能被外部正常获取
    return `
        import script from '${resource}';
        export * from '${resource};
    `;
}
```

注意，这里要考虑外链的情况，以及将标签中携带的属性参数透传到下一个流程。另外一个小细节是，我们还在 `script` 的导入代码中补充了一个 `export` 语句，这样做主要是为了保证 San 单文件中以 `script` 具名的 `export` 能被外部正常获取。`generateTemplateImport` 和 `generateStyleImport` 的实现也基本类似，这里不再赘述。

最终，san-loader 对于 Hello.san 单文件返回的内容是这样的：

```
// 导入创建组件的运行时代码
var normalize = require('./node_modules/san-loader/runtime/normalize');
// 导入样式
var styles = require('./src/Hello.san?lang=css&san=&type=style&index=0');
// 导入模板
var template = require('./src/Hello.san?lang=html&san=&type=template');
// 导入脚本
var script = require('./src/Hello.san?lang=js&san=&type=script');
var injectStyles = [styles];

// 最终组装出 San 组件
module.exports = normalize(script, template, injectStyles);
```

7.3.3 San 加载器的构建流程

7.3.2 节介绍了如何将单文件组件转换成能运行的 San 组件，涉及单文件区块内容的提取，以及运行时代码的注入这两个核心流程。我们知道 webpack 加载器是链式调用的，那么这两次的处理是如何由 san-loader 同时实现的呢？我们用一张流程图来简单描述 San 单文件组件的解析过程（见图 7-1）。

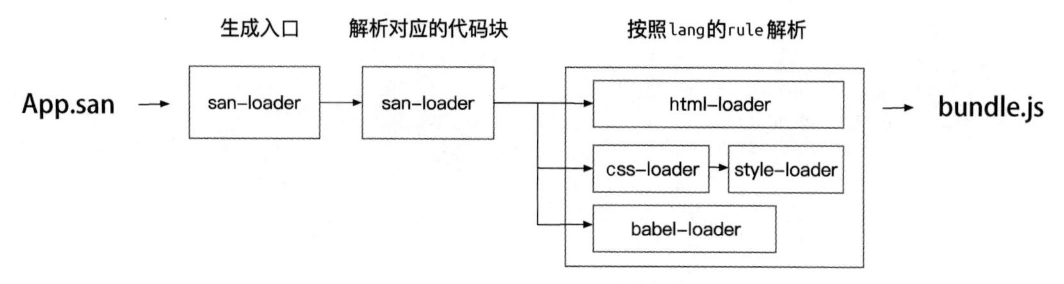

图 7-1　San 单文件组件的解析过程

1. 递归调用的实现

从图 7-1 中，我们能看到 san-loader 内部其实有一次递归调用。来看看这部分的代码实现：

```
// san-loader/index.js 伪代码
const SAN_BLOCK_MAP = {
    template: getTemplateCode,
    script: getScriptCode,
    style: getStyleCode
};

module.exports = function (source) {
    const loaderOptions = loaderUtils.getOptions(this);
    const {compileTemplate = 'none', esModule = false} = loaderOptions;
      // ❶ 解析器将单文件组件的文本内容转换为抽象语法树
    const {descriptor, ast} = parse(source, SAN_TAGNAMES);
    const rawQuery = this.resourceQuery.slice(1);
    const query = qs.parse(rawQuery);
    const options = {/* ... */};
    // ❷ 根据 query 传递的参数执行不同的处理逻辑
    if (query && query.san === '' && query.type) {
        // ❸ 根据 type 的不同进行不同的处理
          let code = SAN_BLOCK_MAP[query.type](descriptor, options);
        // ❹ 第二次流程会执行到这里
        this.callback(null, code);
        return;
    }
    // ❺ 生成入口文件，处理的结果中仍然是.san 文件，所以会继续被 san-loader 处理，不同的是增加了参数
    let templateCode = generateTemplateImport(descriptor, options);
    let styleCode = generateStyleImport(descriptor, options);
    let scriptCode = generateScriptImport(descriptor, options);
    let normalizePath = loaderUtils.stringifyRequest(this, require.resolve('./runtime/normalize'));
    let code = `
        ${esModule ? `import normalize from ${normalizePath};` : `var normalize =
require(${normalizePath});`}
        ${styleCode}
        ${templateCode}
        ${scriptCode}
        ${esModule ? 'export default' : 'module.exports.default ='} normalize(script, template,
injectStyles);
    `;
```

```
    // ❻ 第一次处理流程会执行到这里
    this.callback(null, code);
};
```

在❹和❻处的代码块共有两个 `this.callback`，San 加载器会根据 `query` 传递的参数执行不同的处理逻辑。而在我们配置的 `rules` 里面，默认是不会有 `query` 参数的。所以，第一次流程会走到❺处的代码逻辑。

上面❺处的 `generateTemplateImport`、`generateStyleImport` 和 `generateScriptImport` 方法的主要作用是根据文件的路径以及单文件模板、脚本和样式等区块的属性信息，来组织 `import/require` 语句导入各个区块的代码。

- **san-loader 的首次执行**

san-loader 的首次执行做了如下工作。

(1) 基于 htmlparser2 包，将 San 单文件组件转化为抽象语法树对象，获取 `template`、`script` 和 `style` 三部分的代码描述对象合集 `descriptor`，并进而将其分解成不同的文件进行处理。

(2) 添加 `runtime` 代码（san-loader/lib/runtime/normalize.js），注入定义 San 组件的基础方法。

(3) 为 `options.resourcePath`（当前被处理的 San 单文件路径）添加 `template`、`script` 和 `style` 对应的参数，形成一个完整的文件路径（非外链的情况）。

(4) 对 `template`、`script` 和 `style` 等 3 类模块导入的代码执行 `normalize` 方法，导出返回结果。

在 san-loader 的首次处理结果中，继续请求（`require`）当前的处理文件，只不过为其添加了一些参数。因此，这样就实现了 san-loader 的递归调用。

- **san-loader 的二次执行**

当第二次进入 San 加载器处理时，由于携带有相关的参数，这次流程会执行获取 `template`、`script` 和 `style` 区块的代码逻辑，将相关的代码块从整个 San 单文件中提取出来。

(1) 在 san-loader 首次执行时拆分的多个带参数的 San 单文件，在这里会再次被 san-loader 解析。

(2) 在第二次执行解析时，会根据文件路径中的 `type` 参数，返回从 San 单文件组件的抽象语法树对象 `descriptor` 中截取的内容块（`template`、`script` 和 `style`）所对应的文本内容。

2. 利用插件进一步处理

值得注意的是，虽然我们已经完成了从单文件组件到 San 组件代码的包装，但在第二次执行完 san-loader 的解析逻辑时，`template` 区块的代码仍然是 HTML 片段，`style` 区块的代码仍然是 CSS 代码，这显然不是最终态。我们知道，webpack“一切皆模块”背后的原理是把一切都转化为 JavaScript 文件。

我们怎么让对应的加载器来处理合适的内容呢？例如，用 style-loader、css-loader 来处理 `style` 区块，用 html-loader 来处理 `template` 区块，用 babel-loader 来处理 `script` 区块。

进一步处理 `template`、`style` 甚至 `script` 区块最理想的方式是让用户来做决定。这样既降低了依赖的维护成本，又避免了跟业务中的加载器出现冲突。

- **SanLoaderPlugin**

在 7.2.2 节 webpack 的配置文件中，我们可以看到 san-loader 包既包含加载器的功能，同时也提供了一个 SanLoaderPlugin 插件。下面先来看看 SanLoaderPlugin 插件的代码实现：

```
class SanLoaderPlugin {
    apply(compiler) {
        // ❶ 在创建 compilation 对象后，执行钩子函数
        compiler.hooks.compilation.tap(id, compilation => {
            const normalModuleLoader = compilation.hooks.normalModuleLoader;
            normalModuleLoader.tap(id, loaderContext => {
                loaderContext[NS] = true;
            });
        });
        const rawRules = compiler.options.module.rules;
        // ❷ 将 condition（匹配规则的条件，例如 rule.test）处理为 rule.resource 函数
        const {rules} = new RuleSet(rawRules);
        let sanRuleIndex = rawRules.findIndex(createMatcher('foo.san'));
        if (sanRuleIndex < 0) {
            sanRuleIndex = rawRules.findIndex(createMatcher('foo.san.html'));
        }
        const sanRule = rules[sanRuleIndex];
        const cloneRules = rules.filter(r => r !== sanRule).map(cloneRule);
        // ❸ 向 compiler 中添加额外的规则
        compiler.options.module.rules = [
            ...cloneRules,
            ...rules
        ];
    }
}
// ❹ 实现额外的 module.rules
function cloneRule(rule) {
  // ...
}
```

从上面的插件核心代码不难看出，在构建开始前，SanLoaderPlugin 复制了配置中 san-loader 以外的 `module.rules` 并进行了一些处理：将每一个 `condition`（匹配规则的条件，例如 `rule.test`）处理为 `rule.resource` 函数，然后将处理的结果合并到原始的 `rules` 里。从 `rules` 的顺序可以看出，新添加规则的优先级低于默认的规则。而在默认的 `rules` 当中，真正对.san 文件起作用的当然只有 san-loader 的规则。

- cloneRule

上面的 cloneRule 到底干了些什么？

```
function cloneRule(rule) {
    const {resource, resourceQuery} = rule;
    let currentResource;
    const res = Object.assign({}, rule, {
        resource: {
            test: resource => {
                currentResource = resource;
                return true;
            }
        },
        resourceQuery: query => {
            const parsed = qs.parse(query.slice(1));
            if (parsed.san == null || (resource && parsed.lang == null)) {
                return false;
            }
            const fakeResourcePath = `${currentResource}.${parsed.lang}`;
            if (resource && !resource(fakeResourcePath)) {
                return false;
            }
            if (resourceQuery && !resourceQuery(query)) {
                return false;
            }
            return true;
        }
    });
    if (rule.rules) {
        res.rules = rule.rules.map(cloneRule);
    }
    if (rule.oneOf) {
        res.oneOf = rule.oneOf.map(cloneRule);
    }
    return res;
}
```

不难看出，cloneRule 方法将默认规则的 resource 替换为一个总是返回 true 的新方法，并且定义了 resourceQuery 方法。在本质上，新的 resource 方法会让原来的 Rule.test 失效，比如：

```
module: {
  rules: [
      {
        test: /\.san$/,
        // ...
      },
      {
        test: /\.js$/,
        // ...
      },
      {
        test: /\.css$/,
```

```
        // ...
      }
  ]
}
```

resourceQuery 方法才是进一步匹配新规则的关键。对于 webpack 的大部分用户来说，resourceQuery 和 resource 并不是常用的配置规则。这里我们简单地介绍一下它们。

resourceQuery 和 resource 同大家熟悉的 rule.test 规则其实比较类似，只有当资源查询（即从问号开始的字符串）相匹配或者函数返回值为 true 时，规则才生效。但它们和 rule.test 是不能同时存在的，这也是 SanLoaderPlugin 把 rule.test 转换为 rule.resource 的原因。

来看个例子：

```
import ./foo.css?inline
```

下面的条件就会匹配：

```
module.exports = {
  module: {
    rules: [
      {
        test: /\.css$/,
        resourceQuery: /inline/,
        use: 'url-loader',
      }
    ]
  }
};
```

我们继续来讲 cloneRule。根据这个方法的逻辑，我们大概能推断出它的返回值（最终的规则）大概是这样的：

```
[
    {
        resource: { test() {return true;}},
        use: [{
            {"loader":"style-loader"},{"loader":"css-loader"}
        }],
        resourceQuery(query) {
            const parsed = qs.parse(query.slice(1));
            // ❶
            if (parsed.san == null || (resource && parsed.lang == null)) {
                return false;
            }
              // ❷
            const fakeResourcePath = `${currentResource}.${parsed.lang}`;
            if (resource && !resource(fakeResourcePath)) {
                return false;
            }
            if (resourceQuery && !resourceQuery(query)) {
```

```
                return false;
            }
            return true;
        }
    },
    // ...
]
```

而在 resourceQuery 方法中，首先通过 san 这个参数（见❶）排除了对非.san 文件的匹配规则，然后通过 fakeResourcePath 中的文件扩展名（即 lang 属性）匹配到原来定义的规则（见❷）。最终应用的规则就是：

- template 区块默认的 lang 是 html，它默认应用.html 文件的规则；
- script 区块默认的 lang 是 js，它默认应用.js 文件的规则；
- style 区块默认的 lang 是 css，它默认应用.css 文件的规则。

还记得吗？SanLoaderPlugin 插件在复制一份用于匹配 resourceQuery 的相关规则的时候，把 clonedRules 放到了规则的前面，所以它保证了带参数的 San 组件要先经过 san-loader 的解析，再由其他匹配到 resourceQuery 的规则进行处理。

到这里，San 加载器的第三步处理流程也自然地显现出来了，那就是利用 SanLoaderPlugin，通过区块标签的 lang 来使用用户配置的规则。

所以，在 webpack 的配置中，我们不仅需要定义处理.san 文件的规则，也要定义处理.html 文件和.css 等文件的规则。

```
const SanLoaderPlugin = require('san-loader/lib/plugin');

module.exports = {
    // ...
    module: {
        rules: [
            {
                test: /\.san$/,
                use: 'san-loader'
            },
            {
                test: /\.css$/,
                use: ['style-loader', 'css-loader']
            },
            {
                test: /\.html$/,
                use: 'html-loader'
            },
        ]
    },
    plugins: [new SanLoaderPlugin()]
};
```

在用户的业务场景中，San 单文件中可能不仅仅有 HTML、CSS 和 JavaScript 语法，还会用到 Pug、EJS、Less、Sass、TypeScript 等预处理语言，因此也需要相应的加载器进行解析。san-loader 提供的方案是，支持在相应的标签上添加 `lang` 属性来指定不同的语言处理，比如：

```
<style lang="less">
    @grey: #999;
    div {
        span {
            color: @grey;
        }
    }
</style>
```

标签中的 `lang` 参数会覆盖 san-loader 默认给各个区块提供的 `lang` 属性，它也将成为匹配后续处理 `rules` 的关键。这里的 `style` 模块会被当成.less 文件进行处理，我们只需要配置相应的加载器即可。

```
// ...
module.exports = {
    // ...
    module: {
        rules: [
            // ...
            {
                test: /\.less$/,
                use: ['style-loader', 'css-loader', 'less-loader']
            }
        ]
    }
};
```

3. 实现组件中的 CSS Modules

除了 `lang` 参数之外，另一个使用较多的参数是 `style` 区块上的 `module` 参数，该参数决定了是否使用 san-loader 内置的 CSS Modules 方案。

CSS Modules 是实现 CSS 样式隔离最为有效的方案，但是也会带来一些额外的开发成本。我们来看一个基本的使用例子：

```
/* style.css */
.className {
  color: green;
}
```

当从 JavaScript 模块中导入 CSS 模块时，我们会得到一个包含所有从本地名称到全局名称的映射的对象。当配置了 CSS 加载器的 `modules` 属性为 `true` 时，我们就可以这样使用它：

```
import $styles from "./style.css";
element.innerHTML = '<div class="' + $styles.className + '">';
```

注意

这里的 styles.className 的最终结果是 className_xxx（xxx 代表哈希后缀）。

在单文件组件中，首先根据 style 标签中的 module 参数来判断 css-loader 是否要将 CSS 模块化处理。如果需要，我们将所有导入 CSS 的语句句柄都存放到 injectStyles 变量（见 7.3.2 节）中，并用通过 San 加载器添加的运行时代码中的 injectStylesIntoInitData 方法注入到 San 组件的 initData 数据中。

```
// normalize.js
// ...
function injectStylesIntoInitData(proto, injectStyles) {
    var style = {};
    for (var i = 0; i < injectStyles.length; i++) {
        Object.assign(style, injectStyles[i]);
    }
    var original = proto.initData;
    proto.initData = original ? function () {
      return Object.assign({}, original.call(this), {$style: style});
    }
    : function () {return {$style: style};};
}
```

这样一来，在 San 组件中就可以通过$style 变量来引入 CSS 了：

```
<template>
    <div class="{{$style.app}}">
        Hello, {{name}}!
    </div>
</template>

<script>
// ...
</script>

<style module>
.app {
    background: lightgreen;
}
</style>
```

style 区块内容的处理则交给了 css-loader。我们需要在 webpack 配置中添加以下规则：

```
// webpack.config.js
module.exports = {
  // ...
  rules: [
      {
          test: /\.css$/,
```

```
            oneOf: [
                // 匹配带 module 属性的 style 区块
                {
                    resourceQuery: /module/,
                    use: ['style-loader', {
                            loader: 'css-loader',
                            options: {
                                modules: true
                            }
                        }
                    ]
                },
                // 匹配不带 module 属性的 style 区块
                {
                    use: ['style-loader', 'css-loader']
                }
            ]
        }
    ]
}
```

7.3.4　San 加载器的整体运行流程

在前面的几节里，我们介绍了 San 加载器提供的一些功能及其实现原理，其整体处理流程如图 7-2 所示。

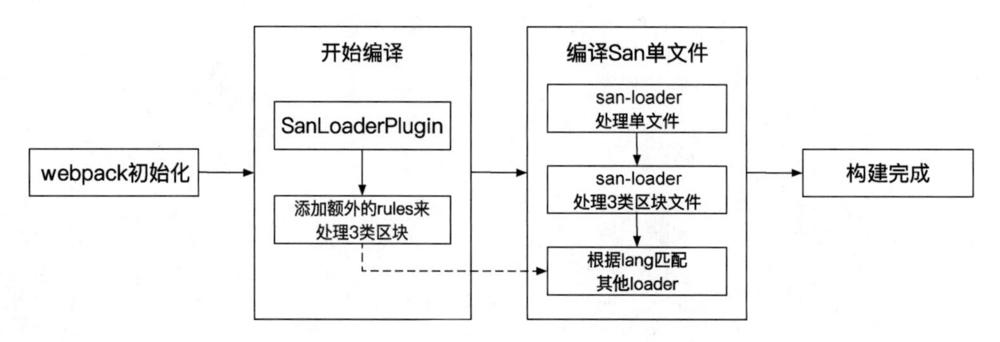

图 7-2　san-loader 的完整工作流程

我们再整体回顾一下 san-loader 的处理流程。

(1) 添加规则配置：通过插件在原始规则的基础上加入 `clonedRules`，新增的规则能匹配到类似`?san&type=template` 这样的参数，让 San 单文件的 `template`、`script` 和 `style` 区块代码能匹配到对应的规则。

(2) 首次解析.san 文件：san-loader 将.san 文件解析成一个 `descriptor` 对象，包含 `template`、`script` 和 `style` 等属性对应的各个区块，每个区块会根据标签属性拼接 `src?san&query` 引用代码。在这个阶段，San 单文件会被解析成 `import/require` 语句 + `runtime` 方法。

(3) `src.san?san&query` 这个文件路径会继续被 san-loader 解析。这次解析会根据参数中的 `type`，返回从 `template`、`script` 和 `style` 区块提取的代码。

(4) 进入由原始 `rules` 转换得到的 `clonedRules` 中，根据 `lang` 参数匹配对应的 `rules` 并应用对应的加载器。

(5) 获取 `template`、`script` 和 `style` 这 3 个区块构建后的代码，导出一个通过 `san.defineComponent` 方法定义的 San 组件。

7.4 实现组件的 HMR

7.3 节介绍了 webpack 构建系统，如将 San 单文件源代码转化为生产环境可用的 JavaScript 文件，这解决了开发中的构建问题。但如果在开发过程中，每次修改源代码都要先执行一次构建再在浏览器中调试，显然会影响开发效率。基于 webpack 构建系统，前端开发人员可以对源代码进行监听，在代码修改之后触发动态构建，从而实现基于本地开发服务器的 webpack HMR。

7.4.1 webpack HMR 简介

HMR 是 webpack 和 webpack-dev-server 提供的一个开发利器，它是指在应用运行时修改源代码，webpack 会将新的代码重新打包并发送到浏览器端。无须刷新页面，浏览器端就会自动重新加载更新的部分，使用新的模块替换旧的模块，无须完全重新加载。

提到 HMR，有以下两个概念需要了解。

- **监听（watch）模式**：监听源代码变化并自动编译，解决每次修改文件后都需要手动执行编译脚本的问题。
- **实时重新加载（live reload）**：当代码变更后，自动刷新浏览器页面。

HMR 主要解决页面刷新导致的状态丢失问题，这可以在 3 个方面加快开发速度。

- 保留在完全重新加载时丢失的应用状态。
- 通过只更新已经改变的内容来节省开发时间。
- 当对源代码中的 CSS 和 JavaScript 进行修改时，立即更新浏览器。这几乎能与在浏览器的开发工具中直接改变样式相媲美。

7.4.2 HMR 的工作原理

当启用 webpack HMR 时，webpack 在构建完成后不会退出，而是继续监听源文件的变化。如果 webpack 检测到一个源文件的变化，它就只重建变化的模块。

为了实现局部更新，webpack 将 HMR Runtime（运行时代码）添加到构建产物中。这些额外代码的作用是接收模块更新。另一个关键组件是 HMR 服务器。当发生更新时，HMR 服务器会通知 HMR Runtime 去获取这些更新。

HMR 的整个工作流程如图 7-3 所示。

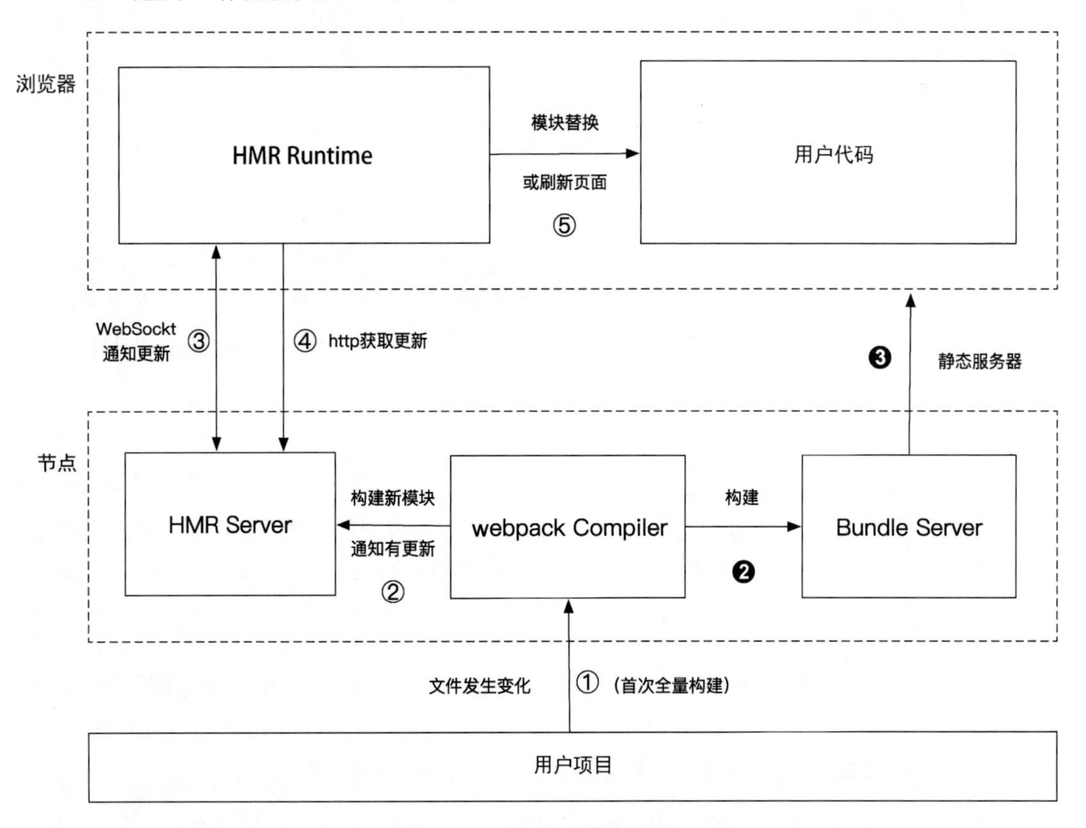

图 7-3　HMR 的工作流程图

图中名词解释如下。

- webpack Compiler：webpack 的核心，负责模块的编译和打包。
- HMR Server：为 HMR Runtime 提供热模块更新的 WebSocket 服务器。
- Bundle Server：为浏览器提供 bundle.js 的静态服务器。
- HMR Runtime：注入 bundle.js 中的代码，它与 HMR 服务器通信并更新用户代码中的模块。

图中流程解释如下。

- ①处：文件系统接收到变化并通知 webpack Compiler。
- ②处：webpack Compiler 重建一个或多个模块，并通知 HMR 服务器已经进行了更新。

- ③处：HMR Server 使用 WebSocket 通知 HMR Runtime 有了更新。
- ④处：HMR Runtime 通过 HTTP 请求获取这些更新。
- ⑤处：HMR Runtime 替换更新的模块，如果模块不能被更新，则刷新页面。
- ❷处：webpack 构建用户的项目。
- ❸处：Bundle Server 作为静态服务器，将 bundle.js 提供给浏览器。

1. HMR Runtime

在开发环境中，webpack 通常会把 HMR 的逻辑和开发者编写的代码打包到一起，最终构建出一个 bundle.js 文件。我们浏览这个文件，可以看出它和普通的模块不太一样，因为 webpack 注入了与 HMR 相关的 Runtime，并且对开发者编写的代码进行了包装，结合 HMR 提供的 API 进行加载和执行。

```
// bundle.js
(function (modules) {

    // ...
    function webpackHotUpdateCallback(chunkId, moreModules) {
        hotAddUpdateChunk(chunkId, moreModules);
        if (parentHotUpdateCallback) parentHotUpdateCallback(chunkId, moreModules);
    };
    function hotDownloadUpdateChunk(chunkId) {
        var script = document.createElement("script");
        script.charset = "utf-8";
        script.src = __webpack_require__.p + "" + chunkId + "." + hotCurrentHash + ".hot-update.js";
        if (null) script.crossOrigin = null;
        document.head.appendChild(script);
    }
    // ...
    function hotCreateRequire(moduleId) {
        // ...
    }
    // ...
    var hotStatusHandlers = [];
    var hotStatus = "idle";
    // ...
  // ❶ 最终产出的 bundle.js 是一个匿名函数，这里是调用项目的入口
    return hotCreateRequire(0)(__webpack_require__.s = 0);
})({
   // ❷ webpack 会先把开发者编写的代码用一个函数包裹，然后把它们作为一个匿名函数的参数
    "./examples/loader/src/demo.js": (function(module, exports) {
      module.exports = () => {
         document.body.innerHTML = 'Hello World!';
      };}),
      // ...
})
```

webpack HMR 提供 Module API 和 Management API 这两类 API，分别用于模块处理和状态管理。这些 API 在开启 HMR 时被自动注入到项目页面中。下面列举几个核心的 API。

- ❑ `module.hot.accept`：接收指定的依赖模块的更新，并触发一个回调函数来响应更新，也可以是自身模块，用来实现局部更新。
- ❑ `module.hot.decline`：拒绝指定的依赖模块的更新，此依赖模块的更新会导致页面被完全重新加载。
- ❑ `module.hot.dispose`：在当前模块代码被替换时执行的回调函数，可以给定 `data` 参数，将状态传入更新过的模块。此对象在更新之后可通过 `module.hot.data` 调用。

2. 实现一个简单的 HMR

webpack HMR 提供了文件监听自动编译更新，以及基于 `sockjs-node` 模块的 WebSocket 通信机制。但 HMR Runtime 本身不知道如何处理这些更改。因此，它委托相应的加载程序来应用更改，这些加载逻辑也需要注入浏览器。

在具体业务场景中，用户需要指定模块热替换的处理逻辑。对于前端框架，这往往涉及组件加载和卸载的逻辑。如果不指定，就回退到实时重新加载模式，刷新整个页面。要实现局部刷新，我们需要对编写的原始代码进行改造，注入 HMR 相关的 API。

我们来看热更新的一个简单例子。

入口文件 index.js：

```
// index.js
import demo from './demo';
demo();
```

demo.js 模块：

```
// demo.js
module.exports = () => {
    document.body.innerHTML = 'Hello World!';
};
```

启动 webpack DevServer，修改 demo.js 以后，页面在默认情况下会自动刷新。我们对 demo.js 进行简单的改造，来实现不刷新页面的局部替换：

```
// demo.js
module.exports = () => {
    document.body.innerHTML = 'Hello World!';
};

// 简单热更新的逻辑
if (module.hot) {
    module.hot.accept();
    module.exports();
}
```

当我们修改了 demo.js 文件以后，打开 Chrome 浏览器的调试工具 Network 面板，可以看到一个名为 main.xxxxxx.hot-update.js 的文件请求。热更新部分的代码模块被 `webpackHotUpdate` 这个全局 API 包装，有点类似于 JSONP 的形式：

main.xxxxxx.hot-update.js 文件

```
webpackHotUpdate('main', {
    "./examples/src/demo.js":
      (function(module, exports, __webpack_require__) {
          module.exports = () => {
            document.body.innerHTML = 'Hello, new World!';
          };

          if (true) {
            module.hot.accept();
            module.exports();
          }
        })
    }
)
```

7.4.3 san-hot-loader 简介

我们手动实现了一个简单的 HMR 功能，但在实际的开发工作中，这种和业务本身无关、和开发调试相关的代码逻辑显然不应该出现在项目中。于是，我们开发了 san-hot-loader 包，它的作用是实现 San 组件的 HMR 功能。它的核心优势是可以实现组件维度的页面更新，而不是整体刷新。

san-hot-loader 的使用非常简单。在 webpack 配置文件中添加以下配置，即可启用 San 组件的热更新：

```
module.exports = {
    // ...

    module: {
        rules: [
            {
                test: /\.js$/,
                use: ['san-hot-loader']
            }
            // ...
        ]
    }
}
```

注意

这里使用.js 扩展名来实现 San 组件。如果是 San 单文件，还需要配置 san-loader。

当使用 ES6+语法时，通常需要通过 babel-loader 将代码转换成 ES5 语法。这个转换过程可能会注入额外的 polyfill 代码。对于这种场景，san-hot-loader 提供了 Babel 插件来实现热更新代码注入：

```
module.exports = {
    ...
    module: {
        rules: [
            {
                test: /\.js$/,
                use: [
                    {
                        loader: 'babel-loader',
                        options: {
                            plugins: [
                                // 通过 Babel 插件的形式添加
                                require.resolve('san-hot-loader/lib/babel-plugin')
                            ]
                        }
                    }
                ]
            }
            ...
        ]
    }
}
```

7.4.4　San 组件的 HMR 的实现

san-hot-loader 包的核心功能是往组件中额外注入与 HMR 相关的逻辑代码，来定义 San 组件的热更新处理逻辑。它的实现思路包括 3 个部分。

(1) 通过对模块的 AST 语法分析，识别 San 组件。

(2) 为 San 组件模块注入组件热更新的处理逻辑，即 San HMR Runtime。

(3) 通过 San HMR Runtime 实现组件级的更新。

1. 基于 AST 识别 San 组件

要实现 HMR 处理逻辑的代码注入，我们首先需要识别该逻辑代码是否属于 San 组件：如果不属于，则不进行任何处理。这里先来看看如何识别 San 组件。

通常，一个常规的 San 组件可以有 3 种定义方式。

(1) 使用类的形式定义：

```
import {Component} from 'san';
export default class Hello extends Component {
    static template = '<p>Hello {{name}}</p>';
    initData() {
```

```
        return {name: 'San'};
    }
}
```

(2) 使用 `san.defineComponent` 定义：

```
import san from 'san';
export default san.defineComponent({
    template: '<p>Hello {{name}}</p>',
    initData() {
        return {name: 'San'};
    }
})
```

(3) 使用 ES5 Function Constructor 的方式定义：

```
import san from 'san';
export default function HelloComponent(options) {
    san.Component.call(this, options);
};
san.inherits(HelloComponent, san.Component);
HelloComponent.prototype.template = '<p>Hello {{name}}</p>';
HelloComponent.prototype.initData = function() {
  return {name: 'San'};
};
```

它们包含以下特征。

- 文件导入 san.js 模块（`import`、`require`）。
- 使用 san.js 模块所提供的 API（`defineComponent`、`Component`）定义组件。
- 将定义好的组件作为默认模块导出（`export default`、`module.exports`）。

以上 3 点特征全部满足，我们才认为这是一个 San 组件。

要判断是否满足以上特征，必须先把 JavaScript 代码转换为抽象语法树（AST），再根据语法树上的一些特征来判断它是否是 San 组件模块和 San Store 模块的目标代码。

利用 Babel，可以轻松实现 JavaScript 的 AST 生成：

```
const path = require('path');
const babel = require('@babel/core');
const proposalClassProperties = require('@babel/plugin-proposal-class-properties');

module.exports = function astParser(source, resourcePath) {
        return babel.parse(source, {
        sourceType: 'module',
        filename: path.basename(resourcePath),
        plugins: [proposalClassProperties]
    });
};
```

下面这行代码：

```
import {Component} from 'san';
```

经过 babel.parse 转换后，AST 格式的代码如下：

```
{
    "program": {
        "type": "Program",
        "sourceType": "module",
        "body": [
            {
                "type": "ImportDeclaration",
                "specifiers": [
                    {
                        "type": "ImportSpecifier",
                        "imported": {
                            "type": "Identifier",
                            "loc": {
                                "identifierName": "Component"
                            },
                            "name": "Component"
                        },
                        "local": {
                            "type": "Identifier",
                            "loc": {
                                "identifierName": "Component"
                            },
                            "name": "Component"
                        }
                    }
                ],
                "source": {
                    "type": "StringLiteral",
                    "extra": {
                        "rawValue": "san",
                        "raw": "'san'"
                    },
                    "value": "san"
                }
            }
        ]
    }
}
```

注意

这里的转换结果省略了 AST 中 start、end 等暂时用不到的信息。

- **判断是否导入 san**

我们可以通过对 AST 语法树特征进行分析，来判断是否存在类似 `import san from 'san';`

这样的语句。首先实现一个 `isModuleImported` 方法，相关的代码实现如下：

```
function isModuleImported(ast, moduleName) {
    const body = (ast.program || ast).body;
    for (let node of body) {
        if (node.type === 'ImportDeclaration' && node.source.value === moduleName) {
            return true;
        }
          // 这是使用 require 语句的情况，例如 const san = require('san');
        if (node.type === 'VariableDeclaration') {
            for (let declarator of node.declarations) {
                if (isRequire(declarator.init) && declarator.init.arguments[0].value === moduleName)
{
                    return true;
                }
            }
        }
    }
    return false;
}

function isRequire(node) {
    return node
        && node.type === 'CallExpression'
        && node.callee.type === 'Identifier'
        && node.callee.name === 'require'
        && node.arguments
        && node.arguments.length === 1
        && node.arguments[0].type === 'StringLiteral';
}
```

有了模块的 AST 语法树和上面的 `isModuleImported` 方法，我们就可以通过：

```
const isSanImported = isModuleImported(ast, 'san');
```

来判断 San 是否被导入。

- **判断 `defineComponent` 和 `Component` 的使用**

根据同样的原理，我们接着来实现一个名为 `isSanComponent` 的方法，来判断是否使用了 San 组件的 API 。

我们先来看看这段语句：

```
class Hello extends Component {}
```

它被转化为 AST 后的结果是

```
{
    "program": {
        "type": "Program",
        "body": [
            {
```

```
                "type": "ClassDeclaration",
                "id": {
                    "type": "Identifier",
                    "loc": {
                        "identifierName": "Hello"
                    },
                    "name": "Hello"
                },
                "superClass": {
                    "type": "Identifier",
                    "loc": {
                        "identifierName": "Component"
                    },
                    "name": "Component"
                },
                "body": {
                    "type": "ClassBody"
                }
            }
        ]
    }
}
```

注意

这里的转换结果省略了 AST 中 start、end 等暂时用不到的信息。

判断是否定义了 San 组件的方法 isSanComponent 的核心实现如下：

```
// isSanComponent 的伪代码
function isSanComponent(node) {
    // 使用 class 定义组件的情况
    if (node.type === 'ClassDeclaration' || node.type === 'ClassExpression') {
        return val(node.superClass) === 'Component';
    }
      else if(node.type === 'CallExpression') {
        return val(node.callee.property) === 'defineComponent';
    }
      else if (/* FunctionDeclaration 的情况  */) {
      // ...
    }
    return false;
}

function val(node) {
    return (node.type === 'Identifier' && node.name)
        || (node.type === 'StringLiteral' && node.value);
}
```

- **判断 San 组件是否是默认导出模块**

要判断 San 组件是否是默认导出模块，可以查看 AST 中 `type` 为 `ExportDefaultDeclaration` 的节点是否包含 `defineComponent` 或 `Component` 的相关信息，具体实现不再赘述。

2. 为组件注入 HMR 处理逻辑

在我们能确定一个组件是 San 组件模块之后，就可以为其注入相应的热模块更新的处理逻辑了。页面的局部更新是基于组件的更新来实现的，本质上是页面中组件的加载和卸载过程。

要实现组件的热更新，首先需要向组件中注入热更新的处理逻辑，也就是 Runtime，它的代码实现如下：

```
module.exports = function createSanHmrRuntime({
    resourcePath
}) {
    const context = path.dirname(resourcePath);
    const componentId = genId(resourcePath, context);
    return `
    if (module.hot) {
        var __HOT_API__ = require('${componentHmrPath}');
        var __HOT_UTILS__ = require('${utilsPath}');

        var __SAN_COMPONENT__ = __HOT_UTILS__.getExports(module);
        if (__SAN_COMPONENT__.template || __SAN_COMPONENT__.prototype.template) {
            module.hot.accept();
            __HOT_API__.install(require('san'));

            var __HMR_ID__ = '${componentId}';
            if (!module.hot.data) {
                __HOT_API__.createRecord(__HMR_ID__, __SAN_COMPONENT__);
            }
            else {
                __HOT_API__.hotReload(__HMR_ID__, __SAN_COMPONENT__);
            }
        }
    }
    `;
};
```

san-hot-loader 为 San 组件实现组件热更新的 HMR Runtime 提供了 3 个 API。

- `install`：主要用来检查 San 的版本，要求版本号最低为 3.8.1。
- `createRecord`：将组件路径转换为组件 ID（`HMR_ID`），维护一个支持热更新的 San 组件的 `map`。
- `hotReload`：将同名 ID 的组件卸载（dispose），并在相同位置插入更新后的组件。

接着，我们通过 san-hot-loader 注入组件的代码：

```
// san-hot-loader/loader.js 伪代码
module.exports = async function (source, sourceMap) {
    const callback = this.async();
    const options = loaderUtils.getOptions(this) || {};
    const resourcePath = this.resourcePath;
    let ast = parse(source, {resourcePath});
    // 省略了判断是否是 San 组件的逻辑

    let hmrRuntime = createSanHmrRuntime(resourcePath);
    callback(null, source + hmrRuntime, map);
};
```

3. 实现组件的热模块更新

要实现组件的热模块更新，有两个关键步骤。

(1) 将组件注册到全局的`__SAN_HOT_MAP__`中，并注入额外的钩子方法，为组件的加载、卸载做准备。

(2) 当模块需要更新时，先找到旧的组件并执行卸载操作，再在原位置插入更新的组件。

- **为组件添加钩子方法**

组件的钩子方法的作用主要是将组件的实例暴露出来，这样我们就可以在外部管理它，为后续新组件的加载、旧组件的卸载做准备。

核心代码实现如下：

```
const __SAN_HOT_MAP__ = {};
function createRecord(componentId, ComponentClass) {
    __SAN_HOT_MAP__[componentId] = makeComponentHot(componentId, ComponentClass);
    __SAN_HOT_MAP__[componentId].instances = [];
}

function makeComponentHot(componentId, ComponentClass) {
    let proto = ComponentClass.prototype;

      // 修改组件的 attached 生命周期方法，往 map 数组中添加组件实例
    injectHook(proto, 'attached', function () {
        __SAN_HOT_MAP__[componentId].instances.push(this);
    });
    // 修改组件的 detached 生命周期方法，从 map 数组移除组件实例
    injectHook(proto, 'detached', function () {
        var instances = __SAN_HOT_MAP__[componentId].instances;
        instances.splice(instances.indexOf(this), 1);
    });

    return {
        proto,
        Ctor: ComponentClass
    };
```

```
}

function injectHook(proto, name, callback) {
    let existing = proto[name];
    proto[name] = existing
        ? function () {
            existing.call(this);
            callback.call(this);
        }
        : callback;
}
```

主要的实现思路如下。

- 我们创建了一个__SAN_HOT_MAP__对象，用于管理所有需要 HMR 热模块更新的组件；通过组件的相对路径生成的 `componentId` 作为组件的存储的 key。这样，我们根据文件路径，就能找到对应的组件了。另外，需要注意的是__SAN_HOT_MAP__[componentId].instance 必须是一个数组，因为它存储的是组件的实例，而一个组件可能会被实例化多次。
- 通过 mixin 的方式往组件的生命周期钩子方法 `attached`（在将组件添加到页面时执行）和 `detached`（在将组件从页面移除时执行）中添加额外的逻辑，实现对组件实例的管理。

- **实现旧组件的卸载和新组件的加载**

当模块需要更新时，首先通过组件的相对路径生成的 `componentId` 找到旧组件，对存储在全局的__SAN_HOT_MAP__[componentId].instance 实例执行卸载操作。然后，通过旧组件实例的 `el` 属性提供的 DOM 节点信息，就可以在原来相同的位置插入更新的组件了。相关的代码实现逻辑如下：

```
function hotReload(id, ComponentClass) {
    let newDesc = makeComponentHot(id, ComponentClass);
    let recDesc = __SAN_HOT_MAP__[id];
    recDesc.Ctor = newDesc.Ctor;
    recDesc.proto = newDesc.proto;
    recDesc.instances.slice().forEach(function (instance) {
        let parentEl = instance.el.parentElement;
        let beforeEl = instance.el.nextElementSibling;
        let options = {
            subTag: instance.subTag,
            owner: instance.owner,
            scope: instance.scope,
            parent: instance.parent,
            source: instance.source
        };
        // 卸载旧组件
        instance.dispose();

        // 加载新组件
        let newInstance = new newDesc.Ctor(options);
```

```
        newInstance.attach(parentEl, beforeEl);

        // 将父节点中缓存的子组件实例替换掉
        if (instance.parent) {
            instance.parentComponent.constructor.prototype.components[instance.subTag] = newDesc.Ctor;
            let parent = instance.parent;
            parent.children.splice(parent.children.indexOf(instance), 1, newInstance);
        }
    });
}
```

注意

除了组件能进行热模块更新之外，San Store 模块也能进行热更新，不同之处在于后者的处理逻辑是获取新 store 模块的 action，在原来缓存的旧模块 store 对象上面执行一遍 store.addAction 方法。

7.5　利用 APack 实现组件的传输优化

前面，我们学习了 San 组件的编译和热更新，这部分的体验优化和效率提升主要体现在开发阶段。对于前端开发者来说，应用的执行性能和代码体积也是不可忽视的重要指标，在编译阶段进行一些优化显得尤为必要。

要优化应用的性能，通常可以从两个角度出发——加载性能和执行性能。我们知道，在编译阶段对于加载性能的优化基本上就是代码传输体积的优化。这方面已经有不少有用的工具了，比如 terser 压缩工具、tree-shaking、代码分包动态导入（dynamic import）等。因此，这里首先考虑的是执行性能。

7.5.1　从模板到 ANode

还记得 3.2.2 节介绍的 ANode 吗？这个 San 组件的抽象节点树保存着视图声明的数据引用与事件绑定信息，包括标签、文本、插值、数据绑定、条件、循环、事件等信息。事实上，对于 San 组件来说，HTML 模板字符串在本质上只是一个语法糖，它需要先被转化为 ANode，再被转换为真实的 DOM。因此，在编译阶段，我们可以提前将 San 组件中的模板编译成 ANode，避免在浏览器端进行模板解析，从而提高初始加载性能。

这部分功能的实现并不复杂，我们只需要在 San 单文件组件的模板上进行标记，然后在 san-loader 构建的时候，利用 San 框架自带的 `san.parseTemplate` API，就可以把文本模板转换为 ANode 对象了。

```
<!--- 在组件的 template 区块上增加 compileTemplate 属性 --->
<template compileTemplate="aNode">
    <p>Hello, {{name}}!</p>
</template>

<script>
  // ...
</script>
```

对 7.3.3 节中 san-loader 的代码略加修改：

```
// san-loader/index.js 伪代码
module.exports = function (source) {
    // 省略参数的获取

    if (query && query.san === '' && query.type) {
          let code = SAN_BLOCK_MAP[query.type](descriptor, options);

        // 在判断模板 compileTemplate 属性为 aNode 时，执行把模板解析为 aNode 的操作
             if (query.type === 'template' && query.compileTemplate === 'aNode') {
                      code = san.parseTemplate(code);
        }

        this.callback(null, code);
        return;
    }

    // 省略第一次进入 san-loader 的执行流程
    this.callback(null, code);
};
```

上面的 template 模板字符串被编译为 ANode 后的结果为

```
{
    "directives": {},
    "props": [],
    "events": [],
    "children": [
        {
            "textExpr": {
                "type": ExprType.TEXT,
                "segs": [
                    {
                        "type": ExprType.STRING,
                        "value": "Hello "
                    },
                    {
                        "type": ExprType.INTERP,
                        "expr": {
                            "type": ExprType.ACCESSOR,
                            "paths": [
```

```
                                {
                                    "type": ExprType.STRING,
                                    "value": "name"
                                }
                            ]
                        },
                        "filters": []
                    },
                    {
                        "type": ExprType.STRING,
                        "value": "!"
                    },
                ]
            }
        }
    ],
    "tagName": "p"
}
```

7.5.2 从 ANode 到 APack

从之前 ANode 的转换结果可以看到，ANode 形式的对象显然比模板语法糖的体积大了不少，这在一定程度上会牺牲加载的性能。HTML 字符串模板体积更小，而 ANode 对象形式的模板解析性能更佳，这样一来我们就需要在加载性能和执行性能之间做一些权衡了。

我们通过 san-anode-utils 工具包提供了一个较为理想的解决方案——对 ANode 对象进行压缩。这样既保证了压缩后的 ANode 体积足够小、解压过程足够快，又利用了 ANode 解析性能更高的优点。我们将这个压缩 ANode 的过程称为 APack。

APack 的具体使用场景是，在 webpack 构建阶段利用 san-anode-utils 包提供的 `pack` 方法对 `aNode` 进行压缩；在代码执行阶段，通过 san.js 提供的解析器 `san.unpackANode` 方法将其解压为 ANode 对象。组件模板的编译和执行流程如图 7-4 所示。

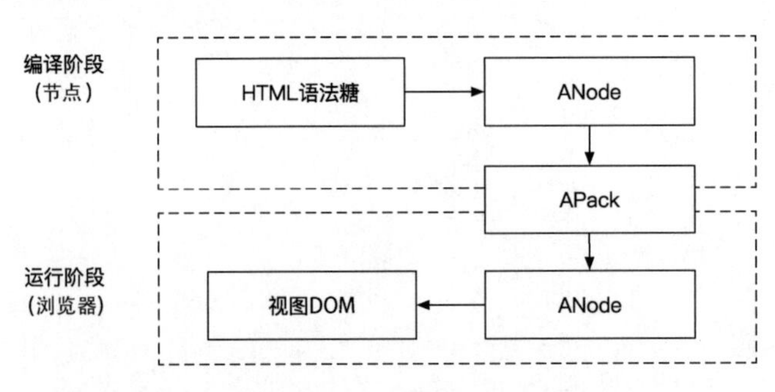

图 7-4　组件模板的编译和执行流程

回到上面的例子，看看模板的压缩后的情况。

原始的 HTML 模板：

```
<p>Hello {{name}}!</p>
```

经过初步的 APack 压缩后变为

```
[1,"p",1,undefined,9,undefined,2,3,"Hello ",7,undefined,6,1,3,"name",undefined]
```

然后进一步压缩，因为数组中的 `undefined` 是空对象的默认值，所以可以用,代替：`[undefined]` 等价于`[,]`，`template` 属性会被 `aPack` 属性代替。最终运行时的组件代码将是

```
san.defineComponent({
    aPack: [1,"p",1,,9,,2,3,"Hello ",7,,6,1,3,"name",]
});
```

经过 APack 后，APack 字符串的大小不到原来的 ANode JSON 字符串的 1/4。这样一来，就同时兼顾了执行性能和加载性能。

7.5.3 APack 的实现原理

APack 的作用是将较长的 ANode JSON 字符串压缩为较短的 APack 字符串，它的设计初衷是尽可能减小模板编译产出的尺寸，同时保证解压性能。

APack 是合法的 JavaScript 代码，我们选择用一维数组来存放 ANode 对象，这样能保证压缩后的对象在一次遍历中完成解析、解压缩，保证了运行时的性能。在将 ANode 对象转化为数组的过程中，使用唯一的数字标识来代替固定的对象属性名称和值的类型，能缩小最终的字符串体积。它的实现方案细节如下。

- **使用数组来描述对象**：使用一维数组作为压缩后的对象便于解析，一次遍历即可完成解压缩过程。
- **用 `head` 标识对象中的属性名**：不同类型的节点对象包含的属性是固定的，所以节点对象中的属性名可以去掉。通过`{number}head` 标识类型，依次读取即可。
- **减小空数组、空对象的体积**：忽略形式为 `undefined` 的空对象。它们在数组中的形态可能是`[1,,]`，从而进一步减小了体积。
- **数组类型的处理**：对于 ANode 中数组类型的值，压缩后第一项为数组长度，然后依次为数组 `item`。
- **泛属性节点的处理**：泛属性节点（普通属性、双向绑定属性、指令、事件、`var`）由`{number}head` 独立标识。

- **根据 ANode 中出现的频度标识节点**：以 0 和 1 标识模板节点，以 2 标识普通属性节点，3 ~ 32 为表达式节点，33 ~ 99 为特殊泛属性节点（双向绑定属性、指令、事件、var）。
- **布尔值的简化**：true 用 1 表示，false 用 undefined 表示，压缩后为空。
- **自定义 stringify 方法**：JSON 中不包含 undefined 类型，使用 JSON.stringify 会把 undefined 输出成 null，所以需要自己实现 stringify 方法。

1. APack 的压缩过程

我们再来看组件模板的一个简单例子：

```
san.defineComponent({
  template: '<p s-is="cmpt"></p>'
})
```

将该组件模板转化为 ANode 的结构如下：

```
{
   "directives": {
    "is": {
     "value": {
      "type": 4,
      "paths": [
       {
        "type": 1,
        "value": "cmpt"
       }
      ]
     }
    }
   },
   "props": [],
   "events": [],
   "children": [],
   "tagName": "p"
}
```

扁平化为一维数组的结果是

```
[1, "p", 1, 45, 6, 1, 3, "cmpt"]
```

为了方便你更好地理解上面代码所表达的含义，我们把它转化成语义性更强的伪代码：

```
[tagTypeHead❶, aNode.tagName, specifiedAttributeLength❷, attributeTypeHead❸, attributeValueHead❹,
attributeValue|attributeValue.length, ...]
```

整个压缩过程如图 7-5 所示。

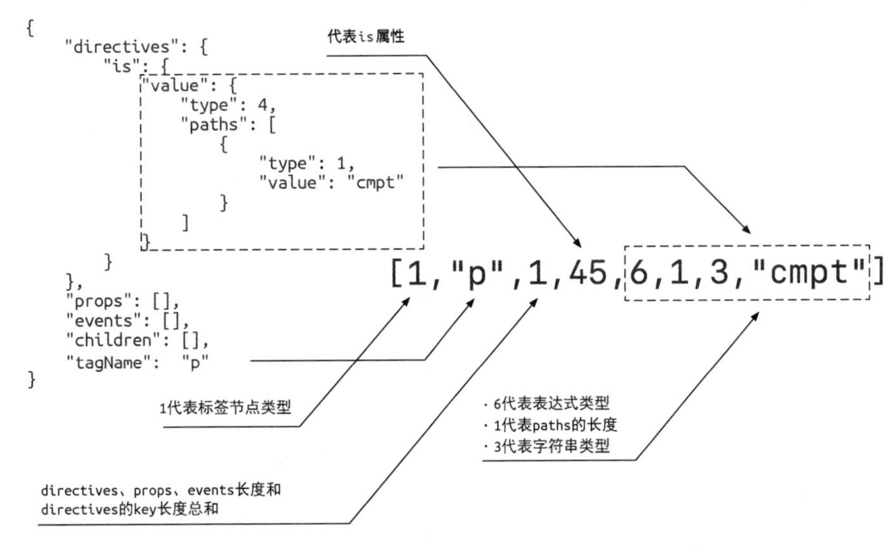

图 7-5　ANode 的压缩过程

这个模板中没有子节点（children）。如果有，所有的子节点会被扁平化，并依次放到一维数组中。

```
[..., child1_tagTypeHead❺, child1_aNode.tagName, child1_specifiedAttributeLength,
child1_attributeTypeHead, child1_attributeValueHead, child1_attributeValue...,
child2ANodeTypeHead, ...]
```

在上面的代码中，❶、❸、❹和❺标注的是属性名称和属性值的头信息，我们将一个唯一的数（1 ~ 99）作为节点对象的属性名（directives、props、events 等）和节点信息值的数据类型的唯一标识。

常用的类型标识的头信息（head）如下。

- 1：标签节点（tag）类型
- 2：属性节点（props）类型
- 3：字符串类型
- 4：数字类型
- 5：布尔类型
- ……

我们按照模板中的使用程度，将 3 ~ 32 作为表达式节点，将 33 ~ 99 作为特殊泛属性节点。

❶处代表的是标签节点类型，组件模板的最外层显然是个标签，那么它应该就是 1。❷处的 specifiedAttributeLength 是通过 ANode 中的 children、props、events 等多个数组长度之和以及 directives 中包含的属性计算得到的，相关的实现逻辑如下：

```
var specifiedAttributeLength = aNode.children.length + aNode.props.length + aNode.events.length;
if (aNode.vars) {
  specifiedAttributeLength += aNode.vars.length;
}
for (var key in aNode.directives) {
  switch (key) {
    case 'is':
    case 'if':
    case 'else':
    case 'elif':
    case 'bind':
    case 'html':
    case 'for':
    case 'ref':
    case 'transition':
      specifiedAttributeLength++;
  }
}
```

我们通过 packExpr 方法处理表达式的值，它也遵循从对象到一维数组的核心处理逻辑：

```
function packExpr(expr) {
    var result;
    switch (expr.type) {
        // 处理字符串
        case ExprType.STRING:
            return [3, expr.value];

        // 处理数
        case ExprType.NUMBER:
            return [4, expr.value];

        // 处理插值表达式
        case ExprType.INTERP:
            result = [7].concat(
                expr.original ? 1 : void(0),
                packExpr(expr.expr),
                expr.filters.length || void(0)
            );
            for (var i = 0; i < expr.filters.length; i++) {
                result = result.concat(packExpr(expr.filters[i]));
            }
            break;
        // ...
    }

    return result || [];
}
```

表达式最终将被转换为头信息的类型标识、简单类型（string、number、bool）的值、数组项对应的 length 信息等一维数组项。另外，复杂类型的值将被当作表达式，继续被 packExpr 递归处理。

在上面的例子中，我们介绍了包含指令的模板节点的压缩过程，下面再来看看常用文本和表达式的压缩过程。

- **压缩文本和表达式节点**

组件的模板 HTML 内容如下：

```
<div>Hello {{name}}</div>
```

将组件模板转化为 ANode 的结构如下：

```
{
    "directives": {},
    "props": [],
    "events": [],
    "children": [
        {
            "textExpr": {
                "type": 7,
                "segs": [
                    {
                        "type": 1,
                        "value": "Hello "
                    },
                    {
                        "type": 5,
                        "expr": {
                            "type": 4,
                            "paths": [
                                {
                                    "type": 1,
                                    "value": "name"
                                }
                            ]
                        },
                        "filters": []
                    }
                ]
            }
        }
    ],
    "tagName": "div"
}
```

最终，转化为 APack 后的数组是

```
[1, 'div', 1, , 9, , 2, 3, 'Hello ', 7, , 6, 1, 3, 'name',]
```

2. APack 的解压过程

我们在上文中提到过，组件在执行阶段最终需要用到的是 ANode 形式的模板信息。所以对于 APack 类型的模板，在执行阶段第一步要做的就是将它转化为对象形式的 ANode 模板，也就是下面这种形式：

```
{
    "directives": {/* ... */},
    "props": [/* ... */],
    "events": [/* ... */],
    "children": [/* ... */],
    "tagName": "..."
}
```

显然，这个转换过程只能在运行时处理，因此 San.js 框架内置了解压 APack 的方法 san.unpackANode。那么，如何将一维数组这种扁平化的数据转换成 ANode 对象这种结构化的数据呢？我们来看看它的解压过程是如何实现的。

san.unpackANode 方法的核心代码逻辑片段：

```
function unpackANode(packed) {
    // ❶ 存放根节点，记录处理的 ANode 节点对象，方便后续调用
    var root;
    var nodeStack = [];
    // ...
    for (var i = 0, l = packed.length; i < l; i++) {
        // ❷ 子项是数组的情况
        var current = nodeStack[stackIndex];
        // ...
          while (current) {
            if (currentState === -1) {
                current = nodeStack[--stackIndex];
                // ...
            }    else {
                break;
            }
        }
             // ...
        // ❸ 通过 packed 数组中的标识反解得到对应的 ANode 节点
        var type = packed[i];
        switch (type) {
            case 1:
            node = { directives: {}, props: [], events: [], children: []};
            var tagName = packed[++i];
            tagName && (node.tagName = tagName);
            // ...
        }
          // 将第一个节点作为 root
        if (!root) {root = node;}
                // ❹ 根据类型标识，把它放到最终 ANode 对象对应的属性下面
        if (current) {
            switch (currentType) {
                // ...
            }
        }
        if (state !== -1) { // ❺ 将缓存的值存放在对应的容器中
```

```
            nodeStack[++stackIndex] = node;
                // ...
            }
        }
    return root;
}
```

解压在本质上是压缩的逆向过程，下面介绍其核心处理逻辑。

- **缓存节点的信息**

对于❶，数组的项目之间是有关联的。因此，一维数组中上一次处理的结果在后续还需要用到，比如我们要往对象里添加数据，因此需要缓存一些信息。

```
// 存放根节点
var root;

// 记录处理的 ANode 节点对象，方便后续调用
var nodeStack = [];

// 记录处理的节点类型，不同的 type 所对应 ANode 节点的 key 可能不相同
var typeStack = [];

// 记录数组项的处理状态
var stateStack = [];

// 缓存 ANode 节点对象存放的容器
var targetStack = [];

// 记录当前处理位置的索引
var stackIndex = -1;
```

对于❺，最终会在一维数组的循环最后，将缓存的值存放在上面对应的容器中。这里 `state` 的**初始值**是我们在 APack 过程中记录的一些数组类型项目的长度信息。

```
if (state !== -1) {
   nodeStack[++stackIndex] = node;
   typeStack[stackIndex] = type;
   stateStack[stackIndex] = state;
   targetStack[stackIndex] = target;
}
```

- **根据记录的 state 信息调整操作节点**

对于❷，当遇到子项是数组的情况时，我们需要将当前处理的 ANode 节点添加到子项的位置，并且需要从 `packed` 数组中获取子项的长度信息来更新 `currentState`（见①）。当子数组项目处理完成或子数组项目的长度为 0（在 APack 中记录为 `undefined`）的时候，需要回退操作节点为父级节点（见②）。

```
var current = nodeStack[stackIndex];
var currentType = typeStack[stackIndex];
var currentState = stateStack[stackIndex];
var currentTarget = targetStack[stackIndex];

while (current) {
  if (currentState === -3) {
    // ①
    currentState = stateStack[stackIndex] = packed[i++] || -1;
  }

  if (currentState === -1) {
    // ②
    current = nodeStack[--stackIndex];
    currentType = typeStack[stackIndex];
    currentState = stateStack[stackIndex];
    currentTarget = targetStack[stackIndex];
  } else {
    break;
  }
}
```

- **根据类型标识反解获得 ANode 节点**

对于❸，我们在 APack 过程中约定了将 1 ~ 99 作为类型标识的头信息（详见 San 官网中关于 anode-pack 的介绍）。这里，我们通过 packed 数组中的标识反解得到对应的 ANode 节点。

```
switch (type) {
    case 1:
      node = {
        directives: {},
        props: [],
        events: [],
        children: []
      };
      var tagName = packed[++i];
      tagName && (node.tagName = tagName);
      state = packed[++i] || -1;
      break;

    case 3:
      node = {
        type: ExprType.STRING,
        value: packed[++i]
      };
      break;

    case 4:
      node = {
        type: ExprType.NUMBER,
        value: packed[++i]
      };
      break;
```

```
    case 5:
      node = {
        type: ExprType.BOOL,
        value: !!packed[++i]
      };
      break;
    // ...
}
```

- **将 ANode 节点存放到对应的位置**

对于❹，我们在上一个步骤的 `switch` 语句中反解得到了 ANode 节点，接下来根据类型标识，把它放到最终 ANode 对象对应的属性下面。

```
if (current) {
  switch (currentType) {
    case 1:
      if (currentTarget) {
        current.elses = current.elses || [];
        current.elses.push(node);
        if (!(--stateStack[stackIndex])) {
          stackIndex--;
        }
      }
      // ...
      break;

    case 7:
      if (currentState === -2) {
        stateStack[stackIndex] = -3;
        current.expr = node;
      }
      else {
        currentTarget.push(node);
        if (!(--stateStack[stackIndex])) {
          stackIndex--;
        }
      }
      break;

    case 8:
      if (currentState === -2) {
        stateStack[stackIndex] = -3;
        current.name = node;
      }
      else {
        currentTarget.push(node);
        if (!(--stateStack[stackIndex])) {
          stackIndex--;
        }
      }
      break;
```

```
    // ...
    default:
      current.textExpr = node;
      stackIndex--;
  }
}
```

解压的细节非常烦琐，从上面的代码片段可以看出，解压 APack 的整体思路就是还原模板的 ANode 对象的过程，我们需要将一维数组形式的数据转换并填充到 ANode 对象的属性之中。

7.6 小结

本章主要介绍了 San 单文件组件的编译、组件 HMR 的实现以及编译过程中 APack 功能点的实现细节。下面总结一下本章的核心知识点。

- **为什么需要单文件组件**：我们介绍了 San 单文件组件的一些特性以及使用方式。单文件组件使得组件更具内聚性、更便于维护，同时更方便在编译构建阶段进行功能的扩展。
- **如何实现单文件编译**：我们回顾了 webpack 的一些基础知识，讲解了如何通过 san-loader 将自定义的单文件组件文件转换为浏览器能运行的 JavaScript 文件。
- **如何实现组件热更新**：我们介绍了基于 webpack 的组件热更新的实现原理，以及 san-hot-loader 如何基于 HMR API 来实现 San 组件的热更新。
- **APack 的实现原理**：我们在构建阶段利用 ANode 和 APack 实现了加载性能和执行性能的优化。7.5 节详细介绍了 APack 的实现细节。

第 8 章

测试与调试

至此，我们已经从组件、数据、服务端渲染、项目构建等多个方面介绍了 San 框架给前端开发带来的便利与高效。本章将继续介绍如何对 San 应用进行测试与调试，以及底层的实现原理。

8.1 San DevTools 简介

本节首先从原生 DOM 树以及 San 组件树的角度介绍 San DevTools 的设计初衷，接着介绍该工具的技术选型。

8.1.1 San DevTools 的设计初衷

在前端"刀耕火种"的年代，开发者直接使用 DOM 的 API 将处理后的数据更新到视图，并采用 DOM 树查看器以及 console/alert 的调试方式是非常直观、有效的。然而随着时间的推移，越来越多的前端工具如雨后春笋般出现。从最初的 jQuery 到各种前端开发框架，无论是开发效率还是性能，都得到了很大的提升。纵观各个前端框架，无论是 React 中的 Fiber、Vue 中的 VNode，还是 San 中的 ANode 等，都采用了虚拟 DOM 这一概念。此时绝大部分的操作对象是虚拟 DOM，而框架内部会将虚拟 DOM 上被修改的数据反映到视图 DOM 上。

框架带来的这种转变也迫使调试方式不断改进。为了消除前端框架在 DOM 上构建的这层黑盒对调试效率的影响，我们不仅需要直接调试视图 DOM，也更加迫切地需要查看并调试虚拟 DOM 自身的数据，等等。当然，你依然可以使用 console/alert 来查看与组件相关的数据，在编辑器中修改代码来改变组件的数据。但是当应用的某个数据出现问题的时候，可能需要在非常多的地方添加 console/alert，然后通过每一条日志去定位问题。这种调试方式的步骤非常多，时间成本也很高。因此，我们给 San 应用的开发者提供了 San DevTools 来审查并调试 San 组件。相较于 DOM 树，San DevTools 提供了可视化的组件树，能够起到粗调的作用，即快速定位问题发生在哪个组件中，然后借助 console/alert 来进行更加细致的调试。同时，它可以让你实时编辑数据并立即看到其反映出来的变化。

8.1.2　技术选型

那么，最终给开发者使用的工具应该以什么方式呈现呢？是浏览器扩展程序、Electron 桌面应用，还是一个简单而独立的调试页面（为了方便表述，我们将该方式称为 standalone）？在确定呈现方式之前，必然需要考量每一种方式适应的场景。

浏览器扩展程序是用 Web 技术（比如 HTML、JavaScript 和 CSS）构建的软件程序，可以用来定制浏览器的网页功能与行为，它们运行在一个独立的沙箱执行环境中，并与浏览器交互。由于我们使用的浏览器种类非常多（比如 Chrome、Edge、Firefox，等等），因此也需要单独为特定的浏览器编写特定的扩展程序，这也是扩展程序的缺点之一。除此之外，扩展程序也不适用于远程调试。那么扩展程序有什么优势呢？首先，扩展程序非常轻量，不需要开发者单独安装并启动一个桌面应用。其次，从定义可知扩展程序可以和浏览器交互，即扩展程序可以使用浏览器提供的能力。以 Chrome 浏览器为例，作为开发者，你一定对开发者检查面板 Chrome DevTools 非常熟悉，其中有非常多的 panel（面板），比如查看 DOM 树的 Element Panel，查看 JavaScript 日志信息的 Console Panel，等等。浏览器赋予了扩展程序在 Chrome DevTools 面板中创建 panel 的能力，同时赋予了该 panel 与其他 panel 通信的能力，这意味着扩展程序可以操作其他 panel。因此对于调试本地的 San 应用，浏览器扩展程序是一个非常不错的选择。

Electron 桌面应用是一个使用 JavaScript、HTML 和 CSS 构建的跨平台桌面应用。该应用主要分为两类进程：主进程和渲染进程。我们可以利用主进程搭建一个服务，然后利用 WebSocket 与远程页面进行通信，接着渲染进程，将通信获取的远程数据展示出来。这样既能够调试本地的 San 应用，又能够提供浏览器扩展程序不具备的远程调试能力。虽然我们可以借助 Electron 提供的方法来操作 Chrome DevTools 面板，但是可扩展性并不高，同时因为 Electron 的特性，开发者需要安装一个桌面应用。

standalone 模式，即提供 WebSocket 服务以及一个独立的调试页面，这意味着你可以在启动 WebSocket 服务之后，直接从浏览器访问调试页面开始调试。这样的方式同样可以实现本地以及远程调试。但是，相较于 Electron 应用，该方式更加便捷，扩展性也更好，你甚至可以将 Chrome DevTools 集成进来，并利用 Chrome DevTools Protocol（CDP）获取远程页面的 DOM 树和网络数据等。

因此，在比较上面的 3 种方式之后，我们得出了如表 8-1 所示的结论。

表 8-1　工具呈现方式的比较

方　　式	适用场景	使用成本	Chrome DevTools 可控性
扩展程序	本地调试	低	低
Electron 桌面应用	远程调试、本地调试	高	中
standalone	远程调试、本地调试	中	高

综合考量之后，我们选用了扩展程序和 standalone 这两种方式来实现 San DevTools 开发工具。当进行本地调试的时候，可以用 San DevTools 扩展程序来调试 San 应用。当进行远程调试的时候，可以利用 standalone 来远程调试 San 应用。

后续几节将带你实现一个简易的 San DevTools，总的来说分为两部分：一是调试工具的通信系统设计，二是如何对数据进行收集、处理和展现。为了清晰简洁起见，文中的代码省略了异常处理、边界处理等无关代码；部分代码将用到 TypeScript，相关知识可查阅 TypeScript 官网。

8.2 San DevTools 中的通信

无论 San DevTools 是以扩展程序的方式呈现，还是以 standalone 的方式呈现，都离不开数据通信。本章以 standalone 的方式，一步一步构建出一个简易的调试工具通信系统。对于 San DevTools 扩展程序的实现而言，你可以自行查阅相应浏览器的插件开发文档。

> **注意**
>
> 部分代码将用到 TypeScript，相关知识可查阅 TypeScript 官网。

8.2.1 工作原理

一个调试工具的通信系统通常分为下面几个部分。

- Frontend：调试器前端，是一个 Web 应用。
- Backend：调试器后端，是一个需要注入到被调试页面中执行的 JavaScript 脚本。
- Protocol：调试协议，调试器前端和后端使用此协议通信，它通常代表需要执行的命令。
- Message Channel：通信信道，是在后端和前端之间发送协议消息的一种方式。它包括但不限于下面几种：Embedded Channel、WebSocket Channel、Chrome Extensions Channel、USB/ADB Channel。

上述几个部分的关系如图 8-1 所示。

图 8-1 模块关系图

我们需要在调试器前端与后端之间建立全双工通信信道，然后遵循一定的通信协议传输数据。下面将基于 WebSocket 构建通信信道。

8.2.2　构建 WebSocket 服务

WebSocket 作为一种服务器推送技术，可在单个 TCP 连接上进行全双工通信，因此这里利用 WebSocket 在 Frontend 与 Backend 之间建立全双工通信，其实现原理如图 8-2 所示。

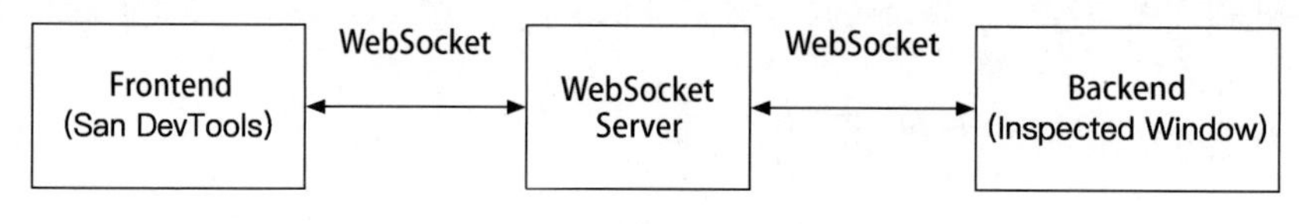

图 8-2　通信系统示意图

为了创建一个 WebSocket 服务，我们首先利用 Koa 框架（Koa 是一个基于 Node.js 的服务端开发框架，你可以自行查阅相关资料）创建一个 HTTP 服务。HTTP 服务启动成功之后，会利用 `WebSocketServer` 类开启 WebSocket 服务：

```
// server.js
const http = require('http');
const Koa = require('koa');
const app = new Koa();
const server = http.createServer(app.callback()); // 创建 HTTP 服务
server.listen(8899, '127.0.0.1', err => {
    new WebSocketServer(server); // 创建 WebSocket 服务
});
```

`WebSocketServer` 类基于 ws（ws 是一个基于 Node.js、用于搭建 WebSocket 服务的库）实现，它接收一个 HTTP 服务实例，首先利用 ws 构建一个 WebSocket 服务的接口实例 `wss`，然后监听 HTTP 服务的 `upgrade` 事件，并在该事件的回调中利用 `wss.handleUpgrade` 建立 WebSocket 连接。`handleUpgrade` 方法接收的回调函数会得到一个 `ws` 对象，我们可以利用该对象的 `send` 方法向 WebSocket 连接中发送数据，并监听 `message` 事件，从 WebSocket 连接接收数据。

```
const WebSocket = require('ws');
class WebSocketServer {
    constructor(server) {
        const wss = (this._wss = new WebSocket.Server({noServer: true}));
        server.on('upgrade', function(request, socket, head) {
            wss.handleUpgrade(request, socket, head, ws => {
                ws.send('server ready');
                ws.on('message', msg => {
                    // 做一些事
                });
            });
        });
    }
};
```

接着，分别在被调试页面中加入 Backend 的代码，在调试页面中加入 Frontend 的代码。这些代码会通过浏览器提供的 WebSocket 对象向服务端发送 WebSocket 请求，当连接建立之后，被调试页面以及调试页面便可以与服务端进行通信。下面是 Backend 部分的代码，与 Frontend 部分的代码类似：

```
<!DOCTYPE html>
<html lang="en">
<head>
    <script src="backend.js"></script>
</head>
<body>
    被调试页面
</body>
</html>
```

```
// backend.js
const ws = new WebSocket('ws://127.0.0.1:8899/');
ws.onopen = () => {
      ws.send('backend ready');
};
ws.onmessage = (e) => {
    console.log('backend get msg', e)
};
```

到此，我们已经能够建立 Frontend 与 server 以及 Backend 与 server 之间的全双工通信了。

8.2.3 构建 Bridge 与协议解耦

上述 Backend 代码和 Frontend 代码与 WebSocket 有较强的耦合，一旦通信信道采用的协议变更，代码中的 `ws.send` 就不再可用，代码复用度低。因此为了解耦，我们需要抽象出 `Bridge` 类负责 Frontend 以及 Backend 与通信信道之间的消息传递，其接口的实现如下：

```
type TListener<T = any> = (data?: T) => void;
interface IBridge {
    send: (event: string, payload: any) => void;
    on: (event: string, listener: TListener) => void;
}
```

Frontend 与 Backend 只需利用 `bridge.send` 将数据发送出去，该接口方法的第一个参数为事件名称，第二个参数为数据。同样，接收数据只需要利用 `bridge.on` 对某个事件进行监听即可，该接口方法的第一个参数为监听的事件名称，第二个参数为事件处理函数，用于接收事件携带的数据。可以看到 Frontend 和 Backend 中具体的实现只需要依赖 `bridge` 的接口，不需要依赖 `bridge` 的具体实现。通过遵循依赖倒置的原则，我们实现了 Frontend 和 Backend 与具体协议的解耦。

明确了 `bridge` 接口之后，我们利用发布订阅的设计模式来实现 `bridge`，代码如下：

```
class Bridge {
        constructor(protocol) {
            this.protocol = protocol;
            this.listeners = new Map();
            protocol.listen(message => {
                this._emit(message.name, message.data);
            });
        }
        send(event, payload) {
            this.protocol.send({event, payload});
        }
        _emit(name, data) {
            for (let listener of this.listeners.get(name)) {
                listener(data);
            }
        }
        on(name, listener) {
            if (typeof listener === 'function') {
                const listeners = this.listeners.get(name);
                if (Array.isArray(listeners)) {
                    listeners.push(listener);
                } else {
                    this.listeners.set(eventName, [listener]);
                }
            }
        }
}
```

在实例化的过程中接收一个 protocol 对象，该对象封装了向具体通信信道收发数据的逻辑。

- **接收数据**：通过 protocol.listen 接收通信信道的数据，然后 bridge 按照数据中携带的事件执行通过 bridge.on 绑定的事件处理函数。
- **发送数据**：当调用 bridge.send 的时候会利用 protocol.send 将数据发送给通信信道。

我们以基于 WebSocket 的通信信道为例，看看应该如何在 Frontend 和 Backend 中使用 bridge：

```
const ws = new WebSocket('ws://127.0.0.1:8899');
const bridge = new Bridge({
    listen(fn) {
      ws.onmessage = e => {
        try {
            fn(JSON.parse(e.data));
        } catch () {}
      }
    }
    send(data) {
        ws.send(JSON.stringify(data));
    }
});
bridge.on('msg-come', data => {
    bridge.send({event: 'msg-back', data: 'Hi'});
});
```

经过上述封装，我们对图 8-2 进行补充，如图 8-3 所示。

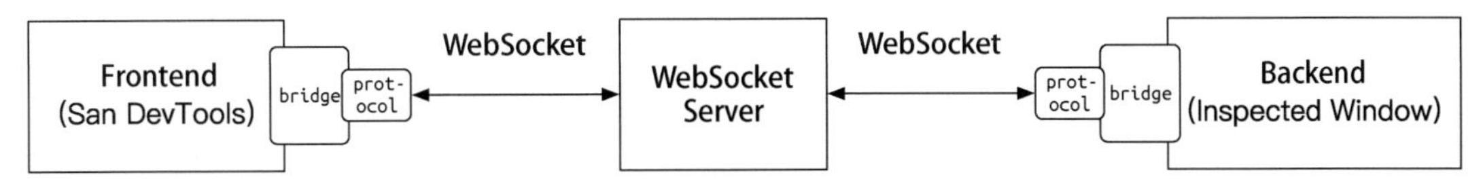

图 8-3　通信系统示意图

形象地说，可以将 bridge 比作我们日常接触到的多合一扩展坞："一"代表的就是 bridge.send 和 bridge.on，"多"则代表采用了不同协议的通信信道，也就是 bridge 实例化过程中接收到的 protocol。这样 Frontend 或 Backend 中的代码只会出现在 bridge.send 或者 bridge.on 中，尽可能确保了代码的高复用度。

8.2.4　构建调试页面与被调试页面之间的通信信道

至此，我们虽然建立了 Frontend 与 server 以及 Backend 与 server 之间的全双工通信，但是 Frontend 还是无法与 Backend 通信。本节会介绍如何建立 Frontend 与 Backend 之间的全双工通信。

首先，为了让代码足够清晰简洁，我们需要做一些必要的封装，将 Frontend 与 server 以及 Backend 与 server 之间的 ws 对象封装成 Channel 对象，代码如下。在代码实例化的过程中，我们监听当前 ws 的消息，并将数据透传给所有与之连接的 channel；与此相对，可以调用 connect 方法监听其他 channel 的消息，并通过本 channel 发送出去。这样两个步骤就能实现 channel 之间的全双工通信：

```
// Channel.js
const EventEmitter = require('events').EventEmitter;
class Channel extends EventEmitter {
    constructor(ws) {
        super();
        this._ws = ws;
        this._connections = [];
        ws.on('message', message => {
            // 发送数据给所有 connection: A -> B1,B2,B3...
            this._connections.forEach(connection => {
                connection.send(message);
            });
            // 配合 connect 接收数据: B1,B2,B3... -> A
            this.emit('message', message);
        });
    }
    send(message) {
        this._ws.send(message);
    }
    connect(connection) {
        this._connections.push(connection);
```

```
        connection.on('message', message => {
              // 其他 channel --数据--> 本 channel
            this.send(message);
        });
    }
};
```

此外，还需要一个对象来创建并管理所有 channel 实例，并匹配每一对 Frontend 和 Backend 对应的 channel。我们称之为 ChannelMultiplex 类，其代码如下：

```
// ChannelMultiplex.js
const EventEmitter = require('events').EventEmitter;
class ChannelMultiplex extends EventEmitter {
    constructor() {
        super();
        this._backendMap = new Map();
        this._frontendMap = new Map();
    }
    destory() {/* 清除所有 channel，断开连接 */}
    createBackendChannel(id, ws) {
        const channel = new Channel(ws);
        this._backendMap.set(id, channel);
    }
    createFrontendChannel(id, ws) {
        const backendChannel = this._backendMap.get(id);
        if (!backendChannel) {return ws.close();}
        const frontendChannel = new Channel(ws);
          // 建立 Frontend 与 Backend 之间的全双工通信
        frontendChannel.connect(backendChannel);
          // 清除原来的 channel
        const oldFrontendChannel = this._frontendMap.get(mapId);
          oldFrontendChannel && oldFrontendChannel.destroy();
          // 存储 frontendChannel
        this._frontendMap.set(id, frontendChannel);
    }
    removeBackendChannel(id, title = '') {this._backendMap.delete(id);}
    removeFrontendChannel(id) {this._frontendMap.delete(id);}
};
```

在该对象中，_backendMap 用于存储 Backend 与 server 之间的 channel，_frontendMap 用于存储 Frontend 与 server 之间的 channel，并且键为 channel 对应的 id。server 根据该 ID 将 Backend 与 Frontend 进行关联，从而确保 Frontend 与 Backend 之间数据转发的正确性。

需要特别注意的是，该类提供了 createBackendChannel 和 createFrontendChannel 方法，两者接收的第一个参数都是唯一标记，第二个参数为 handleUpgrade 方法生成的 ws 接口对象，用于从各自的 WebSocket 连接发送或者接收数据。createBackendChannel 在 Backend 与 WebSocket 服务建立连接之后被调用，用于创建并存储 backend channel；createFrontendChannel 在 Frontend 与 WebSocket 服务建立连接之后被调用，用于创建 frontend channel，并调用 frontend channel

的 connect 方法建立 frontend channel 与 backend channel 之间的全双工通信。

现在，在 Backend 中生成一个唯一 id，并在建立 WebSocket 连接的时候将该 id 发送给 server，代码如下：

```
const {nanoid} = require('nanoid');
const ws = new WebSocket(`ws://127.0.0.1:8899/backend/${nanoid()}`);
// 利用 bridge.on 和 bridge.send 收发数据
```

接着，在 server 中获取该 id，并生成一个调试页面的 url。当访问该 url 的时候，Frontend 会发起 WebSocket 连接，并将该 url 中 Backend 的 id 发送给 server。Frontend 代码如下：

```
// url: http://127.0.0.1:8899/index.html?ws=127.0.0.1:8899/frontend/TAblp_DU2o_V-bJYVtgqF
const wsUrl = location.search.slice(1).replace('=', '://');
const ws = new WebSocket(wsUrl);
// 利用 bridge.on 和 bridge.send 收发数据
```

然后修改 server.js 中的 WebSocketServer 类。在实例化的过程中，创建一个 ChannelMultiplex 实例，并在 handleUpgrade 回调函数中根据请求 url 携带的信息调用 ChannelMultiplex 实例的 createFrontendChannel 或者 createBackendChannel 方法。当 Backend 代码执行的时候，会触发 server 中的 createBackendChannel 方法，创建并存储对应的 channel 实例；当 Frontend 代码执行的时候，会触发 server 中的 createFrontendChannel 方法，该方法创建并存储对应的 channel，并根据 id 将 Frontend 与对应 Backend 的 channel 连接起来。

```
// 无关代码
class WebSocketServer {
    constructor(server) {
        this.channelMultiplex = new ChannelMultiplex();
        const wss = new WebSocket.Server({noServer: true});
        server.on('upgrade', (request, socket, head) =>  {
            wss.handleUpgrade(request, socket, head, ws => {
                const [_, role, id] = request.url.split('/');
                switch (role) {
                    case 'backend':
                        this.channelMultiplex.createBackendChannel(id, ws);
                        break;
                    case 'frontend':
                        this.channelMultiplex.createFrontendChannel(id, ws);
                        break;
                  default: break;
                }
            });
        });
    }
};
// ...
```

经过上述封装之后，我们的通信原理图得到了进一步完善，如图 8-4 所示。WebSocket 服务具备了同时调试多个 Backend 的能力。

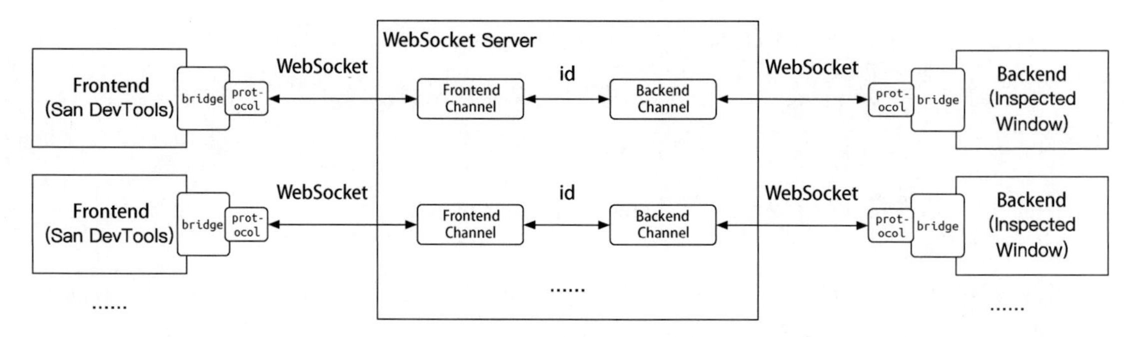

图 8-4　多通道通信系统示意图

最后，可以对当前代码进行测试。我们借助两个 npm 库快速地构建测试环境，分别是 http-server 和 open，前者用于搭建静态服务，后者能够在 Node.js 环境下自动在默认浏览器中访问一个指定的地址。例如，我们通过 http-server 提供的服务访问被调试页面的地址 http://127.0.0.1:10086/demo/index.html。server 在调用 `createBackendChannel` 方法之后，借助 `open` 在浏览器中访问调试页面的地址 http://127.0.0.1:10086/frontend/index.html?ws=127.0.0.1:8899/frontend/OYhbNAbmZJ1vlVa2xWQn8，其中 `OYhbNAbmZJ1vlVa2xWQn8` 为 Backend 代码中生成的 `id`。此时你会发现，在被调试页面与调试页面的检查面板中，会接收到对方的消息（见图 8-5 和图 8-6）。

```
backend get msg                                                                                       backend.js:1
▾MessageEvent {isTrusted: true, data: "frontend ready", origin: "ws://127.0.0.1:8899", lastEventId: "", source: null, …}
   bubbles: false
   cancelBubble: false
   cancelable: false
   composed: false
 ▸currentTarget: WebSocket {url: "ws://127.0.0.1:8899/backend/OYhbNAbmZJ1vlVa2xWQn8", readyState: 1, bufferedAmount: 0, onerror: null, onopen: f, …}
   data: "frontend ready"
   defaultPrevented: false
   eventPhase: 0
   isTrusted: true
   lastEventId: ""
   origin: "ws://127.0.0.1:8899"
 ▸path: []
 ▸ports: []
   returnValue: true
   source: null
 ▸srcElement: WebSocket {url: "ws://127.0.0.1:8899/backend/OYhbNAbmZJ1vlVa2xWQn8", readyState: 1, bufferedAmount: 0, onerror: null, onopen: f, …}
 ▸target: WebSocket {url: "ws://127.0.0.1:8899/backend/OYhbNAbmZJ1vlVa2xWQn8", readyState: 1, bufferedAmount: 0, onerror: null, onopen: f, …}
   timeStamp: 478.80000000074506
   type: "message"
   userActivation: null
```

图 8-5　Backend 接收到的数据

```
frontend get msg                                                                                      frontend.js:12
▾MessageEvent
   bubbles: false
   cancelBubble: false
   cancelable: false
   composed: false
 ▸currentTarget: WebSocket {url: "ws://127.0.0.1:8899/frontend/OYhbNAbmZJ1vlVa2xWQn8", readyState: 1, bufferedAmount: 0, onerror: null, onopen: f, …}
   data: "hello, Im backend"
   defaultPrevented: false
   eventPhase: 0
   isTrusted: true
   lastEventId: ""
   origin: "ws://127.0.0.1:8899"
 ▸path: []
 ▸ports: []
   returnValue: true
   source: null
 ▸srcElement: WebSocket {url: "ws://127.0.0.1:8899/frontend/OYhbNAbmZJ1vlVa2xWQn8", readyState: 1, bufferedAmount: 0, onerror: null, onopen: f, …}
 ▸target: WebSocket {url: "ws://127.0.0.1:8899/frontend/OYhbNAbmZJ1vlVa2xWQn8", readyState: 1, bufferedAmount: 0, onerror: null, onopen: f, …}
   timeStamp: 1450
   type: "message"
   userActivation: null
 ▸__proto__: MessageEvent
```

图 8-6　Frontend 接收到的数据

可以看到，被调试页面与调试页面之间已经能够进行数据交互了，但是并不涉及任何关于 San 的数据。下面我们会以一个简单的 San 应用为例，一步步实现 San DevTools 中的数据收集和处理。

8.3 San DevTools 中的数据收集和处理

通过前面几章的介绍，相信你已经对 San 框架有了一定的了解。本节以一个实际的项目为例，慢慢讲解如何对 San 的相关数据进行收集和处理。

8.3.1 收集页面中的 San 数据

组件化是 San 框架带来的便利之一。一般来说，随着用户的交互行为，组件会经历挂载、更新和卸载这 3 个阶段，而为了让开发者更加方便地处理数据以及定义组件的行为，框架会在各个阶段抛出一些钩子函数。我们将整个过程称为组件的**生命周期**，第 2 章也提到过这个概念。现在回顾一下组件的生命周期流程，如图 8-7 所示。

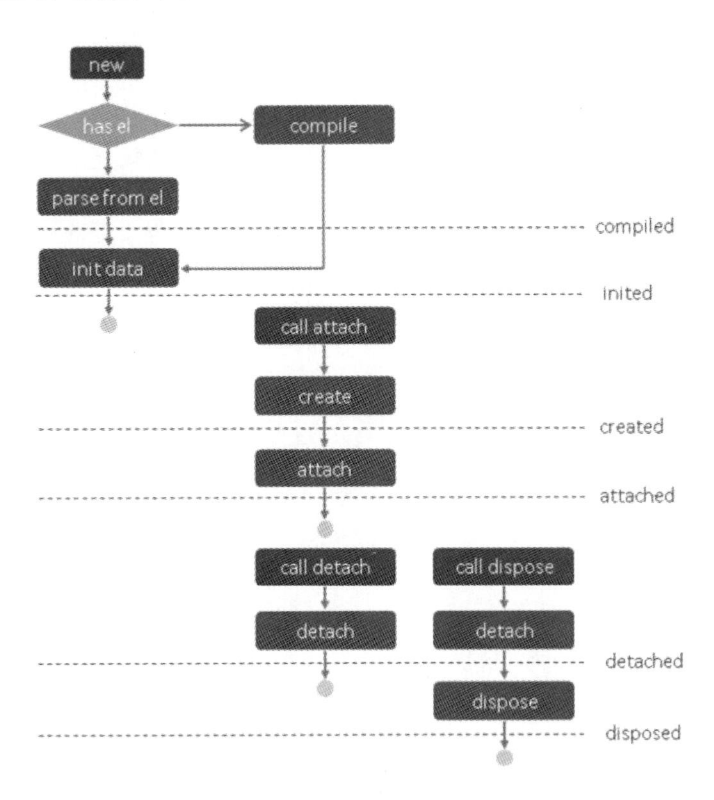

图 8-7 San 组件生命周期

在开发 San 应用的时候，不提倡直接进行 DOM 操作，开发者应该将更多精力放到数据处理上。但是数据处理离不开组件的生命周期，所以我们需要提供一个工具来审查页面的组件树、组件数据、组件生命周期中的数据快照，等等。这一切的起点自然是获取每个组件的实例，然后从各个实例中获取组件的相关数据与信息。因此我们可以通过组件的生命周期函数获取对应的组件实例。

为了获取各个组件的实例，我们可以为 San 框架提供一个叫作 `DevToolsHook` 的对象。然后 San 框架会在正确的时候调用 `DevToolsHook` 对象上的方法将组件实例等数据发送给我们。由 8.2 节可以知道，我们需要将 Backend 代码注入被调试页面，所以 Backend 的代码与 San 应用代码在同一个上下文环境中。因此可以在 Backend 代码中将 `DevToolsHook` 实例挂载到全局变量 `window` 上，对应的代码如下：

```
const SAN_DEVTOOL_NAMESPACE = '__san_devtool__';
function install(target) {
    const sanHook = new DevToolsHook();
    sanHook.on('san', san => {
            sanHook.san = san;
    });
    target[SAN_DEVTOOL_NAMESPACE] = sanHook;
    return sanHook;
}
```

首先在 `install` 函数中创建一个 `DevToolsHook` 实例，然后监听 San 事件，将 san.js 中的全局 San 对象设置到 `window` 上，接着将该实例挂载到 `window` 上。

基于发布订阅模式构建的 `DevToolsHook` 代码如下。实例上存储了组件和 store 的相关数据，以及 Frontend 代码状态的变量 `devtoolReady`，代码中的 `EventEmitter` 是实现了发布订阅模式的基类。

```
class EventEmitter {
    on(eventName, listener) {
        // 注册事件
    }
    emit(eventName, data) {
        // 发布消息
    }
    off(eventName, listener) {
        // 解除事件
    }
}
class DevToolsHook extends EventEmitter {
    san = null; // 保存 San 对象
    // 存储与组件实例相关的数据
    // 存储与性能相关的数据
    // 存储与全局状态相关的数据
}
```

完成接收组件实例等数据的准备工作之后，我们需要为 San 框架的源码增加一些逻辑来发送组件实例等数据。首先需要创建方法 emitDevtool，用于统一调用全局变量 DevToolsHook 实例上的 emit 方法来触发事件，其中 name 为事件名称，arg 为事件传递的数据：

```
function emitDevtool(name, arg) {
    if (window.__san_devtool__) {
        window.__san_devtool__.emit(name, arg);
    }
}
```

接着，在 san.js 执行完成之后，通过执行 emitDevtool('san', san)，触发 San 事件。这样 San DevTools 中的 Backend 代码就能够获取全局的 San 对象了，这也标志着 San 框架的代码已经准备好了。

最后，因为所有组件实例都是 San 内部 Component 类的子类实例，而当组件被挂载到页面上的时候，San 会执行代码 this._toPhase('attached')，从而调用 Component.prototype._toPhase 函数，该函数内部会执行开发者在组件中声明的 attached 方法，所以我们可以在_toPhase 方法中获取组件实例，并通过上面的 emitDevtool 函数将组件实例发送给 San DevTools 的 Backend。

```
Component.prototype._toPhase = function (name) {
    if (!this.lifeCycle[name]) {
        this.lifeCycle = LifeCycle[name] || this.lifeCycle;
        if (typeof this[name] === 'function') {
            this[name]();
        }

        this._afterLife = this.lifeCycle;

        emitDevtool('comp-' + name, this);  // 通知 devtool
    }
};
```

到此，Backend 通过 hook 监听对应的事件就可以获取 San 的相关数据了，包括组件实例数据、组件的事件和消息等。在接收到数据之后，需要做进一步的处理再发送给 Frontend。

8.3.2 构建 Agent

由于与 San 相关的数据非常多，我们将所有的数据归纳为如下 4 种：

- 组件基本信息；
- 组件间的通信数据（包括事件与消息）；
- 组件的渲染耗时等性能数据；
- 项目中共享的状态数据。

为了方便后续维护和管理，我们需要将上述 4 种数据的收集（即利用 hook 监听对应事件以获取数据）与处理分别统一管理，因此需要抽象出一个 Agent 类：

```
class Agent {
    constructor(hook, bridge) {
        this.hook = hook;
        this.bridge = bridge;
        this.setupHook();
        this.addListener();
    }
    // 用于向"通信信道"发送数据
    sendToFrontend(evtName, data) {
        if (this.hook.devtoolReady) {
            this.bridge.send(evtName, data);
        }
    }
    addListener() {} // 用于接收"通信信道"的数据
    setupHook() {} // 利用 hook.on 监听事件，接收 San 的相关数据
}
```

可以看到，Agent 类除了收集并处理与 San 相关的数据之外，还需要收集并处理通信信道中的数据。因此我们将 Backend 代码更新成如下形式：

```
import { nanoid } from 'nanoid';
import {install} from './hook';
import ProfilerAgent from './agents/profiler';
import ComponentAgent from './agents/component';
import StoreAgent from './agents/store';
import CommunicationAgent from './agents/communication';
const ws = new WebSocket(`ws://127.0.0.1:8899/backend/${nanoid()}`);
const bridge = new Bridge({
    listen(fn) {
        ws.onmessage = e => {
            try {
                fn(JSON.parse(e.data));
            } catch () {}
        }
    }
    send(data) {
        ws.send(JSON.stringify(data));
    }
});
const hook = install(window);
hook.san('san', () => {
    new ComponentAgent(hook, bridge); // 处理组件基本数据
    new ProfilerAgent(hook, bridge); // 处理性能数据
    new CommunicationAgent(hook, bridge); // 处理组件事件/消息数据
    new StoreAgent(hook, bridge); // 处理组件 store 数据
});
```

后面，我们会看到处理各种数据的 Agent 是如何实现的。

8.3.3 构建页面组件树

我们以第 2 章的文章列表为例（见图 8-8），介绍如何构建出该列表页面的组件树。

图 8-8 文章列表页

首先将页面抽象成组件（下面的例子对之前的代码做了简化），根组件 `x-list`（简化后的 `list` 组件）的模板如下：

```
<div class="list-wrap">
    <div s-for="item in data">
        <s-header />
        <s-content />
    </div>
</div>
```

组件 `x-list` 对应整个列表，`s-header` 组件包括的内容为用户头像、昵称以及右侧的心形图标按钮，`s-content` 包括中间的标题以及用于跳转到详情的“查看更多”按钮。从上面的模板中，我们能够获取一些信息。例如，`s-header` 组件的父组件为 `x-list`，所在的模板组件也是 `x-list`；`x-list` 组件最终会被渲染成一个 `div`。

因此，我们确定组件树每一个节点的数据结构如下：

```
export interface ComponentTreeData {
    id: string; // 组件的唯一标记
    parentId: string|null; // 父组件的唯一标记
    idPath: string[]; // 所有父组件的唯一标记
    ownerId: string; // 所在模板组件的唯一标记
    displayName: string; // 组件名称
    tagName: string; // 组件对应的 DOM 标签
```

```
    treeData: ComponentTreeData[]; // 子组件数据
}
```

在确定组件树的数据结构之后，我们就可以开始构建组件树了。首先通过监听 San 发送的 comp-attached 的消息获取组件实例，然后按照定义的数据结构生成该组件实例对应的节点。那么生成了节点之后，我们需要在什么时机将各个节点组装成组件树呢？由于 Backend 的代码是运行在被调试页面中的，为了减少对被调试页面性能产生的影响，我们需要将组件树的拼装过程放到调试页面的 Frontend 代码中。

我们监听 comp-attached，用于在组件挂载之后生成、存储并发送组件树节点；监听 comp-detached，用于在组件卸载之后删除并发送组件树节点。在发送组件树节点到 Frontend 的时候，我们将 type 设置为 add 或者 del，用于通知 Frontend 需要添加还是删除这个节点。ComponentAgent 的代码如下：

```
const COMPONENT_SET_TREE_DATA = 'Component.setTreeData';
class ComponentAgent extends Agent {
      setupHook() {
          this.hook.on('comp-attached', component => {
            // 存储实例
            this.hook.componentMap.set(component.id, component);
            this.hook.data.totalCompNums += 1;
            // 存储组件树节点，等 Frontend 准备好之后再发送过去
            const data = getComponentTree(this.hook, component);
            this.hook.data.treeData.set(String(component.id), data);
            this.sendToFrontend(COMPONENT_SET_TREE_DATA, {type: 'add', data});
        });
        this.hook.on('comp-detached', component => {
            // 清除缓存
            this.hook.componentMap.delete(component.id, component);
            this.hook.data.treeData.delete(String(component.id), data);
            this.hook.data.totalCompNums -= 1;
            this.sendToFrontend(COMPONENT_SET_TREE_DATA, {type: 'del', data});
        });
    }
}
```

其中 getComponentTree 用于生成组件树节点数据，其返回的数据结构如接口 ComponentTreeData 所描述的那样。

getComponentPath 会从当前组件实例开始，通过 parentComponent 向上遍历直到根节点，并在遍历的过程中将所有父节点的 id 存储到数组中，代码如下：

```
function getComponentPath(component) {
    let dataTmp = component;
    let path = [dataTmp.id];
    if (dataTmp.parentComponent && dataTmp.parentComponent.id) {
        while (dataTmp) {
            (dataTmp = dataTmp.parentComponent) && path.unshift(dataTmp.id);
```

```
        }
    }
    return path;
}
```

当 Frontend 接收到组件树节点数据之后，我们需要将各个节点拼接成一棵树。由于在 San 中会按照后序遍历的方式执行组件的 attached 和 detached 生命周期函数（两者虽然都是后序遍历，但是前者是先左树再右树，后者与其相反），因此 San DevTools 在构建组件树的过程中，也遵循从左到右、从下到上的构建顺序。图 8-9 表示了在一棵组件树中两者的触发顺序。

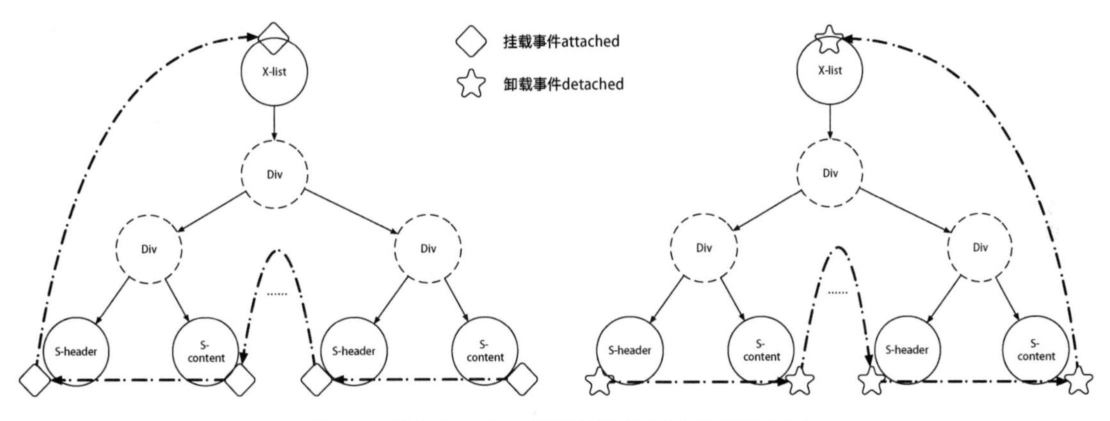

图 8-9 组件树中生命周期函数的触发顺序示意图

在弄清楚需要如何拼接组件树之后，我们开始实现组件树的构建。在 Frontend 中接收 Backend 发送的组件节点，代码如下：

```
const COMPONENT_SET_TREE_DATA = 'Component.setTreeData';
bridge.on(COMPONENT_SET_TREE_DATA, () => {
      const tree = generateTreeData(data.node);
      // 将 tree 数据渲染到视图
});
function generateTreeData(rootTreeData, info) {
    return info.type === 'add'
        ? addToTreeData(rootTreeData, info.data) ? +1 : 0
        : deleteFromTreeData(rootTreeData, info.data) ? -1 : 0;
}
```

无论是添加还是删除节点，我们都依赖 idPath 中存储的所有父节点及其自身的 id，该值表示了当前节点在组件树中的位置。接下来实现从组件树中删除某个节点的功能，代码如下：

```
// 将某个节点从树中删除
function deleteFromTreeData(rootTreeData, data) {
    let nodeTreeData = rootTreeData;
    let path = data.idPath;
    let pathLen = path.length;
    for (let [count, curId] of path.entries()) {
```

```
        if (!nodeTreeData || nodeTreeData.length === 0) {
            return false;
        }
        let index = getIDListFromTreeData(nodeTreeData).indexOf(curId);
        if (index < 0) {
            return false;
        }
        if (count === pathLen - 1) {
            nodeTreeData.splice(index, 1);
            return true;
        }
        if (nodeTreeData[index]) {
            nodeTreeData = nodeTreeData[index].treeData ? nodeTreeData[index].treeData : [];
        }
    }
    return false;
}
```

其中 getIDListFromTreeData 用于获取当前 treeData 数组中所有节点的 id 列表，代码如下：

```
function getIDListFromTreeData(treeData) {
    let ids = [];
    treeData && treeData.forEach(data => {
          data.id && ids.push(data.id);
    });
    return ids;
}
```

将节点添加到组件树的代码如下。这里需要注意的是，由于 San 组件的挂载顺序，我们可能会先接收到子节点，再接收到父节点。因此在添加的过程中，如果父节点还未接收到，则设置一个假的节点用于占位，即代码中的 fakeParentData，后续接收到父节点之后，再更新对应的数据即可。

```
function addToTreeData(rootTreeData, data) {
    let nodeTreeData = rootTreeData;
    for (let [count, curId] of data.idPath.entries()) {
        let index = getIDListFromTreeData(nodeTreeData).indexOf(curId);
        if (index < 0) {
            // 如果没有当前节点，则直接插入 treeData
            if (count === path.length - 1) {
                nodeTreeData.push(data);
                return true;
            }
            // 如果没有祖先节点，则需要创建一个空的父节点，下一次的遍历对象是这个空的父节点的 treeData
            let fakeParentData = {};
            nodeTreeData.push(fakeParentData);
            nodeTreeData = fakeParentData.treeData;
        } else {
            // 如果 attached 的当前节点是某个父节点，那么不管它是不是空节点，都需要填充
            if (nodeTreeData[index] && nodeTreeData[index].id === data.id) {
                // 按照接口 ComponentTreeData 设置相应的值
                return true;
```

```
            }
            nodeTreeData = nodeTreeData[index].treeData;
        }
    }
    return false;
}
```

到这里，我们已经完成了组件节点树的数据收集和处理。数据展示可以利用组件的循环嵌套实现，这里不再赘述。最终生成的组件树如图 8-10 所示。

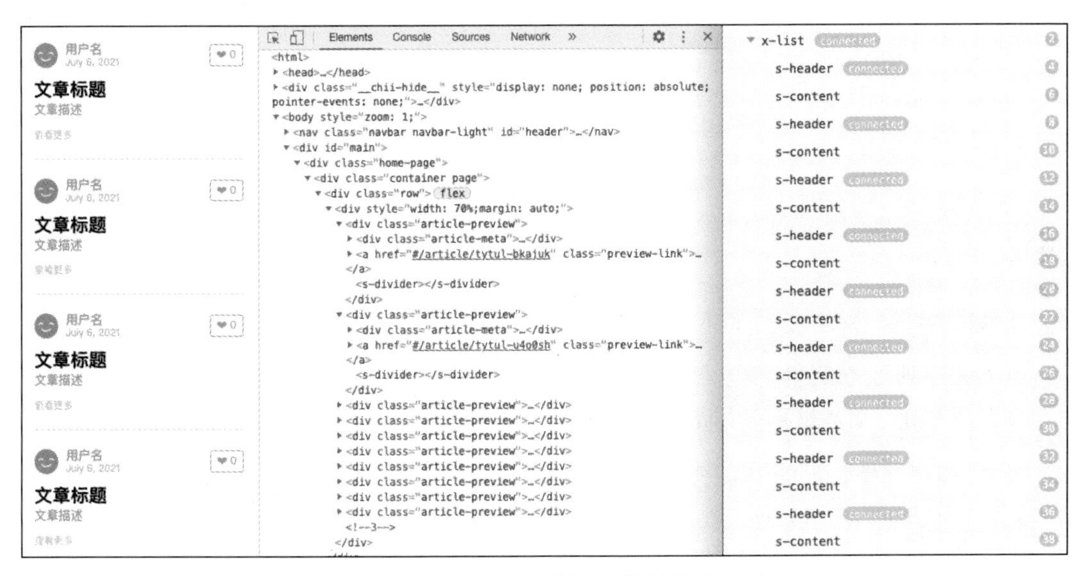

图 8-10　页面、DOM 树和组件树的对比图

8.3.4　实时修改组件数据

在组件树构建完成之后，我们需要查看组件树中某个组件的数据，并且可视化地实时修改被调试页面中特定组件的数据。

考虑到数据传输的效率，我们在构建组件树的时候，Backend 并不会一次把组件所有的数据都发送到 Frontend，而是通过点击组件树中某个组件实时地从 Backend 获取详细数据并展示出来。具体的流程如图 8-11 所示。

由于在构建组件树的过程中，Backend 会将接收到的所有组件实例按照组件 `id` 存储起来，因此 Frontend 只需要向 Backend 发送一个组件 `id`，Backend 便能够轻松地依次获取组件实例。为了能够实时修改被调试页面中组件的 `data` 数据，我们需要将 `data` 数据作为组件详情数据的一部分发送给 Frontend。由于网络协议只能传输二进制数据，因此我们在发送数据的时候要利用 `JSON.stringify` 对数据进行处理。然而部分不可控数据可能会出现循环引用的问题，比如组件中的 data 数据，这些循环引用的数据是 JSON.stringify 无法处理的。因此我们还需要在 Backend 中针对这类数据进行序列化处理，然后在 Frontend 中对数据进行反序列化。

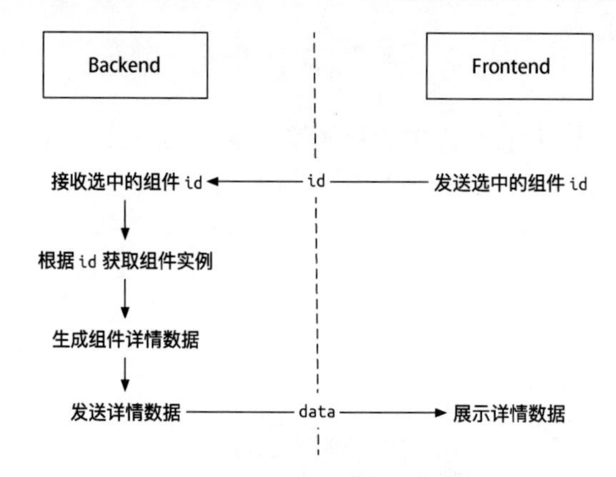

图 8-11　组件数据获取流程

序列化和反序列化的工具非常多，我们主要从两个角度进行考量。

- 数据序列化之后的体积。
- 反序列化之后数据是否失真，即引用信息是否丢失。

最终，可以选择 circular-json 这样一个 npm 库来处理我们的 data 数据。你可以自行查阅资料来了解其使用方式。经过处理，我们的数据面板如图 8-12 所示。

图 8-12　组件数据面板示例图

展示 `data` 数据之后，如何实时地修改被调试页面的组件数据呢？在 Frontend 将数据以 `json` 对象的形式展示出来之后，我们可以按照如图 8-13 所示的流程对数据进行实时修改。

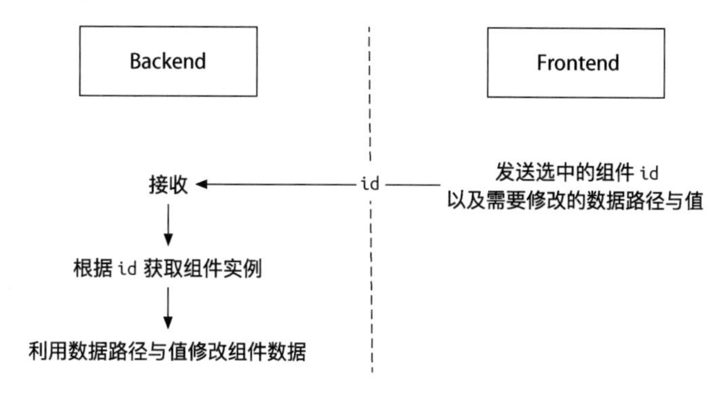

图 8-13 组件数据实时修改流程

数据的修改分为 4 种。

- ❑ `change`：变更数据值。
- ❑ `delete`：删除数据字段。
- ❑ `append`：新增数据字段。
- ❑ `rename`：重命名数据字段。

json-view 是一个可以对 `json` 对象进行可视化修改的 npm 库。在 Frontend 中，我们借此来获取修改的数据路径及其对应的值，在 Backend 中则可以直接调用组件数据操作相关的 API 来更新数据。比如：

(1) 修改一个对象中某个字段的值；

```
component?.data.set('articel.title', newVal);
```

(2) 新增数据中某一项的值。

```
component?.data.set('articel.list[0]', newVal);
```

8.3.5 组件性能数据的处理

当讨论页面性能的时候，通常会涉及页面首屏渲染耗时、交互流畅度，等等。当查看页面渲染耗时的时候，我们通常会通过 Chrome 的 Performance 面板来定位耗时异常的函数，如图 8-14 所示。

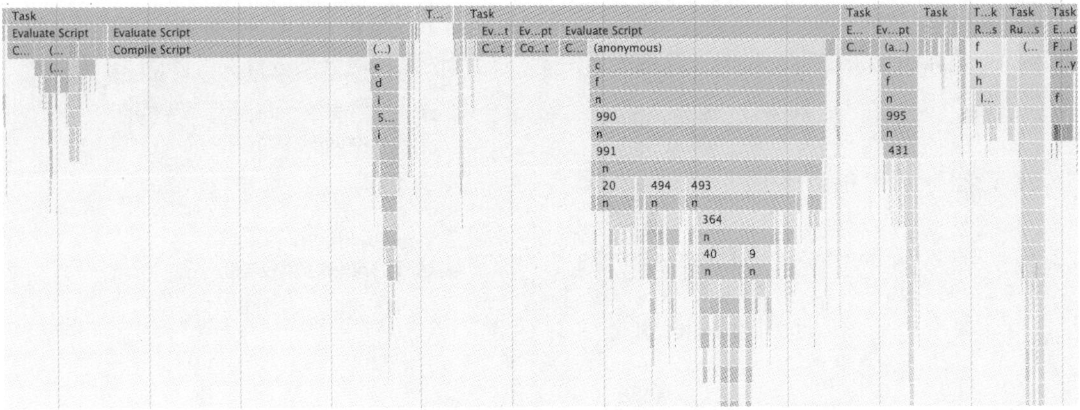

图 8-14　Chrome DevTools 火焰图

该图又称为火焰图，非常适合用来做性能数据的可视化。图中的每个条块表示一个函数执行消耗的时间。对于单个条块而言，左端为函数执行的开始时间，右端为结束时间。我们可以将鼠标移动到某个条块上查看渲染耗时以及函数名称，耗时越长则条块越长。条块之间有什么关系呢？顶层条块所示的函数会调用底层条块所示的函数。Chrome 还为我们提供了便利的搜索功能。这意味着不需要逐一查看每个条块，通过搜索特定的函数名称就可以查看函数的耗时数据、调用关系，等等。

但是，直接使用 `Performance` 获取的性能耗时包含非常多我们不关心的函数，也无法直观显示与组件相关的耗时数据，以及组件的渲染次数等统计数据。因此有必要通过火焰图的方式展现 San 应用各个组件的生命周期耗时（注意，这里不是生命周期函数耗时），以及通过图表的方式展现统计数据，包括平均耗时、执行次数，等等。

为了收集到各个生命周期阶段的耗时数据，我们为 San 添加了以 `before` 为前缀的生命周期函数，这些函数只在开发环境中生效。在生命周期函数 `beforeCompile` 和 `compiled` 之间，San 会对组件视图模板进行编译，包括分析数据引用信息、解析 `slot` 等操作；在生命周期函数 `beforeInit` 和 `inited` 之间，会完成组件实例的初始化操作，包括对 `data` 数据进行初始化和校验、计算 `computed` 数据的值，以及处理指令 `s-bind` 的数据；创建 DOM 元素以及执行 `props` 表达式的操作会在生命周期函数 `beforeCreate` 和 `created` 之间完成；而在 `beforeAttach` 和 `attached` 之间会创建元素并将元素挂载到页面中。`beforeDetach` 和 `detached` 以及 `beforeDispose` 和 `disposed` 会分别将组件对应的 DOM 从页面中移除，以及清除组件实例上包括 DOM 在内的所有引用。

我们弄清楚了 San 组件的生命周期，那么如何计算出每个生命周期阶段的耗时呢？首先需要对所有的生命周期函数进行监听，并且按照下面的对应关系进行数据统计：

```
const PROFILER_EVENT_MAP = {
    'comp-beforeCompile': 'comp-compiled',
    'comp-beforeInit': 'comp-inited',
    'comp-beforeCreate': 'comp-created',
    'comp-beforeAttach': 'comp-attached',
    'comp-beforeDetach': 'comp-detached',
    'comp-beforeDispose': 'comp-disposed',
    'comp-beforeUpdate': 'comp-updated'
};
```

从上面的对应关系可以知道，我们需要对这 7 个生命周期阶段的耗时与出现次数进行统计。首先确定每个生命周期阶段的性能数据，结果如下：

```
interface HookData {
    count: number; // 执行次数
    totalTime: number; // 执行的总时长
    start: number[]; // 开始时间，before*触发的时刻
    end: number[]; // 结束时间，*ed 结束的时刻
}
```

只定义每个生命周期阶段的性能数据，我们无法知道某个组件在一段时间内经历了哪些生命周期阶段，因此还需要从组件的维度定义如下性能数据结构：

```
interface ProfilerData {
    name: string; // 组件名称
    id: string; // 组件 id
    hooks: Record<string, HookData>; // 组件的生命周期钩子函数的数据
    totalTime: number; // 组件渲染的总时间
    parentId: string; // 父组件的 id
    start: number; // 第一个生命周期触发的开始时间
    end: number; // 最后一个生命周期触发的结束时间
}
```

那么，要对 Backend 代码进行改造，显然需要先监听生命周期事件。按照上面的对应关系，以 `before` 开头的生命周期触发时间为对应阶段的开始时间，相对的生命周期触发时间为结束时间。这两个时间会被分别存放到 `HookData.start` 中，并根据数组中的下标一一对应。新增的 Backend 代码如下：

```
class ProfilerAgent extends Agent {
      setupHook() {
        const SAN_COMPONENT_HOOK = [
            'comp-compiled', 'comp-inited', 'comp-created', 'comp-attached',
            'comp-detached', 'comp-disposed', 'comp-updated', 'comp-beforeCompile',
            'comp-beforeInit', 'comp-beforeCreate', 'comp-beforeAttach',
            'comp-beforeDetach', 'comp-beforeDispose', 'comp-beforeUpdate'
        ];
        const PROFILER_SET_INFO = 'Profiler.setProfilerInfo';
        SAN_COMPONENT_HOOK.map(evtName => {
            this.hook.on(evtName, component => {
                let done = false;
                let time = performance.now();
```

```
                let id = component.id + '';
                let profilerData: ProfilerData = hook.profilerData.get(id) || {
                    name: 'ComponentClass',
                    id,
                    parentId: '',
                    hooks: {},
                    start: 0,
                    end: 0,
                    totalTime: 0 // 总时间
                };
                // ❶ 更新开始时间
                // ❷ 更新组件名称
                // ❸ 更新父组件 id
                // ❹ 更新生命周期数据
                // ❺ 存储 profiler 的数据
                // ❻ 发送数据
            });
        });
    }
}
```

上述代码中标记位置对应的代码如下。

❶ 更新开始时间：

```
profilerData.start === 0 && (profilerData.start = time);
```

❷ 更新组件名称：

```
if (
    lifeCycleHookName !== 'comp-detached'
    && lifeCycleHookName !== 'comp-beforeDetach'
    && lifeCycleHookName !== 'comp-beforeDispose'
    && lifeCycleHookName !== 'comp-disposed'
) {
    profilerData.name = component.source && component.source.tagName;
}
```

❸ 更新父组件 id：

```
profilerData.parentId = component.parentComponent ? component.parentComponent.id + '' : '';
```

❹ 更新生命周期数据：

```
if (lifeCycleHookName.indexOf('before') > -1) {
    const type = PROFILER_EVENT_MAP[lifeCycleHookName]; // 后续生命周期
    // 一个组件中每个 hook 的数据：渲染次数与总时间
    const hookData = profilerData.hooks[type] || {
        count: 0,
        totalTime: 0,
        start: [],
        end: []
        };
    // 处理 before 的数据，更新开始时间
```

```
    const count = hookData.count;
    hookData.start[count] = time;
    hookData.end[count] = 0;
    profilerData.hooks[type] = hookData;
}
else {
    // 一个组件中每个 hook 的数据：渲染次数与总时间
    const hookData = profilerData.hooks[lifeCycleHookName] || {
        count: 0,
        totalTime: 0,
        start: [0],
        end: [0]
    };
    const count = hookData.count;
    hookData.end[count] = time;
    const duration = hookData.end[count] - hookData.start[count];
    hookData.count++;
    hookData.totalTime += duration;
    profilerData.totalTime += duration;
    profilerData.hooks[lifeCycleHookName] = hookData;
    done = true;
    profilerData.end < time && (profilerData.end = time);
}
```

❺ 将 `profiler` 的数据存储到 `hook` 中：

```
hook.profilerData.set(id, profilerData);
```

❻ 如果某个生命周期阶段结束，则发送数据给 Frontend。这里需要注意的是，以 `before` 开头的生命周期函数标志着某个生命周期阶段的开始。因此这里只在生命周期阶段结束，即变量 `done` 为 `true` 的时候，才将数据发送出去：

```
if (hook.devtoolReady && done) {
     this.sendToFrontend(PROFILER_SET_INFO, {
         name: profilerData.name,
        id: profilerData.id,
        parentId: profilerData.parentId,
        totalTime: profilerData.totalTime,
        start: profilerData.start,
        end: profilerData.end,
        hooks: {
             [lifeCycleHookName]: profilerData.hooks[lifeCycleHookName]
        }
    })
}
```

在 Backend 获取性能数据并发送给 Frontend 之后，Frontend 需要以图表的方式展示统计数据，数据的来源则是 `HookData` 和 `ProfilerData` 中存储的次数和总时长。与此同时，为了能够让用户直观地了解在一段时间内所有生命周期阶段的耗时占比，我们用火焰图来呈现。对于火焰图组件，这里直接使用开源的组件库 d3-flame-graph，它需要配合 d3（d3 是一个遵循 Web 标准、数据驱动的可视化库）一起使用。

d3-flame-graph 需要的数据结构如下，每一个 `TimeFragement` 对应火焰图中的一个条块，其中 `value` 决定了条块的长度，`name` 表示条块的名称，`children` 为子条块的数据，并且 `children` 下标的升序对应了条块从左到右的排列顺序。此外，为了描述条块的内容，我们添加了一些额外的数据，比如 `start` 和 `end` 表示生命周期阶段的开始和结束时间，`componentId` 表示组件的唯一标记，`hookName` 表示生命周期阶段的名称。

```
interface TimeFragement {
    name: string;
    value: number;
    children: TimeFragement[];
      // 额外的数据
    start: number;
    end: number;
    componentId: string;
    hookName: string;
}
```

从性能数据结构 `HookData` 和 `ProfilerData` 可以知道，我们的数据并不是一个树结构，而是一个个数组，因此需要将存储在数组中的时间段按照先后顺序拼装成一棵树。

首先实现方法 `flameJsonGenerator`，用于取出所有存在于 `ProfilerData` 中的 `HookData` 数据，并利用 `HookData` 中每个生命周期函数的数据生成一个火焰图节点数据 `TimeFragement`。接着需要一个方法接收每个节点的数据，并将其添加到用于生成火焰图的树结构上。

```
function flameJsonGenerator(data: Record<string, ProfilerData> = {}) {
    let root: RootData = {
        name: 'time line',
        value: 0,
        children: []
    };
    // 遍历 profilerData，将所有 hookData 数据收集起来
    Object.values(data).forEach((item: ProfilerData) => {
        let {name, id, hooks} = item;
        Object.entries(hooks).forEach((hookData: [string, HookData]) => {
            let hookDataStartTime = hookData[1].start;
            let hookDataEndTime = hookData[1].end;
            // start 和 end 都是数组，保存了每次 hook 触发时候的数据
            hookDataStartTime.forEach((start: number, index: number) => {
                let value = hookDataEndTime[index] - start;
                if (value < 0) {return;}
                let timeFragment: TimeFragement = {
                    start,
                    end: hookDataEndTime[index],
                    name,
                    componentId: id,
                    hookName: hookData[0],
                    value,
```

```
                children: []
            };
            timeFragementCacheHandler(root.children, timeFragment);
        });
    });
});
// 生成根节点的 value
root.children.forEach((child: TimeFragement) => {root.value += child.value;});
return root;
}
```

这里的 `root` 是火焰图数据的根节点，其 `value` 是一段时间内所经历生命周期阶段的总时长。上面代码中的 `timeFragementCacheHandler` 用于将每个 `TimeFragement` 添加到 `root` 上：

```
function timeFragementCacheHandler(children: TimeFragement[], timeFragment: TimeFragement) {
    let curChildren = children;
    while (Array.isArray(curChildren)) {
        let len = curChildren.length;
        if (!len) {
            curChildren.push(timeFragment);
            return;
        }
        // 找出匹配到的第一个 children
        let index;
        loopMatchChildren:
        for (index = 0; index < len; index++) {
            let item = curChildren[index];
            let includeInfo = getTimeSlotsRelation(timeFragment, item);
            switch (includeInfo) {
                case 0: {
                    // 如果现存的 children 包含了新加入的 children, 开启下一轮循环
                    curChildren = item.children;
                    break loopMatchChildren;
                }
                case 1: {
                    // 如果新加入的 children 包含了现存的 children, 那么替换之后直接结束
                    timeFragment.children.push(item);
                    curChildren[index] = timeFragment;
                    return;
                }
                case 2: {
                    // 如果新加入的 children 在现存的 children 右边, 那么继续 loopMatchChildren 的循环
                    continue loopMatchChildren;
                }
                case 3: {
                    // 如果新加入的 children 在现存的 children 左边, 直接放到现存的左边, 因为数据是
                        从小到大排列的
                    curChildren.splice(index, 0, timeFragment);
                    return;
                }
                // 不存在严格的包含关系, 开启下一轮循环
                default: break;
            }
```

```
        }
        // 1. 如果数组遍历完了，还是没有找到 case 0 的情况，则直接添加到 curChildren 中
        // 2. 如果找到了 case 0，并且当前位置的 children 为空，则直接添加到 curChildren 中
        if (index === len || curChildren.length === 0) {
            curChildren.push(timeFragment);
            return;
        }
    }
}
```

其中 getTimeSlotsRelation 方法用于判断两个数值区间的包含关系。

最终我们会得到如下数据以及对应的火焰图（如图 8-15 和图 8-16 所示），由此能够通过火焰图中条块的长度来快速发现耗时异常的组件以及对应的生命周期阶段。

```
▾children: Array(35)
  ▸0: {start: 173.70000000018626, end: 176.39999999990687, name: "ReturnTarget", componentId: "1", hookName: "comp-compiled", …}
  ▸1: {start: 176.39999999990687, end: 176.79999999981374, name: "ReturnTarget", componentId: "1", hookName: "comp-inited", …}
  ▾2:
    ▾children: Array(4)
      ▸0: {start: 177.10000000009313, end: 177.29999999981374, name: "ReturnTarget", componentId: "1", hookName: "comp-created", …}
      ▸1: {start: 177.70000000018626, end: 178.29999999981374, name: "x-list", componentId: "2", hookName: "comp-compiled", …}
      ▸2: {start: 178.29999999981374, end: 178.60000000009313, name: "x-list", componentId: "2", hookName: "comp-inited", …}
      ▾3:
        ▾children: Array(1)
          ▾0:
            ▸children: []
             componentId: "2"
             end: 178.70000000018626
             fade: false
             hide: false
             hookName: "comp-created"
             name: "x-list"
             start: 178.60000000009313
             value: 0.10000000009313226
            ▸__proto__: Object
           length: 1
          ▸__proto__: Array(0)
         componentId: "2"
         end: 180
         fade: false
         hide: false
         hookName: "comp-attached"
         name: "x-list"
         start: 178.60000000009313
         value: 1.3999999999068677
```

图 8-15　火焰图数据示例

图 8-16　San DevTools 火焰图

8.3.6　事件与消息

事件是开发中最常用的行为管理方式。通过 on- 前缀，可以将事件的处理绑定到组件的方法上。页面的交互通常涉及事件，当用户的操作得到的结果出现异常的时候，我们通常会借助 console 来输出事件触发时的数据，或者修改代码中的 mock 数据来定位问题。这种方式或多或少会存在一些问题，比如修改代码不是很便捷，所以我们希望能够通过 San DevTools 的调试页面查看触发的事件以及对应的数据，能够修改事件携带的数据并重新触发一次，这样就可以在不修改

代码的前提下进行调试了。

用于调试 Event 的页面可以如图 8-17 所示，从左到右分别是事件触发的时间、事件的名称、事件所绑定的组件 id 和组件名称、触发事件的按钮，以及事件携带的数据。我们可以修改数据，然后点击触发按钮重新触发一次事件。

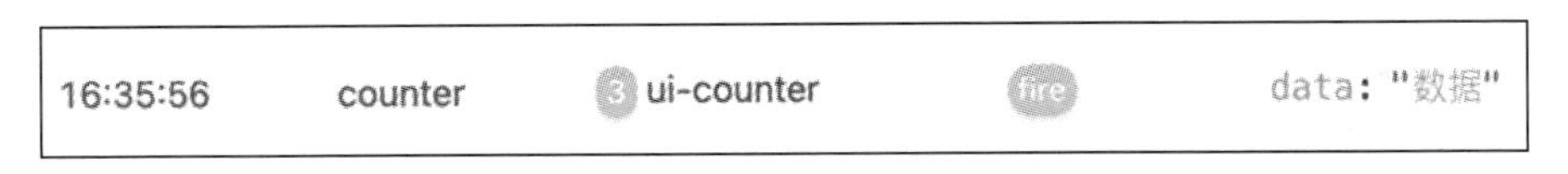

图 8-17 事件面板示例

Backend 不仅需要监听 San 发送的消息来收集与 event 相关的数据，还需要响应 Frontend 对事件数据的修改和重新触发事件的命令。对应的代码如下：

```
const EVENT_SET_INFO = 'Event.setEvent';
const EVENT_FIRE = 'Event.fire';
class CommunicationAgent extends Agent {
        setupHook() {
        this.hook.on('comp-event', data => {
            this.sendToFrontend(EVENT_SET_INFO, {
                  time: Date.now(),
                payload,
                event: name,
                component: {
                      id: target.id,
                      componentName: data.target.source.tagName
                }
            });
        });
    }
      addListener() {
          this.bridge.on(EVENT_FIRE, (data) => {
              let {componentId, payload, eventName} = data;
            let component = this.hook.componentMap.get(componentId + '');
            component && component.fire(eventName, payload);
        });
    }
}
```

在监听到 Frontend 事件的时候，我们会根据事件中的组件 id 获取对应的组件实例，然后调用组件实例上的 dispatch 方法重新触发一次事件，数据为 Frontend 修改后发送过来的。

组件之间的通信除了事件之外，还可以利用消息。在 San 中，组件实例可以通过 dispatch 方法向组件树的上层派发消息。消息将沿着组件树向上传递，直到遇到第一个处理该消息的组件为止。这种方式主要用于组件与非 owner 的上层组件进行通信。如果直接通过修改代码以及 console 来调试消息，那么会比调试事件更加麻烦，因为你很可能不知道哪个事件被触发了。这样，你不得不在每个消息处理函数中添加 console 来调试。

因此，我们希望能够实时看到哪个消息被触发了、该消息被哪个组件捕获了，并且能够修改消息携带的数据、重复发送消息。那么用于调试 Message 的页面可以如图 8-18 所示，从左到右分别是消息触发的时间、消息名称、消息的发送方、消息的接收方、重新发送消息的操作按钮，以及消息携带的数据。

17:09:02	UI:test	45 ui-counter-item	3 ui-counter	dispatch	data: "message"

图 8-18 消息面板示例

Backend 中处理消息的逻辑与处理事件的逻辑类似，代码如下：

```
const MESSAGE_SET_INFO = 'Message.setMessage';
const MESSAGE_DISPATCH = 'Message.dispatch';
class CommunicationAgent extends Agent {
        setupHook() {
        this.hook.on('comp-message', data => {
            this.sendToFrontend(MESSAGE_SET_INFO, {
                time: Date.now(),
                event: data.name,
                sender: {
                    id: data.target.id,
                    componentName: data.target.source.tagName
                },
                receiver: {
                    id: data.receiver.id,
                    componentName: data.receiver.source.tagName
                },
                payload: data.value
            });
        });
    }
      addListener() {
          this.bridge.on(MESSAGE_DISPATCH, (data) => {
            let {componentId, payload, eventName} = data;
            let component = this.hook.componentMap.get(componentId + '');
            component && component.dispatch(eventName, payload);
        });
    }
}
```

8.3.7 san-store 中的时间旅行

正如第 3 章提到的，在 San 应用中，当涉及兄弟组件、子孙组件之间的数据通信时，我们可以使用官方提供的 san-store 和 san-update 来进行状态管理。当项目中大量使用 san-store 来管理数据的时候，追踪问题的成本也会增加。因此我们可能需要查看当某个 action 被触发的时候，san-store 中的数据甚至是页面的状态。我们称这样的倒带/回放功能为**时间旅行**。

1. 时间旅行基本原理

在介绍时间旅行的实现原理之前，有必要回顾第 3 章对 san-store 使用方式和实现原理的介绍。根据第 3 章，我们知道在使用 san-store 的时候通常涉及下面 3 点。

- **初始化 san-store**：通过 `addAction` 为某个特定名称的 action 添加对应的处理函数。
- **修改 san-store 中的数据**：调用 `dispatch` 方法，执行对应 action 的处理函数，从而修改 store 中的数据。
- **将视图与数据绑定**：通过 `connect.san` 方法使组件能够在 store 中的特定数据变化之后自动更新视图，其中 `connect.san` 接收到的第一个参数 `mapStates` 包含了需要绑定的数据字段。

需要特别注意的是，当我们通过 `dispatch` 函数修改 store 中数据的时候，san-store 会为每个 action 分配一个唯一的标记 `actionId`，并且会将当前 action 触发前后 store 中的状态数据存储下来。我们用 `log` 来指代这些数据，并且这些状态数据会按照 `actionId` 加以区分。

在回顾了 san-store 中的基本概念之后，现在开始介绍时间旅行的实现原理。时间旅行的目的是将页面的状态回退。如果能够获取某个 action 触发时的页面数据，就能够恢复页面的视图。显然，从之前对 san-store 的简单回顾来看，我们能通过 `actionId` 获取某个 action 触发前后的状态数据。因此可以得到时间旅行的原理图，如图 8-19 所示。

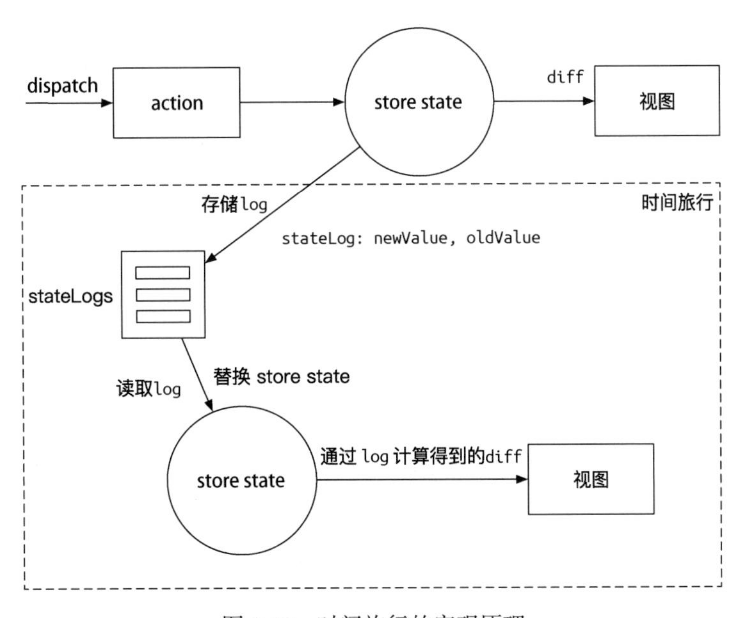

图 8-19 时间旅行的实现原理

我们需要考虑以下 5 个关键点。

- ❑ 在每次 store state 变化的时候，存储新的 state 和旧的 state，称为 log 数据。
- ❑ 获取某个 action 对应的 log 数据。
- ❑ 替换 store state。
- ❑ 计算出新旧 state 的 diff 数据。
- ❑ 主动触发组件视图更新。

第一个关键点由 san-store 处理，我们后续只需要关注后面的 4 个关键点。

2. 具体实现

在 san-store 存储 state 快照之后，我们通过介绍剩下的 4 个关键点来阐述如何实现时间旅行功能。

- **收集 san-store 的数据**

根据第 3 章关于 san-store 的介绍以及 san-store 的源码，我们给出本节涉及的 store 对象的属性以及方法中的关键部分，如下所示。

- ❑ raw：存储当前 state 数据。
- ❑ stateChangeLogs：存储所有 log 数据。

与收集页面中的 San 数据相同，我们将利用 DevToolsHook 收集 san-store 中的数据。在 san-store 的相关 API 被调用的时候，可以调用下面的方法，向 DevToolsHook 发送数据：

```
function emitDevtool(name, arg) {
    if (window.__san_devtool__) {
        window.__san_devtool__.emit(name, arg);
    }
}
```

根据前面给出的例子以及第 3 章 san-store 的原理介绍，我们分别需要在 store 初始化、触发 action 以及组件订阅数据变化的时候调用 emitDevtool，其中会获取 actionId 和 store 实例等，后面将利用这些信息实现时间旅行的功能。用于接收与处理数据的 Agent 的关键代码如下：

```
const STORE_TIME_TRAVEL = 'Store.timeTravel';
class StoreAgent extends Agent {
      storeServiceMap = new Map();
        setuptHook() {
        this.hook.on('store-default-inited', data => {
            // 修改 store 原型
            this.storeServiceMap.set(data.store.name, new StoreService(data.store);
        });
        this.hook.on('store-listened', data => {
            // 处理与订阅数据变化的组件相关的信息
            const storeService = this.storeServiceMap.get(data.store.name);
            storeService.collectMapStatePath(data.mapStates);
        });
```

```
    }
    addListener() {
        // Frontend 发送时间旅行的指令
        this.bridge.on(STORE_TIME_TRAVEL, message => {
            const {id, name} = message;
            const storeService = this.storeServiceMap.get(name);
            storeService.travelTo(id);
        });
    }
}
```

同时，由于一个页面当中有可能会存在多个 `store` 实例，在 `Agent` 中用到了 `storeService` 类来处理各个 store 的相关数据，其关键代码如下：

```
class StoreService {
    constructor(store) {
        this.store = store;
        this.storeName = store.name;
        this.paths = {};
    }
    set store(value) {
        this._store = value;
        this.decorateStore();
    }
    get store() { return this._store; }
    private getStateFromStateLogs(id) {/* 获取 log 数据 */}
    private decorateStore() {/* 改造 store 实例 */}
    private replaceState(state) {/* 替换 state */}
    private getDiff(newValue,oldValue,mapStatesPaths) {/* 计算 diff 数据 */}
    collectMapStatePath(mapStates) {} // 收集属性在 state 上的路径
    travelTo(id) {}
}
```

`travelTo` 接收的 `id` 为一个 action 的 `actionId`，该接口会将页面的状态回退到该 action 出发之后的状态。

- **获取 `log` 数据**

当我们获取需要回退的 `actionId` 之后，首先要获取对应的 `log` 数据，`getStateFromStateLogs` 的实现如下：

```
private getStateFromStateLogs(id) {
    const logs = this.store && this.store.stateChangeLogs;
    if (!Array.isArray(logs)) {
            return null;
    }
    return logs.find(item => id === item.id);
}
```

- **改造 `store` 实例**

由于 `store.raw` 存储了 `state` 数据，因此直接用目标 state 进行赋值即可。但是页面状态如果在已经处于某个回退的状态，那么新触发的 action 应该基于非回退状态，所以需要将回退的状态单独存储。下面的代码会在 san-store 发送 `store-default-inited` 消息的时候执行：

```
private decorateStore() {
    const store = this.store;
    if ('sanDevToolsRaw' in store) {
        return;
    }
    const storeProto = Object.getPrototypeOf(store);
    const oldProtoFn = storeProto.dispatch;
    storeProto.dispatch = function (...args: any) {
        this.traveledState = null;
        return oldProtoFn.call(this, ...args);
    };
    store.sanDevToolsRaw = store.raw;
    Object.defineProperty(store, 'raw', {
        get() {
            if (store.traveledState) {
                return store.traveledState;
            }
            return this.sanDevToolsRaw;
        },
        set(state) {
            this.sanDevToolsRaw = state;
        }
    });
}
```

- **替换 `state` 数据**

接着，我们通过下面的方式替换 san-store 中的 `state`：

```
private replaceState(state) {
    this.store.traveledState = state;
}
```

- **计算 `diff` 数据**

现在我们需要对比新旧 `state`，并找出所有不同的节点。无论采用深度优先遍历还是广度优先遍历算法，其时间复杂度都是 $O(m, n)$，空间复杂度是 $O(m, n)$，其中 m 和 n 是新旧 state 的节点数量。如果仔细思考，我们其实并不需要遍历每一个节点，只需要关心那些被订阅的数据即可。这样能够进一步提升 `diff` 速度，降低内存损耗。

那么如何知道哪些是被组件订阅的数据呢？在组件订阅数据变化的时候，会显式声明数据的来源，比如上面例子中的 `user.name`，所以当 san-store 发送 `store-listened` 消息的时候，我们需要调用 `storeService.collectMapStatePath` 将 `mapStates` 的数据收集起来，代码如下：

```
collectMapStatePath(mapStates) {
    if (Object.prototype.toString.call(mapStates).toLocaleLowerCase() !== '[object object]') {
        return;
```

```
    }
    Object.values(mapStates).reduce((prev, cur) => {
        const key = cur;
        const value = cur.split('.');
        prev[key] = value;
        return prev;
    }, this.paths);
}
```

当需要计算两个 state 的 diff 数据的时候，只需要按照 this.paths 中存储的 mapStates 来计算。getDiff 的代码如下：

```
getDiff(newValue, oldValue, mapStatesPaths) {
    const diffs = [];
    for (let stateName in mapStatesPaths) {
        if (mapStatesPaths.hasOwnProperty(stateName)) {
            const path = mapStatesPaths[stateName];
            const newData = getValueByPath(newValue, path);
            const oldData = getValueByPath(oldValue, path);
            let diff;
            if (oldData !== undefined && newData !== undefined && newData !== oldData) {
                diff = {$change: 'change',newValue: newData,oldValue: oldData,target: pat};
            } else if (oldData === undefined && newData !== undefined) {
                diff = {$change: 'add',newValue: newData,oldValue: oldData,target: path};
            } else if (oldData !== undefined && newData === undefined) {
                diff = {$change: 'remove',newValue: newData,oldValue: oldData,target: path};
            }
            diff && diffs.push(diff);
        }
    }
    return diffs;
}
```

其中省略的 getValueByPath 函数用于从一个对象中按照指定的路径获取对应的属性值。diff 数据有 3 种操作类型。

- change：修改值。
- add：添加属性。
- remove：删除属性。

从第 3 章的原理分析可以知道，san-store 会按照这几种类型调用 San 组件中不同类型的数据操作指令，对组件中的 state 进行增删改查。

- **触发视图更新**

当 diff 数据计算完成之后，San DevTools 需要主动调用 san-store 提供的_fire 方法通知所有订阅了数据变化的组件，进行相应的更新操作。当 diff 数据的操作类型是 change 的时候，会通过 this.data.set 修改属性值；当 diff 数据的操作类型是 add 或者 remove 的时候，会通过 this.

data.splice 添加或者删除对应的属性。

最后，travelTo 的代码如下：

```
travelTo(id) {
    const store = this.store;
    const paths = this.paths;
    if (!store || !store.stateChangeLogs || !paths) {
        return;
    }
      // 根据 actionId 获取 state
    const state = this.getStateFromStateLogs(id);
    if (!state) {
        return;
    }
      // 替换 state
    this.replaceState(state.newValue);
      // 根据 mapStates 计算数据 diff
    const diffs = this.getDiff(state.newValue, store.traveledState, paths);
      // 触发视图更新
    store._fire(diffs);
    return;
}
```

8.4　单元测试

为了确保项目的稳定性，在项目开发早期发现并解决问题，就可以在与程序其他部分相隔离的情况下，利用单元测试对项目代码中的最小可测试单元进行正确性校验。这里的最小可测试单元通常是指函数或者类。我们需要确保每一个测试用例中的输入都有明确、稳定的输出，这样在下次修改代码的时候，可以通过执行单元测试，保证该模块的行为依然正确。

主流的单元测试框架有 Mocha、Jest 和 Karma，本章会介绍如何利用 Jest 对 San 项目进行单元测试。

由于 San 组件中的很多方法是与组件模板直接关联的，因此单独使用 Jest 进行单元测试无法生成组件快照，也无法对 San 组件中的数据流进行测试。san-test-utils 是专门为 San 打造的测试库，它提供了各种为 San 组件进行单元测试的能力。下面，我们会对第 2 章项目中的组件进行单元测试。

8.4.1　DOM 测试

通常，我们需要测试一个组件的某个节点被点击之后，组件中数据的变化是否符合预期。可以借助 san-test-utils 对 DOM 事件的模拟能力进行 DOM 测试。以 article 组件为例，其视图如图 8-20 所示。

图 8-20 测试的 UI 示例

article 组件的关键代码如下：

```
export default {
    template: `
        <div class="article">
            <div class="author">
                <!- 省略部分节点 !->
                <div class="like" on-click="handleClick">
                    ❤ {{ likeNum }}
                </div>
            </div>
            <!- 省略部分节点 !->
        </div>
    `,
    initData: function () {
        return {
                // 省略部分属性
            likeNum: 0,
        };
    },
    handleClick: function (e) {
        this.data.set('likeNum', this.data.get('likeNum')++);
    }
};
```

我们将模拟点击右侧按钮，然后测试文章的点赞数是否增加到 1。单测代码如下：

```
import san from 'san';
import {shallowMount} from 'san-test-utils';
import article from '../src/components/article';

describe('article', () => {
    beforeAll(() => {})
    test('add likenums', done => {
        // 模拟挂载
        const wrapper = shallowMount(article);
        // 查找 DOM
        const button = wrapper.find('.like');
        // 触发事件
        button.trigger('click');
        san.nextTick(() => {
```

```
            // 获取组件 data 进行断言
            expect(wrapper.data().likeNum).toEqual(1);
            done();
        });
    });
    afterAll(() => {})
});
```

我们通过 Jest 提供的全局 test 方法描述一个测试用例，然后利用 describe 将多个测试用例归为一组，这样我们可以借助预处理（beforeAll）或后处理（afterAll）方法，在这一组测试用例开始测试之前或者之后对全局数据进行处理。

由于我们需要对 Web 应用进行测试，而单元测试运行在 Node.js 环境中，为了能够在 Node.js 环境中使用 Web 的 DOM 和 BOM 等相关 API，需要在 Jest 的配置中指定测试用到的环境为 jsdom，配置项如下。这样 Jest 会在测试环境中注入一些模拟 Web 的 API，比如 document 对象等。

```
"testEnvironment": "jsdom"
```

上述测试用例包括了如下步骤：

- 挂载组件；
- 查找对应的 DOM；
- 触发 DOM 上的事件；
- 获取组件 data，并进行断言。

1. 挂载组件

我们利用 san-test-utils 提供的 shallowMount 进行模拟挂载。该方法根据目标组件构造函数生成一个新的组件构造函数，然后利用 San 提供的 API 创建组件实例，接着调用组件实例的 attach 方法进行挂载，最后将组件实例进行封装，得到一个 wrapper 对象。该对象对外提供了一组用于测试的 API，比如本节将用到的方法。

- find：该方法接收一个选择器字符串，在执行的过程中会从当前组件 DOM 子树中获取该选择器对应的 DOM 节点，并返回 DOM 节点封装的 wrapper 对象。
- trigger：该方法会调用组件 DOM 根节点上的 dispatchEvent，触发对应的事件。
- html：该方法会返回组件 DOM 根节点的 outerHTML 字符串。
- data：该方法会返回组件的所有 data 数据。

2. 查找 DOM

为了查找组件上 class 为 like 的 DOM 节点，我们可以使用组件 wrapper 对象的 find 方法：

```
const button = wrapper.find('.like');
```

得到的 button 对象并非 DOM 节点，而是一个经过封装的对象，并且与 wrapper 对象有相同的 API，比如 find、trigger、html 和 data。

3. 触发事件

我们通过调用 button 对象上的 trigger 方法触发 click 事件：

```
button.trigger('click');
```

最终，挂载在该 DOM 上的事件处理函数 handleClick 会被执行。

4. 断言

该组件的预期行为是：当按钮被点一次击后，组件中的 likeNum 变为 1。因此为了测试组件是否符合预期，我们需要对组件的数据进行断言，通过 wrapper.data().likeNum 获取组件的 likeNum 数据，并利用 Jest 提供的 expect 进行断言：

```
expect(wrapper.data().likeNum).toEqual(1);
```

到此，一个简单的 DOM 测试用例就完成了。

8.4.2 快照测试

除了 DOM 测试之外，我们还可以进行快照测试。快照测试通常用来验证代码变动是否导致了 UI 的异常，以及 UI 是否和预期相同。san-test-utils 会将数据渲染到组件的模板中，然后将模板的渲染结果以字符串的形式保存到.snap 文件中，当后续代码有修改的时候，它会被与前一次生成的.snap 文件进行比对。在组件开发前期，UI 会有大幅度调整，所以一般不适合做快照测试。

下面以一个名为 Header 的组件为例进行快照测试，组件代码如下：

```
export default {
    template: `
        <div class="header">
            <div class="title">
                {{ title }}
            </div>
        </div>
    `,
    initData: function () {
        return {
            title: 'Blog'
        };
    }
};
```

测试用例如下：

```
import {shallowMount} from 'san-test-utils';
import header from '../src/components/Header';

describe('header', () => {
    test('snapshot', () => {
        const wrapper = shallowMount(header, {
            data: {title: 'jest'}
        });
        expect(wrapper.html()).toMatchSnapshot();
    });
});
```

与 DOM 测试类似，首先需要利用 `shallowMount` 模拟挂载得到一个 `wrapper` 对象，接着通过 `wrapper.html` 方法获取 DOM 的 `outerHTML` 数据作为当前的快照，最后调用 Jest 提供的 `toMatchSnapshot` 将当前的快照与上一次的快照进行对比测试。该组件的快照内容如下：

```
exports[`header snapshot 1`] = `
"<div class=\\"header\\">
            <div class=\\"title\\">
                jest
            </div>
        </div>"
`;
```

8.5　小结

本章通过两个独立的部分，从如何提高 San 应用的开发效率与应用的稳定性、可靠性两个方面分别介绍了调试工具和单元测试工具的使用与实现原理。

第一部分包括调试工具 San DevTools 的作用、技术选型、整体架构与各功能模块的实现原理。框架的出现带来了非常多的便利性，让前端开发者将更多的精力放到数据处理上，尽可能地减少了烦琐的 DOM 操作。然而对于开发者而言，框架就如同一个套在 DOM 上的黑盒，导致我们无法像调试 DOM 一样，快速、实时地对页面组件和数据进行调试。San DevTools 应运而生，它能够让开发者实时地调试组件的数据。为了让读者能够理解其核心原理，该部分介绍了如何搭建一个简易的 San DevTools，包括构建一个适用于多协议支持、多通道的通信系统，以及 san 和 san-store 数据的收集与处理。

第二部分介绍了如何利用 san-test-utils 提供的 API 和 Jest 对 San 组件进行单元测试，并简单介绍了 san-test-utils 的部分 API 的原理。可以看到 San 组件的单元测试非常方便，我们不需要借助 San 的 API 直接进行测试，也不需要通过 Jest 对各个模块进行模拟，只需要利用 san-test-utils 提供的工具就能轻易实现 DOM 测试和快照测试。

第 9 章

San Native 跨端融合

9.1 跨平台开发

在前端领域中，我们的大部分时间花在与 Webview 打交道上。Webview 是前端的渲染引擎，包含大量的渲染执行逻辑，其中有 JSEngine、WebCore、图形库等组成部分。它的渲染流程如图 9-1 所示。

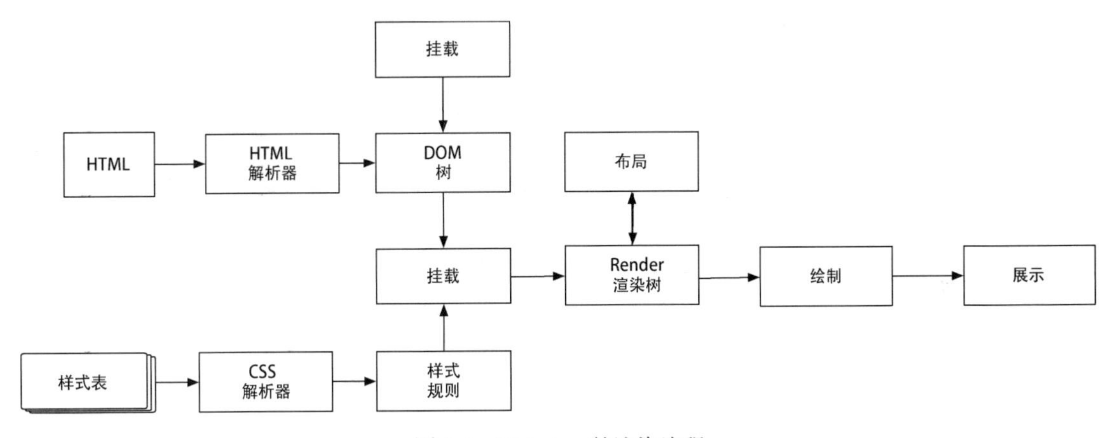

图 9-1　Webview 的渲染流程

Webview 功能强大，但也存在诸多低性能问题，比如渲染与 JavaScript 线程相互阻塞、动画丢帧、与原生应用（native application，NA）交互困难等。因此，业界衍生出了许多非 Webview 渲染架构，比如常见的 React Native、NativeScript 和 Weex 等 JavaScript 驱动的 NA 渲染方案。

在前面几章，我们了解了 San 框架的原理以及使用，也了解了 MVVM 框架的实现原理。本章主要介绍如何将 San 框架应用在非 Webview 环境中。

9.1.1 JavaScript 驱动的 NA 原生渲染

因为在 Webview 渲染环境中无法直接使用宿主环境的原生 UI 组件，所以开发者会尝试模仿原生 UI 组件的功能和样式，但效果和性能都无法与原生组件看齐。San Native 架构目前采用渲染原生 UI 组件的方式，并且 JavaScript 线程与渲染线程独立，避免了运行时二者互斥。San Native 是一种利用客户端原生能力的渲染方案，即**跨端渲染**方案（见图 9-2）。

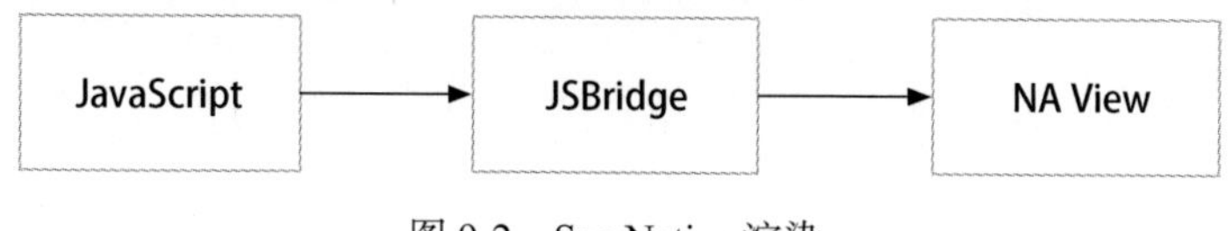

图 9-2　San Native 渲染

在 San Native 这样的跨端渲染方案中：

- NA 提供 JavaScript 运行环境，并实现渲染 API；
- JavaScript 执行创建、更新、删除原生组件等功能。

9.1.2 跨端渲染方案的优缺点

San Native 这样的跨端渲染方案有非常明确的优点（见图 9-3）。

- 跨端渲染操作的是真实的宿主 UI 元素。
- JavaScript 线程与渲染线程分开工作，能在不牺牲功能性的前提下保持最高性能。
- 因为使用 JavaScript 编写代码，所以可以在任何平台上进行热更新、热部署。
- “一次编写，多处运行”。目前 San Native 支持三端渲染（Web、iOS 和 Android）。

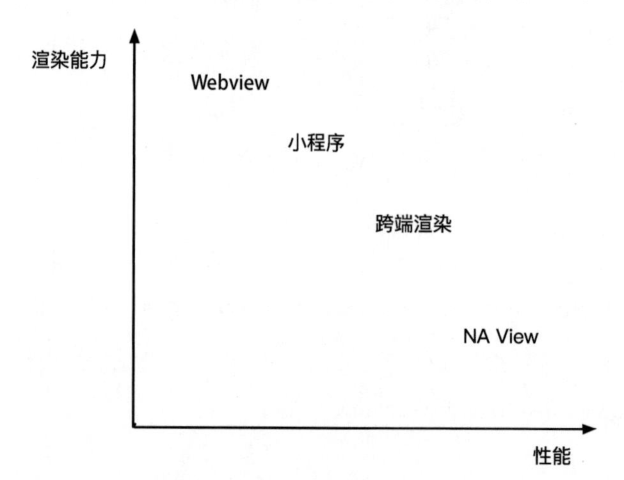

图 9-3　渲染能力及性能的对比

Webview 是目前开发体验最好的渲染引擎,依赖 CSS3 提供的丰富特性以及强大的排版功能,但渲染性能较低。这是因为比起原生渲染，它依赖的步骤较多：首先由 HTML 解释器解析为 DOM 树，再由 CSS 解析器解析为 CSS 样式表，之后构建渲染树，交由 GPU 渲染。

相比之下，原生渲染的流程就简洁了许多：首先创建 Native 节点树，并进行布局运算，再生成渲染树，之后交由 GPU 渲染。

跨端渲染方案在开发体验上力求贴近 Webview 开发，而在渲染流程上则希望利用原生能力提高性能。

1. Webview 渲染

图 9-4 展示了 Webview 的渲染架构。

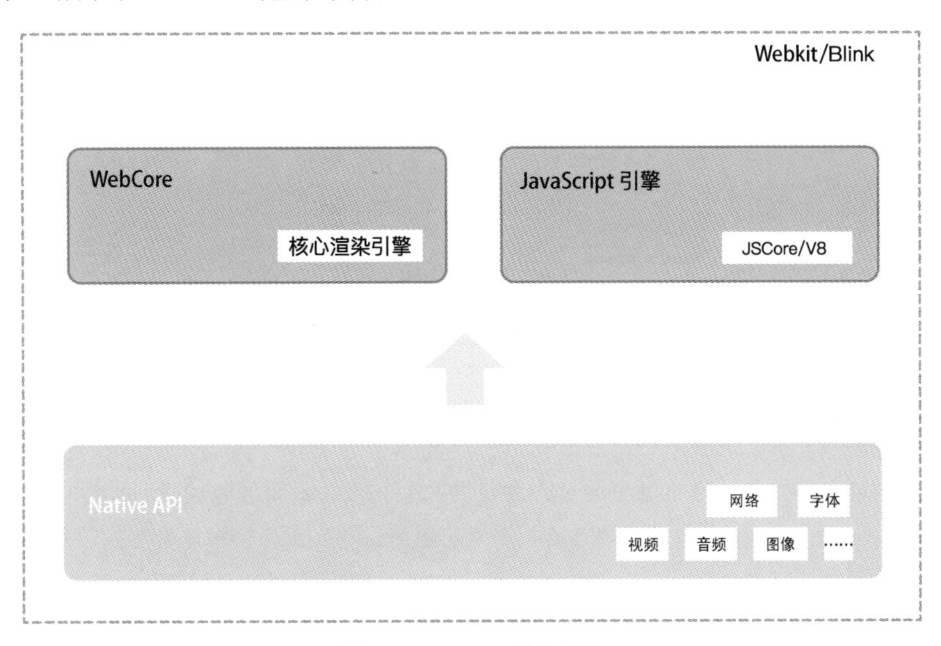

图 9-4 Webview 渲染架构

Webview 采用 Webkit 内核，这是苹果公司的一个开源项目，而 Blink 是谷歌公司对 Webkit 进行 fork 后优化得到的内核。

Webkit 采用多线程架构，包含了 GUI 渲染线程、JavaScript 引擎线程、定时触发器线程、事件触发线程（如鼠标点击、Ajax 异步请求等）、异步 HTTP 请求线程等。

Webview 中的 Render Engine（渲染）线程与 JavaScript 引擎线程互斥，后者执行时，由于渲染线程被挂起，在某些情况下会导致卡顿丢帧，从而阻塞页面渲染。

2. 小程序

图 9-5 展示了小程序的渲染架构。

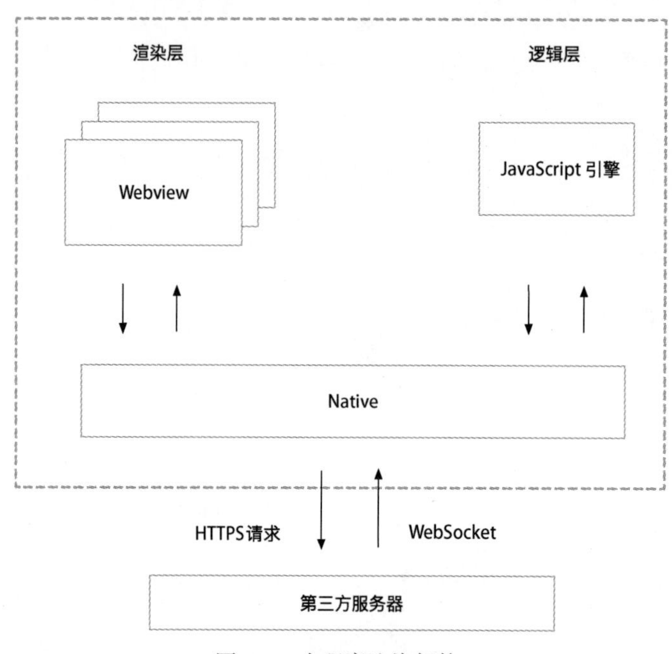

图 9-5　小程序渲染架构

> **注意**
>
> 小程序是一种不需要下载和安装即可使用的应用，一般内置在微信、百度、支付宝等宿主 App 中。本文所述的小程序是一个通用概念，所列出的技术方案也是常见的小程序实现方案。

小程序是双线程（视图渲染、业务逻辑）设计，两个线程解决了 Web 页面开发渲染线程和脚本线程互斥的问题。但是长时间的脚本运行可能会导致页面失去响应或者白屏，用户体验糟糕。在小程序中，渲染层采用 Webview 渲染，一个页面对应一个 Webview。这样的技术选型依赖成熟的 Web 侧的渲染技术，为用户提供了更好的交互体验，而多 Webview 的架构也避免了单 Webview 的单页面模式的性能瓶颈问题。与 Webview 渲染相比，小程序的优劣势如表 9-1 所示。

小程序的代码逻辑运行在 JavaScript 引擎中，在 iOS 上为 JSCore，在 Android 上则一般依赖 V8 引擎（各厂商可能不同）。它们一般提供了 JavaScript 沙箱环境来避免 JavaScript 直接访问任何浏览器上的 Web API。

表 9-1 小程序的优劣势

优 势	劣 势
业务代码可动态更新	底层 Webview 渲染，性能差，在 Web 上存在缺点
双引擎机制，保证 JavaScript 线程与渲染线程互不影响	JavaScript 线程与渲染线程间存在通信耗时
双端一套代码	页面大小、打开页面数量都受到限制
依靠 Exparser 这样的组件框架，限制标签，降低理解成本	比起 Webview 有一定的学习成本

3. JavaScript 驱动 NA 渲染

San Native 依赖的是 JavaScript 驱动 NA 的跨端渲染，架构如图 9-6 所示。

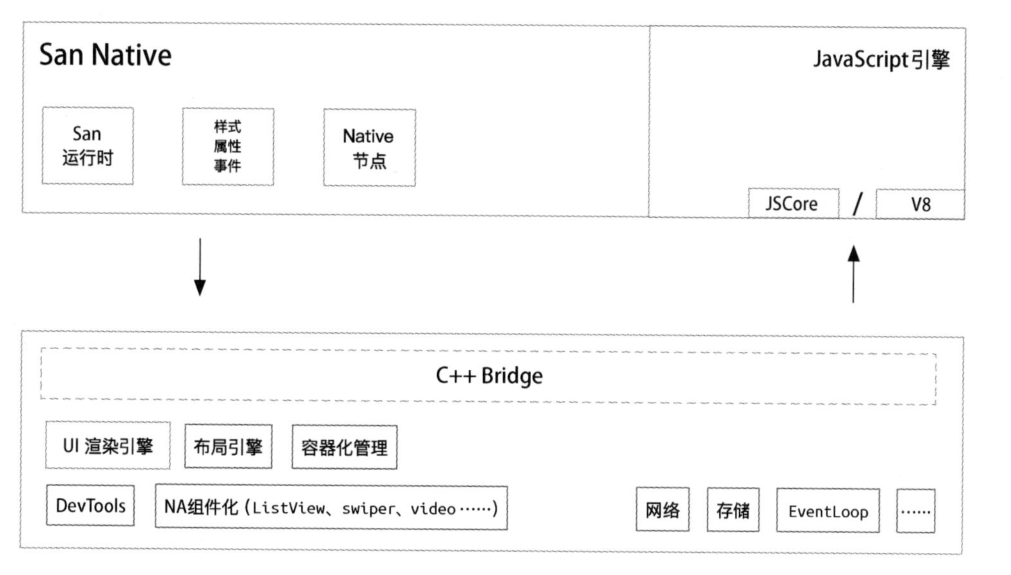

图 9-6 San Native 渲染架构

与 NA 渲染和 Webview 渲染相比，它的优劣势如表 9-2 所示。

表 9-2 JavaScript 驱动 NA 渲染的优劣势

优 势	劣 势
通过 NA 渲染，性能较好	JavaScript 与 NA 跨进程通信有一定耗时
渲染线程与 JavaScript 线程互不影响	业务代码与 Webview 相比差异大
天然的 batch（命令合批）机制，频繁更新不会导致频繁的布局刷新	由于平台差异，三端渲染存在差异
相比 NA 开发，代码包可以动态更新	更新机制相较 Webview 需要自行设计，并且要额外处理更多的版本问题

9.2　渲染引擎

为了理解跨端架构以及 San Native 的工作原理，这里介绍一个简单的渲染引擎实现方案，包括 San Native 在渲染方面做的主要工作：

- 供 JavaScript 调用的渲染 API；
- 宿主所使用的渲染引擎；
- 可以执行 JavaScript 的运行环境。

9.2.1　供 JavaScript 调用的渲染 API

在 San Native 中，`RenderManager` 是 NA 的渲染模块接口容器，包含了大量跟渲染相关的接口，挂载在 JavaScript 全局变量中，供 JavaScript 调用：

```
// 创建节点（伪代码）
RenderManager.createView({
    prop: {
        // 创建 NA 的 view 类型
        type: 'View',

        // 样式属性
        width: '100px',
        height: '100px',
        backgroundColor: '#F00',
        justifyContent: 'flex-start',
        alignItem: 'center'
    }
})
```

有了这个 API，就可以直接在 JavaScript 中调用，驱动 NA 进行渲染了。

通过上述接口，我们发送布局等信息至 NA，之后 NA 可以通过**布局引擎**实现真实的渲染。

9.2.2　宿主所使用的渲染引擎

宿主所使用的渲染引擎有多种技术选型，这里以 Yoga 为例做介绍。

Yoga 是基于 C 实现的跨平台布局引擎，它会将 Flexbox 的相对布局转换成绝对布局，具有以下特性。

- 完全兼容 Flexbox 布局，遵守 W3C 的规范.
- 支持 Java、C#、Objective-C 和 C 这 4 种语言。
- 底层代码使用 C 语言编写，性能高且更容易同其他平台集成。

从图 9-7 可以看出，业务代码使用 W3C Flex 标准布局，经过 Yoga 引擎计算后，可以转化成元素的相对坐标和元素尺寸，从而进行绘制。

图 9-7　Yoga 渲染流程

9.2.3　实现 JavaScript 代码

以下 JavaScript 代码运行后会显示一个居中的蓝色图形：

```
// 伪代码
global.RenderManager.createView(
    {
        type:"View",
          width: 100,
        height: 100,
        backgroundColor: '#00F',
        alignItem: 'center',
        justifyContent: 'center'
    }
)
```

以上代码背后的执行流程为：首先使用 NA 提供的 `createView` API 进行参数解析，然后根据传入的布局参数进行计算（利用布局引擎），最后绘制 NA 中的原生 UI 组件，在上面的例子中是一个简单的 View 组件。

至此，我们了解了如何实现一个简单的渲染引擎：NA 提供渲染 API，利用 JavaScript 引擎，驱动 NA 渲染。这种实现的好处就是，渲染的元素完全由 NA 绘制，JavaScript 引擎与渲染无互斥，交互性能达到了最高。

9.3　高性能的跨端技术方案

前面大概介绍了跨端渲染的实现原理和工作机制，并且介绍了一个简单渲染引擎的实现方案。从本节开始，我们将深入 San Native 内部，详细了解其执行机制。

9.3.1　响应式驱动 NA 渲染

9.2 节通过渲染接口生成了一个原生 View 组件。如果在实际业务场景中都用同样的方法生成组件，编程体验会非常糟糕。在浏览器环境中，如果用最基础的 DOM API 对 DOM 进行增删改，也会遇到类似的麻烦：

```
let div = document.createElement('div');
Object.assign(div.style, {
    width: '100px',
    height: '100px',
    backgroundColor: '#F00',
    justifyContent: 'flex-start',
    alignItem: 'center'
})
```

上述代码在浏览器环境中用 JavaScript 绘制了一个蓝色方块。在实际业务中，不可能这样编写代码，业界常用的方案是借助**响应式框架**来实现业务逻辑，本书介绍的 San 就是其中之一。虽然底层原理都是调用浏览器 API 进行元素操作的，但开发体验却得到了大幅提升。

用 San 来实现驱动 NA 渲染的话，需要适配 San 的 API：

```
RenderManager = {
    createView() {
        // NA 创建 View API
    },
    deleteView() {
        // 删除 View API
    },
    updateView() {
        // 更新 View API
    }
}
// San 框架注册能力
san.registerNodeMethods(RenderManager);
```

这样，通过调用 `registerNodeMethods`，San 节点在创建时就会调用渲染接口，驱动 NA 渲染。当然，这里面有很多复杂的实现逻辑，包括样式计算、CSS 选择器、事件模型等，后面会介绍。

```
<template>
    <div class="{{$style.container}}"></div>
</template>
<style module>
    .container {
        width: 100px;
        height: 100px;
        background-color: #0F0;
        justify-content: flex-start;
        align-items: center;
    }
</style>
```

上面的代码是我们利用 San 的 DSL 编写、实现一个蓝色方块的代码。

注意

DSL（domain specified language）即领域专用语言，指的是一套描述语言，旨在解决使用者和系统构建者因语言模型不一致而导致的需求收集困难问题。针对跨端渲染，San 被视为一种 DSL，目的是解决前端开发者和 NA 开发者的编程差异问题，实现“一次编程、多处运行”。

借助 San 的 DSL，渲染逻辑既可以驱动 NA 渲染引擎，也可以在浏览器中运行。这就是我们要实现的跨平台技术方案，以真正实现“一次编写，多处运行”。

9.3.2 适配跨端渲染

我们介绍了 San 是如何创建 NA 元素的，即结合响应式框架进行现代编程，驱动多端渲染。

下面看看如下代码：

```
<template>
    <div class="{{$style.container}}" on-click="clickHandler">{{status}}</div>
</template>
<script>
  export default {
    initData() {
      return {
        status: false
      }
    },
    clickHandler() {
      this.data.set('status', !this.data.get('status'))
    }
  }
</script>
<style module>
    .container {
        width: 100px;
        height: 100px;
        background-color: #0F0;
        justify-content: flex-start;
        align-items: center;
    }
</style>
```

上面的代码写法与 San 的写法一致。对于跨端渲染来说，这段代码涉及的样式是怎么解析的呢？在点击后，视图是怎么更新的呢？后面的内容会回答这两个问题。

由于 San 本身是基于 Webview 的，人为定制了很多高性能的渲染机制，其中不少涉及操作大量 DOM API，如节点创建和事件处理等。但是根据前文的介绍，跨端渲染只需要把 San 的节点信息与数据进行逻辑映射，无须调用浏览器提供的渲染能力，所以 San Native 需要针对 San 框架进行扩展。

- **重构 San**：利用 San 运行时中的节点树信息直接进行驱动端渲染。
- **NA 解耦**：San Native 框架只提供节点操作的相关逻辑，与具体的 NA 渲染解耦，方便兼容多种渲染运行时环境。

针对上文抛出的两个问题，我们继续从视图和样式两个层面观察，San Native 为了实现高性能的跨端渲染方案做了哪些优化。

9.3.3 视图设计

San Native 沿用 San 框架的主体代码，总体思路不变，包括生命周期、数据驱动和相关的更新机制。但与在 Webview 中有所不同的是：组件在调用 `attach` 方法时不再传入被挂载的元素，元素和元素的依赖关系在组件创建时就已确定。

关于视图的设计方案，我们要了解 San Native 的渲染链条，如图 9-8 所示。

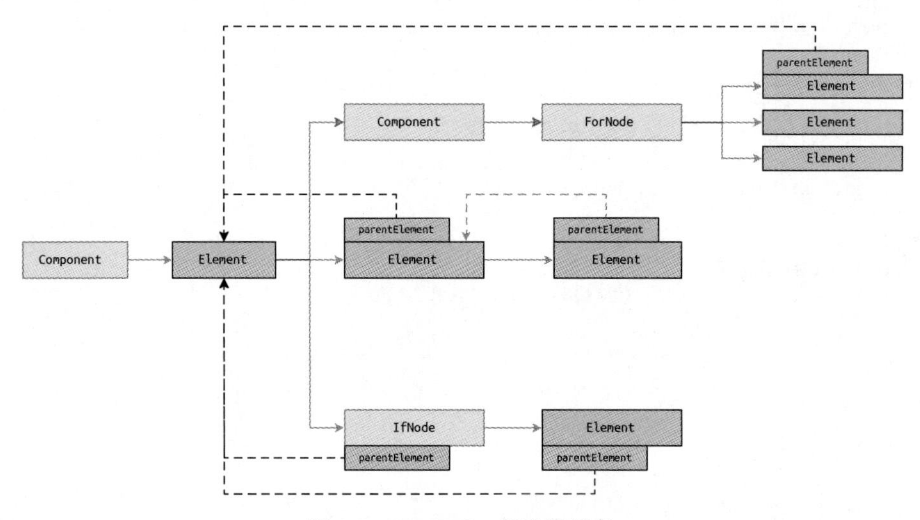

图 9-8 San Native 的渲染链条

视图在 JavaScript 侧的渲染流程是通过组件来调度的。`Component` 类负责组件的生命周期、数据和作用域的管理，其上会挂载 `Element` 实例用于渲染。但是，在 San Native 中，`Component` 不再承载 `Element` 的创建、更新和删除逻辑，一切皆由 `Element` 自身掌控。`Element` 作为 NA 元素的载体，与 NA 元素节点一一对应，拥有操作 NA 节点的能力。

在具体介绍 Element 之前，我们先了解 JavaScript 和 NA 在渲染流程中最原子化的连接点，即 View 类。它包含简化了的标准 Web API，比如节点事件的绑定方法 addEventListener、添加和删除属性的方法 setAttribute 等：

```
class View {
    insertView () {
        nativeViewMethods.createView(rootView, [{...props}])
    }
    updateView () {
        nativeViewMethods.updateView(rootView, [{...props}])
    }
    deleteview () {
        nativeViewMethods.deleteView(rootView, [id])
    }

    addEventListener() {

    }
    setAttribute() {

    }
}
```

其中 nativeViewMethods 是 San 通过 registerNodeMethods 注册得到的渲染能力的承载体，前面的 RenderManager 其实就是 nativeViewMethods 的一种实现。这里的伪代码用 nativeViewMethods 而不用 RenderManager，是想表示 nativeViewMethods 其实抽象了渲染能力。San Native 依赖这种抽象，可以运行在不同的宿主环境中，包括浏览器。除此之外，nativeViewMethods 上的方法分别在 san 节点的 attach、update 和 dispose 等生命周期中调用，用来渲染并更新 NA 节点。

在 San Native 中，Element 类提供的 createEl 方法就是用来创建 View 实例的，从而依靠其操纵 NA 元素：

```
export default class Element extends SanNode {
...
    public flatChild = [];
    public parentNode = null;
    get el () {
        const el = this.createEl();
        Object.defineProperty(this, 'el', {
            value: el
        });
        return el;
    }
    createEl () {
        return new View(this);
    }
...
}
```

除此之外，Element 类上也有很多有用的属性和工具方法。

首先是 register 静态方法，用于注册自定义元素的组件，比如 list-view 和 video 都需要通过 register 静态方法注册自定义的元素类型：

```
import { Element, View } from '@baidu/san-native';
class VideoView extends View {
  public nativeTag = 'TalosVideoViewLayout';
  play(){
      ...
  }
  stop(){
  ...
  }
}
class Video extends Element {
  createEl() {
      return new VideoView(this);
  }
}
Element.register('video', Video);
```

有了 Element，San 还要需要确定 Element 之间的关系。在 San Native 中没有 DOM 元素，获取元素之间的关系比较困难，因为 San 生成的节点除了普通的 Element，还有 Component、ForNode、IfNode 等容器节点。

因此，Element 类提供的 parentElement 和 flatChild 两个属性也派上了用场。为了取得依赖关系，并且通过依赖关系对节点进行快速访问，在创建节点时会添加 parentElement 属性，来标识当前节点的父元素，从而快速查找到父元素节点。此外，在创建子元素后，会立即通知父元素把当前子元素存储到 flatChild 属性中，从而在渲染时获取当前元素的所有子元素列表：

```
function getNodeIndex (node: Element): number {
    let index = 0;
    if (!node.parent) {
        return index;
    }
    if (node.parentElement) {
        index = node.parentElement.flatChild.indexOf(node);
    }
    return index === -1 ? 0 : index;
}
```

9.3.4 事件系统

NA 端的事件是跟单个元素绑定的，要实现浏览器中 DOM2 模型的冒泡以及捕获事件方案，需要 JavaScript 侧的模拟。

- 冒泡阶段比较容易实现：循环查找父元素，并触发元素事件即可。
- 捕获阶段则必须提前知道顶层元素，然后一层层地触发目标元素，之后再进行冒泡。此流程可能存在性能风险，所以需要实现**捕获盒模型**（capturebox），确定捕获范围。

在需要捕获的节点范围的最外层添加 usecapturebox="['click']"属性。这里必须添加支持捕获的事件的名称，以避免所有的事件触发捕获。

图 9-9 展示了 W3C 标准事件模型，从最外层开始向内捕获。

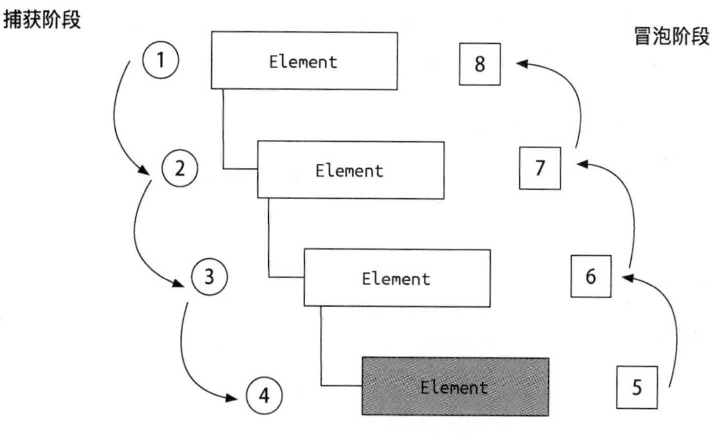

图 9-9 W3C 标准事件模型

图 9-10 展示了 San Native 事件模型，因为节点一开始需要进行遍历以寻找它的所有父节点，所以需要通过 capturebox 属性限制节点查找范围。图中的①→②→③是寻找父节点的路径，找到 capturebox 最顶端的元素后再进行捕获处理。

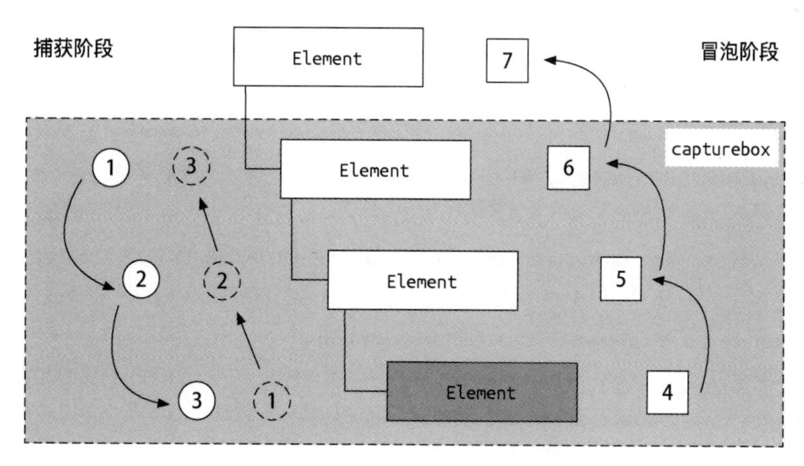

图 9-10 San Native 事件模型

对事件模型的处理在元素创建时就需要完成，如下代码是 View 类中捕获盒模型的具体实现，需要捕获的事件定义为实例属性 captureEventNames：

```
class View {
    ...
    /**
      * 事件捕获模型
      * 设置此属性后，所有子元素的相关事件模型都增加了捕获
      * Captrue -> Target -> Bubbing
      */
    set usecapturebox (value: string | string[]) {
        const flatChild = this.refEle.flatChild;
        let capture: string[] = [];
        if (typeof value === 'string') {
            try {
                capture = JSON.parse(value);
            } catch (e) {
                console.warn('usecapturebox value muse be Array');
            }
        }
        if (Array.isArray(value)) {
            capture = [].concat(value);
        }
          // 设置所有子元素的捕获模型
        for (let i = 0; i < flatChild.length; i++) {
            flatChild[i].el.captureEventNames = capture;
        }
        this.captureEventNames = capture;
    }
    constructor () {
        ...
        // 检查父元素的捕获模型
        if (this.parentNode) {
            this.captureEventNames = this.captureEventNames
                || this.parentNode.captureEventNames;
        }
    }
    /**
     * 类 DOM-API，触发元素事件
     * 实现捕获模型
     * @param eventData  事件数据
     * @param captureEles  事件当前捕获阶段的节点路径
     */
    public dispatchEvent (eventData: EventData, captureEles?: View[]) {

        let emitElement = this.node.el;
        const captureEventNames = this.captureEventNames;

        // 收集捕获盒模型中的元素
        if (captureEventNames.indexOf(eventData.type) > -1) {
            let element = this.node.el;
            while (element) {
              captureEles.unshift(element);
              element = element.parentNode;
            }
            eventData.eventPhase = EventData.CAPTURING_PHASE;
            emitElement = captureEles.shift();
```

```
        }

        eventData.currentTarget = emitElement;
            ...

          // 触发事件
        emitElement.eventemitter.emit(eventData.type, eventData, (data) => {
            if (data.eventPhase === EventData.CAPTURING_PHASE && !context.capture) {
                return false;
            }
            if (data.eventPhase === EventData.BUBBLING_PHASE && context.capture) {
                return false;
            }
            return true;
        });
        // 阻止冒泡
        if (!eventData.bubbles || !eventData.propagation) {
            return;
        }
        // 捕获
        captureEles.shift().dispatchEvent(eventData, captureEles)
    }

    ...
}
```

9.3.5 样式选择器

我们在构建 Web 页面布局时，最常用的是 CSS 样式表。在 Webview 中，可以直接定义 style 区块或者通过 link 标签引入外部样式表：

```
<link href="/media/examples/link-element-example.css" rel="stylesheet">
<style type="text/css">
p {
  color: #26b72b;
}
</style>
```

San Native 也同时支持这两种形式的样式定义。在 Webview 中，这两种形式的定义在解析方式上有所区别。

style 区块中的样式由 HTML 解析器进行解析。当 style 内容过多时，因为要针对已加载的 HTML 内容进行异步解析，所以页面容易出现闪屏现象；而 link 标签引入的样式由 CSS 解析器解析，虽然同步解析后再挂载到 HTML 上会阻塞页面的渲染，但不干扰 HTML 的解析过程（如图 9-11 所示）。

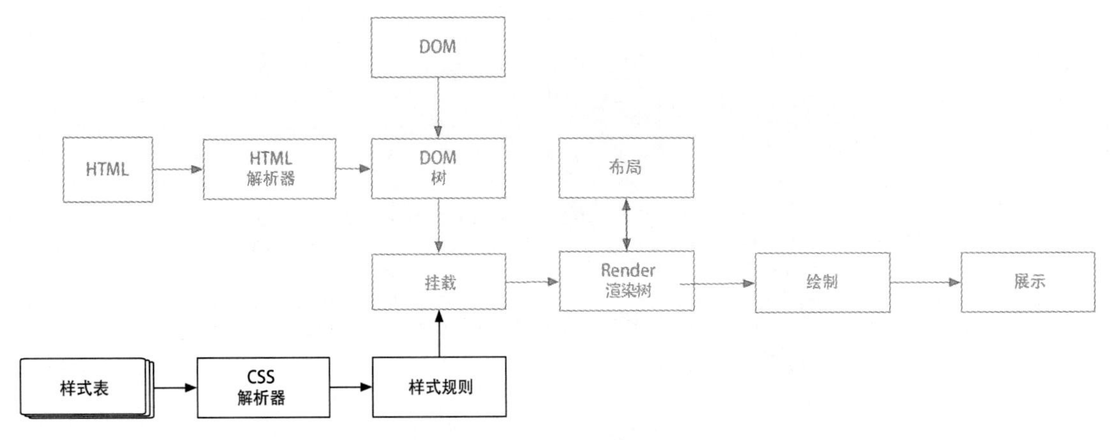

图 9-11　Webview 中的样式解析

在 San Native 中，可以按照如下 3 种方式定义样式。

(1) 通过 `data` 包含的样式对象来定义内联样式：

```
<template>
    <span style="{{$style.fontStyle}}"></span>
</template>

<script>
    export default {
        initData() {
            return  {
                $style: {
                    fontStyle: {
                        fontSize: '12px',
                        color: '#F00'
                    }
                }
            }
        }
    }
</script>
```

(2) 在单文件组件里定义样式表：

```
<template>
    <span class="{{$style.fontStyle}}"></span>
</template>

<style lang="less" module="$style">
.box {
    font-size: 12px;
    color: #f00;
}
</style>
```

(3) 通过外链样式文件定义样式：

```
<template>
    <span class="fontStyle"></span>
</template>
<script>
    import './index.less?global'
</script>
.fontStyle {
    font-size: 12px;
    color: red;
}
```

无论哪种方式描述的渲染信息都是通过 JavaScript 和 NA 的通信完成的。因为 JavaScript 和 NA 在传输数据时构建的是 JSON 对象，所以需要对样式进行处理，在节点创建前就在 JavaScript 中处理好样式。

这个过程势必会引入大量的计算，因此性能优化在此环节将发挥巨大的作用。San Native 的具体实现也参考了 Webview 的 CSS 解析以及匹配规则来进行性能优化。San Native 解析 CSS 样式的具体过程如下。

1. 选择器处理

W3C 标准支持大约 14 种选择器，分为基本选择器（Simple）、分组选择器（Group）、组合器（Combinator）和伪选择器这 4 大类（见表 9-3 ~ 表 9-6）。

表 9-3 基本选择器

基本选择器	描述	San Native
通用选择器	选择所有元素 *匹配文档的所有元素	支持
元素选择器	按照给定的节点名称，选择所有匹配的元素 div 匹配任何<div>元素	支持
类选择器	按照给定的 class 属性的值，选择所有匹配的元素 .index 匹配 class 属性中含有 index 类的任何元素	支持
ID 选择器	id 属性选择一个与之匹配的元素 #toc 匹配 ID 为 toc 的元素	支持
属性选择器	按照给定的属性，选择所有匹配的元素 [autoplay]选择所有具有 autoplay 属性的元素	支持
复合选择器	一个元素上同时存在的一组选择器 .classA.classB 匹配一个同时含有 classA 和 classB 的元素节点	支持

表 9-4 分组选择器

分组选择器	描述	San Native
选择器列表	利用,将不同选择器组合在一起，选中所有匹配的任意一个选择器的节点 div, span 会同时匹配<div>和<span>元素	支持

表9-5 组合器

组合器	描 述	San Native
后代组合器	（空格）：选择前一个元素的后代节点 div span 匹配位于任意<div>之内的所有<span>元素	支持
直接子代组合器	>：选择前一个元素的直接子节点 ul > li 匹配直接嵌套在<ul>元素内的所有<li>元素	不支持
一般兄弟组合器	~：选择兄弟元素 p ~ span 匹配同一父元素下，<p>元素后的所有<span>元素	不支持
紧邻兄弟组合器	+：选择相邻元素 h2 + p 匹配紧跟在<h2>元素后的所有<p>元素	不支持
列组合器	||：选择属于某个表格行的节点 col ||td 匹配 <col> 作用域内的所有 <td> 元素	不支持

表9-6 伪选择器

伪选择器	描 述	San Native
伪类	:支持按照未被包含在文档树中的状态信息来选择元素 a:visited 匹配所有曾被访问过的<a>元素	部分支持
伪元素	::伪选择器用于表示无法用HTML语义表达的实体 p::first-line 匹配所有 p 元素的第一行	不支持

San Native中并没有实现所有的选择器，只实现了较为常用的选择器。在编译时，San Native首先利用PostCSS编译CSS样式表，得到CSS对象，然后根据分类对CSS选择器进行解析、权重分析、聚合等操作。

```
// MatchType、SelType 为枚举
/**
 * 匹配类型
 */
enum MatchType {
      // 简单选择器
    // .title
    Simple,
    // 复合选择器
    // .container.box
    Sequence,
    // 组合器
    // .container .box .title
    Combinator
}
// 选择器类型
enum SelType {
    'universal',
    'id',
    'type',
```

```
    'class',
    'pseudo',
    'attr'
}
```

这里举个例子，针对样式

```
.container #rootView.box .title {
    top: 1000px;
    left: 1000px;
}
```

编译后可以得到以下抽象语法树：

```
[
    {
        "sels": [
            {
                // 选择器类型
                "type": MatchType.Combinator,

                // 权重计算
                "specificity": 66304,
                "sec": [
                    { type: MatchType.Simple, sel: [SelType.class, 'title'] },
                    { type: MatchType.Sequence, sel: [[SelType.id, 'rootView'], [SelType.class, 'box']] },
                    { type: MatchType.Simple, sel: [SelType.class, 'container'] }
                ]
            }
        ],
        "declaration": [
            {
                "p": "top",
                "v": 1000
            },
            {
                "p": "left",
                "v": 1000
            }
        ]
    }
]
```

经过上面处理后的选择器语法树，可以直接在 JavaScript 运行时中进行操作匹配，而无须实时解析样式。此外，这还可以达到复用的目的，无须再次解析。

我们看到上面编译出来的结果中有个 `specificity` 字段，它代表这个选择器的权重，计算规则是每种选择器对应的权重之和，由 256 进制表示：

```
enum Specificity {
    Inline = 16777216,
    Id = 65536,
    Attribute = 256,
```

```
    Class = 256,
    PseudoClass = 256,
    Type = 1,
    Universal = 0,
    Invalid = 0
}
```

所以选择器.container #rootView.box .title 的权重计算公式为.title（256）+ #rootView（65 536）+ .box（256）+ .container（256）= 66 304。

在元素匹配完成后，匹配成功的所有选择器根据权重进行排序。如果权重相等，再根据选择器的位置进行排序，从而得到正确的样式列表。节点获取样式列表后，权重大的样式会覆盖权重小的样式。权重排序代码如下：

```
matchSelector.sort((a, b) => a.specificity - b.specificity || a.p - b.p);
```

2. 选择器聚合分类

一个页面中可能会存在上百个选择器，如果匹配多个节点样式，那么可能会达到 $n \times m$ 次匹配，性能开销很大。因此我们会针对上面处理后的选择器进行聚合分类：首先对每个选择器进行逆序匹配，找到主选择器；然后对主选择器进行聚合分类。

- **找到主选择器**

主选择器是能够用来定位目标元素、离目标元素最近的选择器，如图 9-12 所示。.title 在该选择器中为主选择器，因为最终是由该选择器定位目标元素的。

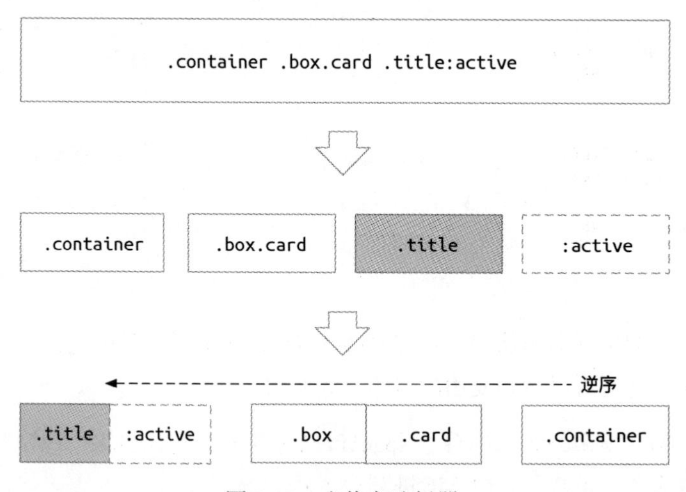

图 9-12　查找主选择器

在图 9-12 中，我们从右到左找到主选择器.title，然后对查找过程进行逆序排列，得到选择器.title:active，然后向右逐级匹配。

- **进行聚合分类**

因为一个元素可能会匹配多个选择器，所以需要循环所有的选择器，从而影响性能。因此，我们需要根据主选择器对所有的选择器做一次聚合分类，如图 9-13 所示。

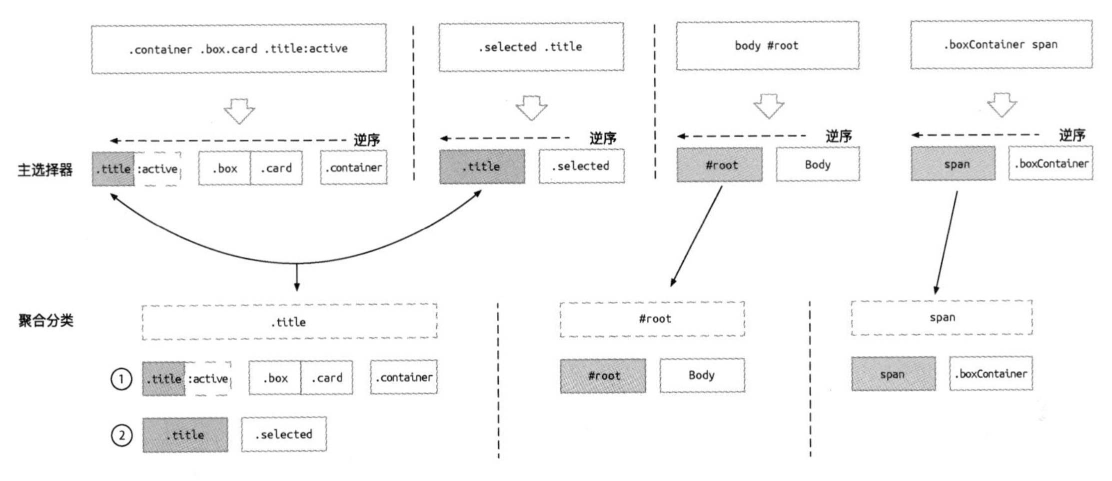

图 9-13 聚合分类

聚合分类分为四大类型，见表 9-7。

表 9-7 聚合分类

分　类	备　注
id	主选择器为 id 选择器
class	主选择器为 class 类选择器
tag	主选择器为 tag 选择器
universal	主选择器为通用选择器

通过上述四大类型的选择器，对主选择器分类后形成以下代码：

```
class MaterielsCss {
      // 四大类型选择器（聚合）
    private id: SelectorMap = Object.create(null);
    private class: SelectorMap = Object.create(null);
    private type: SelectorMap = Object.create(null);
    private universal: SelectorInDocument[] = [];

    addRule (rule: Rule) {
        for (let i = 0; i < this.ruleSels.length; i++) {
            const selector = this.ruleSels[i];
            switch (this.getMainSelector(selector)) {
                case SelectorType.Class:
```

```
                this.addToMap(this.class, selector);
                break;
            case SelectorType.ID:
                this.addToMap(this.id, selector);
                break;
            case SelectorType.Type:
                this.addToMap(this.type, selector);
                break;
            default:
                this.addToMap(this.universal, selector);
        }
    }
  }
}
```

执行上述代码后，我们会生成一系列选择器 Map。将不同的主选择器添加到对应的 Map 中，通过索引查找选择器，耗时非常少，而且可以排除大部分不符合条件的选择器。

3. 运行时查询

在查询之前，要通过上述步骤对选择器和样式做准备性的工作，包括样式表解析、选择器解析、聚合分类。下面会重点对运行时查询阶段进行分析，主要包括：元素如何与样式匹配，以及匹配到的多个样式是如何进行合并和权重排序计算的。

图 9-14 展示了整个运行时的匹配过程。首先匹配主选择器，如果未匹配到，则不再匹配后面的选择器。由于之前做了主选择器的聚合分类，这里的查询速度非常快：

```
matchNode(node) {
    let matchMateriels= [];
        // this.id、this.class、this.type 和 this.universal 分别是上面的聚合分类数据

    // id 匹配
    const id = node.getAttribute('id');
    if (this.id[id]) {
        matchMateriels = matchMateriels.concat(this.id[id]);
    }

    // class 匹配
    node.classList.forEach(className => {
        if (this.class[c]) {
            matchMateriels = matchMateriels.concat(this.class[className]);
        }
    });

    // tag 匹配
    if (this.type[node.tagName]) {
        matchMateriels = matchMateriels.concat(typeSel);
    }

    // 通用选择器匹配
    if (this.universal.length) {
```

```
        matchMateriels = matchMateriels.concat(this.universal);
    }
    matchMateriels.forEach(item=> {
        ...
    });
}
```

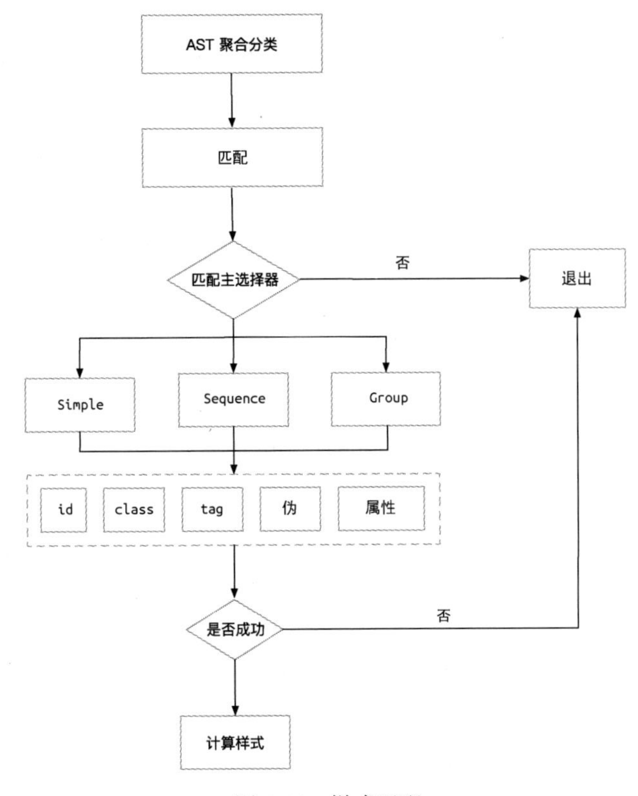

图 9-14　样式匹配

在匹配的过程中，比较复杂的是针对 Combinator（组合器）类型的选择器查询，需要循环遍历上层元素。

```
.container .box .title {}
<div class="container">
    <header class="box">
        <span class="title"></span>
    </header>
</div>
```

针对上面的 Combinator 类型的选择器，匹配到 class 名.title 后还需要向上匹配.box，接着是.container，直到查询到所有匹配的样式。因此样式定义的方式决定了此次查询的时间复杂度（见图 9-15）。

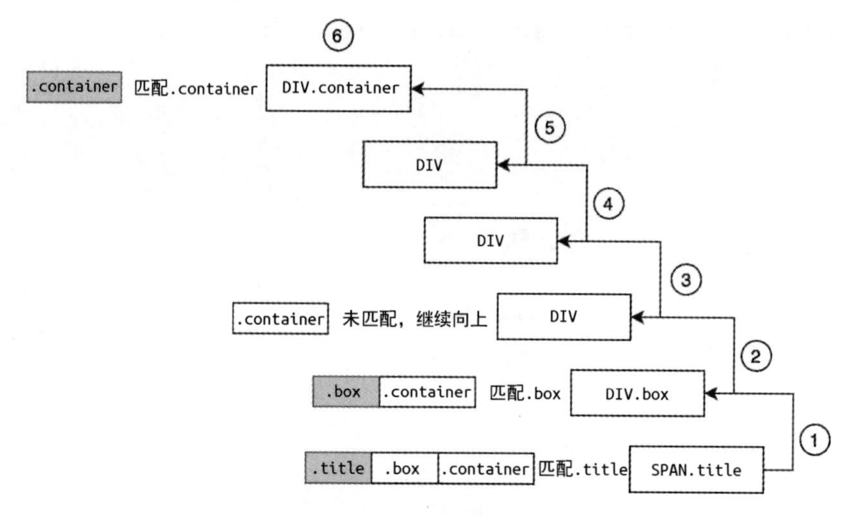

图 9-15　组合器查询

我们在 San Native 框架中对 `Combinator` 类型选择器的查询进行了优化，主要是去除向上遍历的步骤，在每个节点上增加此节点所有父节点的 `id` 和 `class` 信息。这部分逻辑主要在创建节点时执行：

```
{
    updateLevelElement () {
        const viewEl = this.el;

        const classLevel = viewEl.classLevel = Object.create(null);
        const idLevel = viewEl.idLevel = Object.create(null);

          // 获取父元素的 id 和 class 信息
        if (this.parentElement) {
            const parentEl = this.parentElement.el;
            Object.keys(parentEl.classLevel).forEach(key => {
                classLevel[key] = (parentEl.classLevel[key]);
            });

            Object.keys(parentEl.idLevel).forEach(key => {
                idLevel[key] = (parentEl.idLevel[key]);
            });
        }
        viewEl.classList.forEach((item) => {
            classLevel[`${item}`].push(viewEl);
        });

        const id = viewEl.getAttribute('id');
        if (id) {
            idLevel[id][viewEl.eleLevel] = viewEl;
        }
    }
}
```

这样一来，每个节点都包含了父节点信息，无须向上遍历查找。这对于深层级节点以及查询多个选择器有较为明显的性能优化。

图 9-16 表明，随着 DOM 层级的增加，优化后方案的查询耗时基本保持不变。

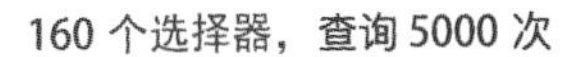

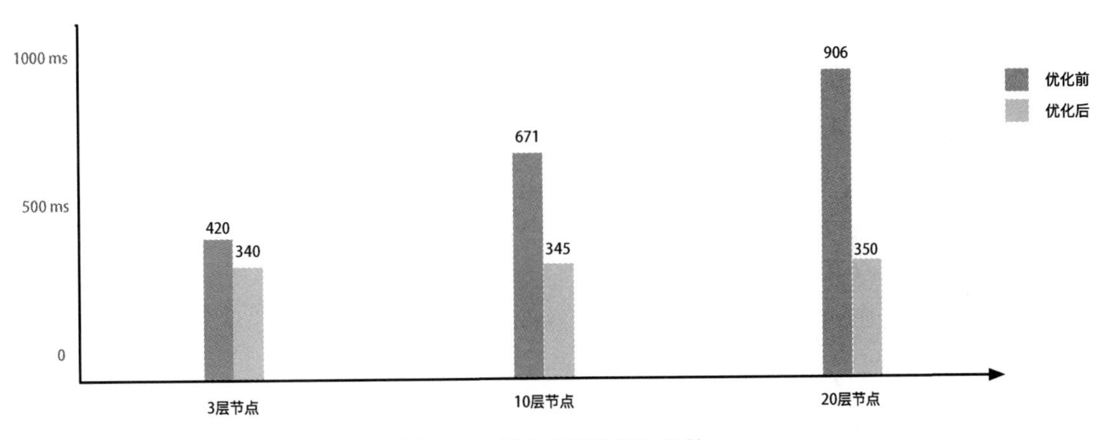

图 9-16 样式查询的耗时比较

每种选择器都有对应的匹配方法，因此传入节点和相应的选择器就可以进行匹配，并得到匹配结果：

```
function idMatcher (node: Node, selector) {
    ...
}
function classMatcher (node: Node, selector) {
    ...
}
function typeMatcher (node: Node, selector) {
    ...
}
function pseudoMatcher (node: Node, selector) {
    ...
}
export function simpleMatcher (node: Node, selector) {
    switch (selector[0]) {
        case SelType.id:
            return idMatcher(node, selector);
        case SelType.class:
            return classMatcher(node, selector);
        case SelType.type:
            return typeMatcher(node, selector);
        case SelType.pseudo:
            return pseudoMatcher(node, selector);
    }
    return false;
}
```

如果产生多个匹配结果，会根据权重和位置对最终结果进行排序。排序使用的是 JavaScript 数组的 `sort` 方法：

```
return matchSelector.sort((a, b) => a.specificity - b.specificity || a.pos - b.pos);
```

4. 总结

至此，我们了解了 San Native 选择器的实现，包括样式解析和查询过程。尤其是针对查询过程，我们设计了很多性能优化手段。

全部流程总结如下（见图 9-17）。

- 原始 CSS 样式表经过编译后生成 CSS 对象，并且解析为运行时使用的抽象语法树。
- 对所有选择器进行聚合分类和预处理。
- 创建或者更新节点时会进行样式查询及匹配，并对最终结果进行排序，最后调用渲染 API 操纵 NA 渲染。

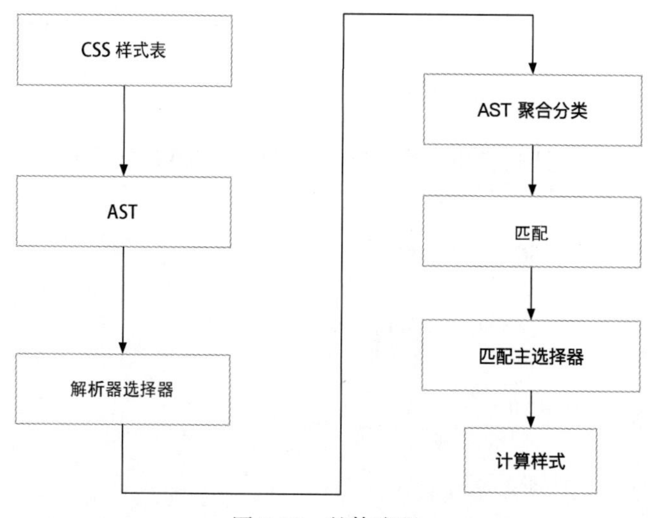

图 9-17　整体流程

9.4　San Native 的 Web 化

作为一个跨端渲染框架，San Native 一定可以运行在 Webview（浏览器）中，而基于 NA 侧定义的 `list-view`、`swiper`、`modal` 等组件也必须可以运行在浏览器中。

9.4.1　Web 化的背后原理

不要忘了 San Native 的目的：一次编写，多处运行。San Native 作为一种 DSL，目的就是要隔离宿主环境和语言的差异，这需要 San Native 在内部做大量的工作。

第一个要面对的问题是不同平台的渲染机制不同，比如 NA 存在 `recycle-view` 和 `swiper` 等原生组件，业务开发者写很少的代码就能实现对应的效果：

```
<swiper>
    <div
        s-for="item, index in items">
        <img style="src="{{item.src}}" />
    </div>
</swiper>
```

上述业务只需写几个标签，就可以实现幻灯片效果，这得益于原生组件 `swiper`。而在 Webview 中，我们需要实现一套相应的组件，才能进行正确的渲染。下面是各种 NA 原生组件的 Web 化版本的伪代码：

```
export  class Swiper extends san.Component {
    static template = `...`
  ...
}

export class ListView extends san.Component {
    static template = `...`
  ...
}

export class Modal extends san.Component {
    static template = `...`
  ...
}
...
```

这些针对 Web 适配的组件库存在于 San Natvie 构建的 `Native Web lib` 中（见图 9-18）。

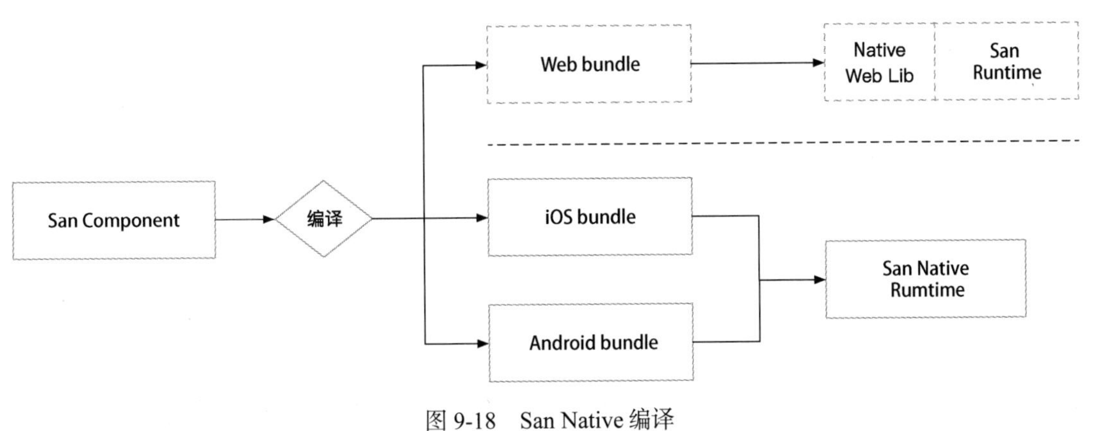

图 9-18 San Native 编译

是的，San Native 需要为 Web 适配做额外的工作，并且要在效果上消除和 NA 端的差异。虽然对 San Native 的开发者是一种考验，但是这种工作是必要的，因为它减少了业务开发者在兼容不同平台时的研发成本。

因为 San Native 底层采用的是 Yoga 这样的布局引擎，所有元素采用 Flexbox 布局，所以需要在 Web 化的过程中把元素的布局样式全部转化为 `display:flex`：

```
html[sn-web],html[sn-web] body,.SN-WEB-CONTAINER,.SN-WEB-CONTAINER * {
    margin: 0;
    padding: 0;
    display: flex;
    flex-direction: column;
    box-sizing: border-box;
    position: relative;
    flex: none;
}
```

上面就是我们在 Web 中引入的 normalize.css，用于统一布局模式。这样，所有样式在 Web 中才能正常生效。

9.4.2　Native 渲染与 Web 渲染的差异

San Native 引入了**平台属性**的概念，业务利用平台属性可以对不同的平台进行分别处理。

对于 CSS 方面的差异，我们会通过编译工具进行筛选处理，只有拥有平台对应前缀的相关属性才会生效：

```
.content {
  width: 80px;
  -ios-width: 90px;
  -android-width: 120px;
}
```

JavaScript 方面的差异，主要源于不同平台的能力不同。比如对 NA 能力的调用，在 Web 下可能需要屏蔽，而对于不同的 NA 宿主，调用宿主能力的方式也不相同，需要区别对待：

```
if(Platform.OS=== "web") {
    // Web 端 JavaScript 逻辑
}
if(Platform.OS=== "android") {
    // Android 端 JavaScript 逻辑
}
if(Platform.OS=== "ios") {
    // iOS 端 JavaScript 逻辑
}
```

你可能发现了，通过条件判断的方式兼容平台差异并不是一个好办法，因为会产生大量的冗余代码。一个比较好的方式是通过不同的扩展名分别编译兼容不同平台的代码，在产出最终的

bundle（代码包）时，会添加不同的平台名称扩展名。

```
['index.js', 'index.${platform}.js']
```

文件名如下：

- index.web.js
- index.android.js
- index.ios.js

需要注意的是，有些渲染机制的差异在不同平台之间是无法消除的。比如 overflow 属性在 iOS 和 Web 中的表现基本一致，但在 Android 中却差距较大。如何平衡兼容性和渲染性能，是跨端框架开发中恒久不变的话题。

9.5 共享机制和多 bundle

在 San Native 的最初版本中，在打包代码时会把框架代码打包到业务中去，产出一个 bundle 文件。随着接入的业务越来越多，不同业务都会进行全量的 bundle 加载，从而导致严重的首屏加载等性能问题。

为了解决这些问题，可以从 JavaScript Runtime（运行时）环境以及代码架构两方面进行优化。对于前者，我们可以让多个业务复用一个 JavaScript Runtime，减少新建运行时环境的开销。随之而来的问题是，当业务复用执行环境时，就需要进行代码拆分，分为框架、业务和组件 3 个维度（见图 9-19）。

图 9-19 代码拆分

框架维度针对的是 San Native 等核心代码，包括端能力调用和 MVVM 基础框架。顾名思义，组件维度通过提取可复用组件来减少代码的重复加载。业务（App）维度指的是开发具体业务的工程师实现的代码，一个业务在理论上对应一个 bundle。

不论是框架、组件，还是具体的业务，我们都会以模块化的方式打包。每个模块 bundle 的 package.json 的格式定义如下：

```
{
    "name": "sn-demo"
    ...
    "snConfig": {
        "moduleName": "SearchXsp",
        "mainbizName": "searchmanifest",
        "type": 1,
        "snDeps": [
            "@baidu/talos-san-native"
        ]
    },
    ...
}
```

配置中 `type` 的含义如下：

```
type = 0; // 框架
type = 1; // 业务应用
type = 2; // 组件
```

每种模块的加载方式不同，`type=0` 对应的框架会在 JavaScript Runtime 启动时首先加载，`type=2` 组件和 `type=1` 业务模块则通过 `nativeRequire` 方法进行加载。`nativeRequire` 没有固定的实现，是由宿主 JavaScript 引擎提供的加载 JavaScript 的原生方法。之所以这么设计，是因为 bundle 之间并没有模块化的系统，在每个模块加载时要用到 `nativeRequire` 这样的全局方法，而模块本身的打包方式是遵循 umd（通用模块定义规范）的，支持全局变量的定义方式。

San Native 经过编译后的模块代码为

```
(function ModuleDefinition(root, factory) {
    if(typeof exports === 'object' && typeof module === 'object')
        module.exports = factory();
    else if(typeof define === 'function' && define.amd)
        define("$$san_native_modules_sanNativeFramework", [], factory);
    else if(typeof exports === 'object')
        exports["$$san_native_modules_sanNativeFramework"] = factory();
    else
        root["$$san_native_modules_sanNativeFramework"] = factory();
})(global, function() {
    ...
    // san-native 模块
})
```

通过 `nativeRequire` 来加载模块：

```
function getFramework() {

    if (!global.$$san_native_modules_sanNativeFramework) {
        // NA nativeRequire 方法加载 javaScript
```

```
        return global.nativeRequire('sanNativeFramework');
    }

    return global.$$san_native_modules_sanNativeFramework;
}
```

从上面的伪代码可以看出，框架首次加载利用了 `nativeRequire` 同步方法调用 C++ Bridge 层的能力获取 JavaScript，使其可以在 JavaScript Runtime 中运行，全局变量 `global` 中会同时保存此模块的信息，当再次需要此模块时，可以直接从 `global` 中获取。

针对组件的打包方式和框架类似，`type` 的值为 2：

```
{
    "name": "@baidu/sn-components"
    ...
  "snConfig": {
    "moduleName": "SearchComponents",
    "mainbizName": "searchmanifest",
    "type": 2,
    "snDeps": [
      "@baidu/talos-san-native"
    ]
  },
  ...
}
```

业务代码模块（`type=1`）引入此组件库的话，需要在 `snDeps` 配置中以数组的方式添加对组件的依赖信息。当然，如果组件依赖其他组件，也需要在此显式声名。

```
{
    "name": "sn-demo"
    ...
  "snConfig": {
    "moduleName": "SearchXsp",
    "mainbizName": "searchmanifest",
    "type": 2,
    "snDeps": [
      "@baidu/talos-san-native",
      "@baidu/sn-components",
    ]
  },
  ...
}
```

在具体的业务开发中，业务代码只需通过 `import` 语句直接导入组件即可。在真正打包时，会根据 `snDeps` 进行拆分，打包出来的 bundle 只会包含业务代码，从而最小化 bundle 的体积，提升加载速度。

前文提及了 JavaScript Runtime 的复用，但在一个复杂的应用中，不可能让全部业务都复用一个 JavaScript Runtime，因为这会导致业务的启动成本持续增加，降低用户体验。

因此需要根据业务之间的差异，在运行时层面做到隔离。比如在百度 App 中，搜索和 feed 流是两个较为独立的业务场景，那么在运行时拆分时，就要考虑对这两个业务进行切割（见图 9-20）。

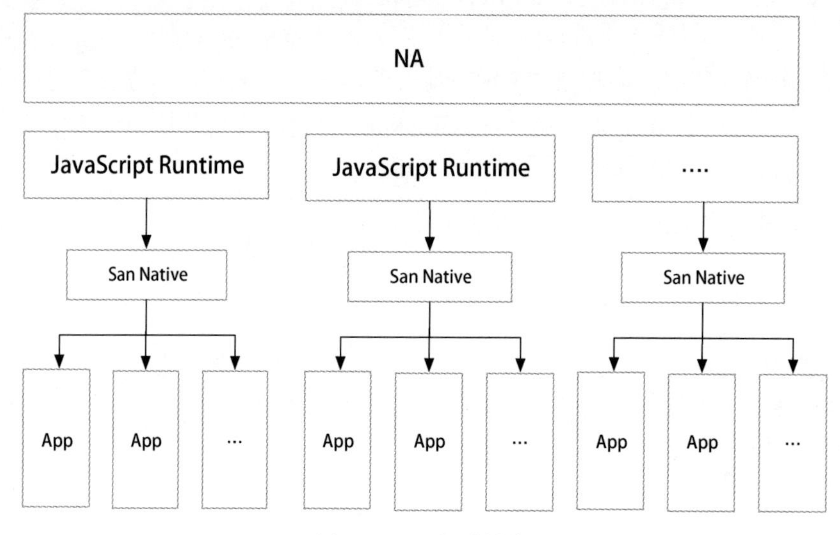

图 9-20　运行时拆分

9.6　小结

本章主要介绍了 San 在跨端技术方向上的应用，包括跨端渲染的技术方案以及实现机制。

跨端技术主要解决的是 Webview 下的性能瓶颈问题，同时可以结合业务形态，实现高度定制化，实现性能和效率的最优解。

- 业务编写代码使用通用 DSL，通过编译生成三端（Webview、iOS、Android）代码。
- NA 可以利用自身特性定制高性能通用组件，比如集成了回收复用功能的无限滚动列表（`recycle-view`）、`video` 等。
- JavaScript代码包可以动态下发，并且可以设计“框架–组件–业务”分级的模块系统来提升加载速度。

值得注意的是，跨端技术不是万能的“银弹”，目前还有很多不成熟的地方，比如 JavaScript 引擎与 NA 之间的通信成本高，以及多端实现渲染的差异等。随着时间的推移以及社区技术的不断迭代，相信很多问题会逐步解决，跨端渲染方案也会日臻成熟。

第 10 章

San 的未来

经过多年的发展和完善，San 已经成为一个成熟的组件化方案，拥有成熟、易用的周边配套工具，在网页、App 和小程序等业务中的使用场景也在不断增加。但是，San 的演进从未停止（见图 10-1）。

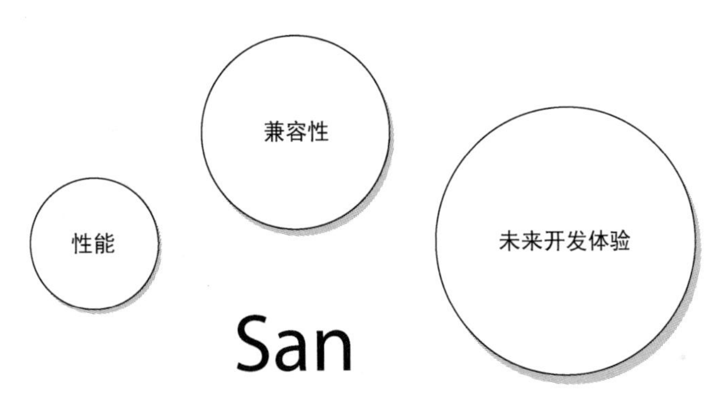

图 10-1　San 的演进方向

未来，性能仍然是 San 重点关注的方向。现有的诸多组件化方案因为支持更多特性，会付出额外的开销，但是 San 仍然将浏览器上的运行效率提升作为优先目标，以保持目前领先的性能表现。作为组件化渲染引擎，基于 San SSR 的服务目前在百度产品中每天要承载数十亿次页面浏览量，相比主流的 SSR 方案，在性能和稳定程度上都有显著的优势。基于 San Native 的应用也在增多，San Native 自 2020 年起成了百度 App 重要的组件化方案之一。目前，我们正在进行针对跨端渲染引擎的优化，以进一步提升基于 San Native 应用的表现。

跨端一直是 San 最大的特性。从 SSR 到百度智能小程序，再到 san-native，San 跨端方案已经在百度 App 中得到了广泛应用，充分证明了 San 在跨端方案上的成熟和有效。但科技发展一日千里，越来越多的智能设备带来了新的交互方式，San 还将在跨端方向进行持续的投入，实现真正意义上的大前端统一框架。要实现真正意义上的跨端，还需要解决组件化方案，为此我们内部已经成立了组件标准委员会（Component Standards Committee，CSC），致力于为组件的标准统一和良性发展提供机制保障。通过组件标准的设计和落地，能够实现跨端组件的设计规范统一、DSL统一以及生命周期统一，真正实现“一次编写，多处运行”。

由于在性能和兼容性方面的优势，San也是嵌入式设备应用的理想选择。未来，San将继续保持对低端设备的兼容，专注于跨端同构的效果及研发体验，为嵌入式设备开发提供更完善的开发套件和支持。

目前对于San的研发投入不仅限于架构升级，也包含对面向未来开发体验的研究，诸如Devtools远程调试、类型系统优化、对Design System的支持、代码智能优化，等等。同时，我们也在建设面向不同业务类型和前端人群的解决方案，如开箱即用的构建工具，可以帮助初学者掌握并发布个人应用；又如包含丰富业务抽象的应用层框架，方便中小企业用户专注于扩展实现，快速搭建一站式应用。

San的发展离不开社区的贡献。目前，有50多名开发者参与了San的相关建设。希望本书能帮助你了解这个组件化框架的“前世今生”，打开新的技术视角。欢迎你提出任何问题，也欢迎你加入贡献者的行列！

TURING
图灵教育
站在巨人的肩上
Standing on the Shoulders of Giants

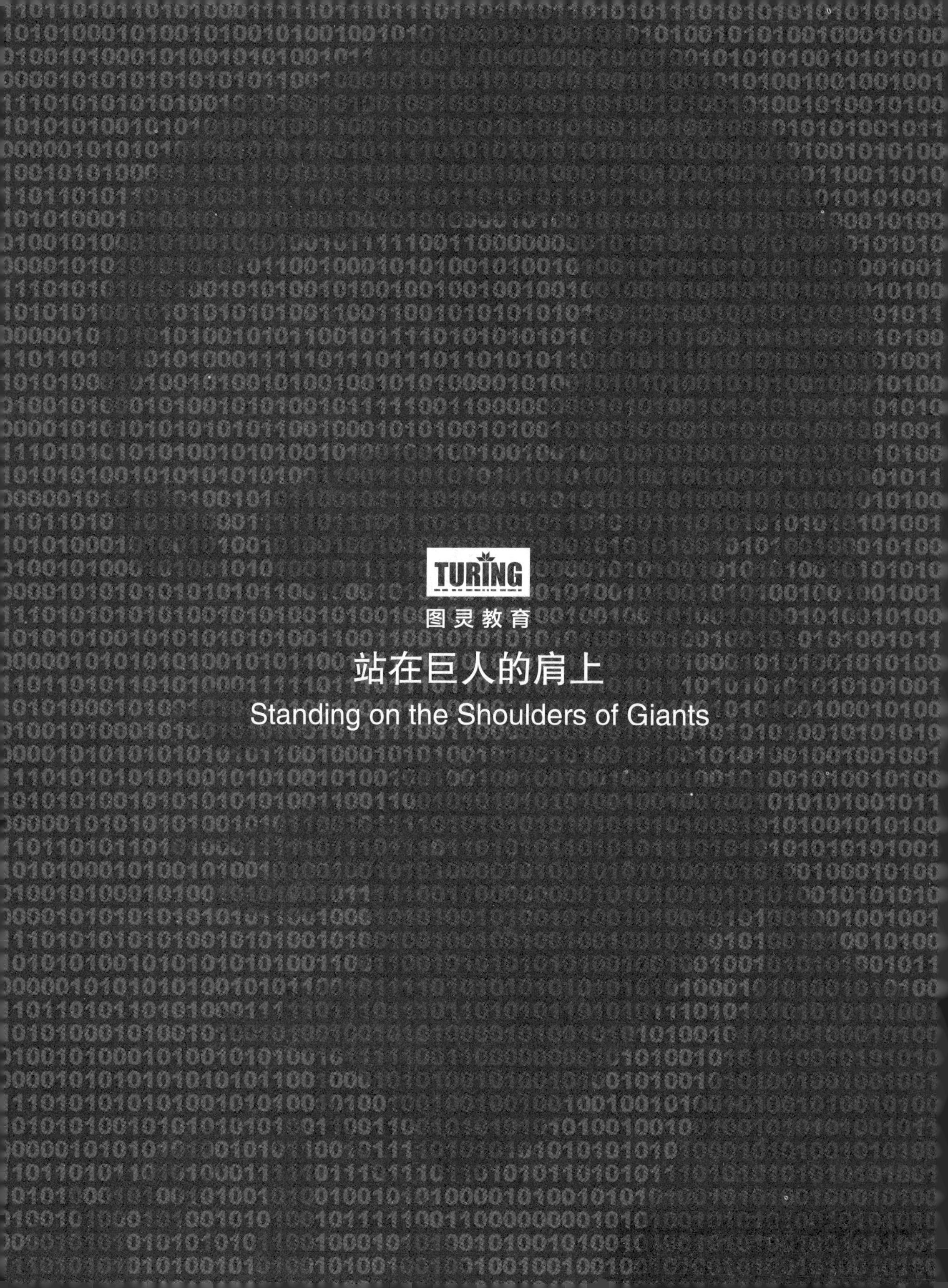
TURING
图灵教育
站在巨人的肩上
Standing on the Shoulders of Giants